职业教育装配式建筑工程技术系列教材

装配式建筑混凝土构件
深化设计（第二版）

王光炎 吴 琳 主 编

中国建筑工业出版社

图书在版编目（CIP）数据

装配式建筑混凝土构件深化设计/王光炎，吴琳主

编. —2 版. —北京：中国建筑工业出版社，2023.10（2024.11重印）

职业教育装配式建筑工程技术系列教材

ISBN 978-7-112-28892-2

Ⅰ．①装… Ⅱ．①王… ②吴… Ⅲ．①装配式混凝土

结构-结构设计-职业教育-教材 Ⅳ．①TU37

中国国家版本馆 CIP 数据核字（2023）第 121570 号

全书包括绪论和 8 个教学任务，分别为预制构件选择及识图、叠合板的深化设计、叠合梁的深化设计、预制楼梯的深化设计、预制柱的深化设计、预制剪力墙的深化设计、预制外墙挂板的深化设计、预制阳台的深化设计。

本书填补了国内装配式建筑混凝土构件深化设计教材的空白，内容新颖，及时跟踪最新的国家和行业标准、规范及新型建筑工业化的需要。为了便于教学和学生轻量化线上学习，本书配有二维码链接教学资源，各学校可以根据实际情况选择学习。每个教学任务都设置知识目标和能力目标、单元总结和习题。

本书既可作为职业教育土木建筑大类的课程教材，也可作为装配式建筑构件深化设计人员的培训教材和工作参考书。

为方便教师授课，本教材作者自制免费课件，索取方式为：1. 邮箱 jckj@cabp.com.cn；2. 电话（010）58337285；3. 建工书院 http://edu.cabplink.com。

责任编辑：李天虹　李　阳
责任校对：芦欣甜
校对整理：张惠雯

职业教育装配式建筑工程技术系列教材
装配式建筑混凝土构件深化设计（第二版）
王光炎　吴　琳　主　编

*

中国建筑工业出版社出版、发行（北京海淀三里河路 9 号）
各地新华书店、建筑书店经销
北京科地亚盟排版公司制版
北京市密东印刷有限公司印刷

*

开本：787 毫米×1092 毫米　1/16　印张：14¼　插页：4　字数：363 千字
2023 年 9 月第二版　　2024 年 11 月第三次印刷
定价：**48.00** 元（赠教师课件）
ISBN 978-7-112-28892-2
（41298）

本书编写人员

主　编：王光炎　吴　琳

副主编：黄　凯　王　艳　徐　洁　庞红梅

参　编：范志文　朱粤萍　柳宜爽　王兴龙

　　　　狄兰永　王顺斌　徐　栋

主　审：姚洪文

第二版前言

为更好地落实"立德树人"的教育教学目标，增强职业教育的适应性，为数字中国建设在建筑领域的落地实施培养高素质技术技能人才，我们及时对《装配式建筑混凝土构件深化设计》进行了修订。在修订过程中，坚决贯彻党的二十大精神，以学生的全面发展为培养目标，融"知识学习、技能提升、素质培养"于一体，严格落实立德树人的根本任务。

修订的主要内容包括四个方面：一是为落实党中央加强高校思想政治工作的新要求，提升课程德育效果，使本课程与思想政治理论课形成"协同效应"，同向同行，共同做好大学生的思想政治教育工作，同时提升本门课程的教学效果，每个任务单元增加了精心设计的课程思政案例内容；二是本教材所用软件 BeePC 由 BeePC1.0 升级到 BeePC4.0.17465，教材内容进行了相应修改；三是为培养学生自主学习的良好习惯，更好地明确学习重点和学习目标，引导学生自主学习，在"智慧职教"平台建设了"装配式建筑深化设计"在线开放课程；四是为贯彻实施文化数字化战略，配合开展线上线下混合式教学，更新了 79 个精心制作的微课视频，上线了在线开放课程。本书力求打造立体化、多元化、数字化数字资源，打通纸质教材与数字化教学资源之间的通道，为混合式教学改革提供保障。

在修订过程中，山东东方监理咨询有限公司的庞红梅、青岛特锐德电气股份有限公司的徐洁、杭州友巢结构设计事务所有限公司的朱粤萍、杭州建研科技有限公司的范志文、天元建设集团有限公司的王东振全面参与了企业调研和修订大纲的论证，对微课视频进行了审阅。本教材第二版绪论、任务 1～任务 3 由枣庄科技职业学院王光炎修订，任务 4～任务 8 由枣庄科技职业学院黄凯修订，课程思政案例由枣庄科技职业学院柳宜爽编写，在线开放课程和微课视频由枣庄科技职业学院吴琳、黄凯、王兴龙、狄兰永、王顺斌、王艳、徐栋完成。

本次修订得到了中国建筑工业出版社、杭州嗡嗡科技有限公司、杭州建研科技有限公司的大力支持与帮助，在此一并表示衷心的感谢！

由于作者水平所限，难免会有不足之处，敬请广大师生与读者批评指正。

　　本书根据《高等职业学校建筑工程技术专业教学标准》和最新的装配式建筑相关国家标准及规范进行编写。

　　本书最大的特点是根据土木建筑大类专业装配式建筑方向人才培养目标定位和新型建筑工业化的需要构建了教学内容。"装配式建筑混凝土构件深化设计"课程的教学目标旨在培养建筑设计企业和混凝土预制构件生产厂从事装配式混凝土结构及构件生产施工图深化设计的高素质技术技能人才,让学生具备装配式建筑混凝土构件和部品基本概念和装配式混凝土结构构造知识,能够正确进行构件施工图识读、构件的深化设计和绘制构件深化设计施工图,掌握构件深化设计相关软件的应用。编者通过多年来的教学改革、教学实践和企业工作经验,认识到高深的结构理论知识和复杂的结构计算等教学内容对高职高专学生要求过深,本着实用、够用的原则,对教学内容进行了精心优化,以任务式的体例编写意义在于加强学生的动手操作能力培养,课程教学理实一体,重在实践教学,每个教学任务都设置了工程实例操作。全书图文并茂,配置了大量的数字化教学资源,可以实现线上线下混合式教学。

　　本书由枣庄科技职业学院王光炎、吴琳任主编,中国海洋大学纪翔、枣庄科技职业学院王艳、济南工程职业技术学院肖明和、杭州嗡嗡科技有限公司杨新任副主编。绪论和任务1由枣庄科技职业学院王艳编写,任务2、任务4和任务8由中国海洋大学纪翔编写,任务3、任务6和任务7由枣庄科技职业学院吴琳编写;任务5由枣庄科技职业学院王光炎编写;任务1的工程实例由杭州嗡嗡科技有限公司程凯编写,任务2的工程实例由杭州友巢结构设计事务所有限公司朱粤萍编写,任务3的工程实例由杭州富凝建筑设计有限公司王泳婷编写,任务4、任务8的工程实例由杭州嗡嗡科技有限公司沈奇莉编写,任务5的工程实例由杭州富凝建筑设计有限公司朱煜编写,任务6的工程实例由杭州富凝建筑设计有限公司孙晨晨编写,任务7的工程实例由杭州嗡嗡科技有限公司陶金宏编写。同时,本书配套软件的数字化教学视频及微课由山东新之筑信息科技有限公司统筹策划、杭州建研科技有限公司审核,杭州嗡嗡科技有限公司、杭州友巢结构设计事务所有限公司、杭州富凝设计有限公司联合制作。

　　在本书的编写过程中,济南工程职业技术学院肖明和教授参与了系列教材整体策划,山东新之筑信息科技有限公司辛秀梅、杭州建研科技有限公司范志文审核了实训内容,山东新之筑信息科技有限公司周忠忍对实训内容进行了策划并审核。本书在编写过程中参阅了大量文献资料,在此对各位同行以及资料的提供者深表谢意。

　　由于编者水平有限,本书难免存在不足和疏漏之处,敬请广大读者批评指正。

目 ● 录

绪论

【教学目标】

1. 知识目标

（1）了解装配式建筑及装配式 BIM＋PC 的基本概念；

（2）熟悉装配式混凝土结构概念和类型；

（3）掌握装配整体式混凝土结构的概念。

2. 能力目标

（1）能够准确判断装配式混凝土结构的类型；

（2）能够熟悉 BIM 在预制构件中的具体应用。

3. 素养目标

（1）培养学生的民族自豪感；

（2）培养学生的制度自信、文化自信。

课程思政案例

0.1 装配式建筑概述

0.1.1 装配式建筑的优势

装配式建筑是指用预制构件在施工现场装配而成的建筑。这种建筑的优点是建造速度快，受气候条件制约小，节约劳动力并可提高建筑质量。装配式建筑具有以下特点：

（1）大量的预制构件，比如外墙板、内墙板、叠合板、阳台板、空调板、楼梯、预制梁、预制柱等都由车间生产加工完成，工业化的生产方式大大降低了工程成本，同时也更利于质量控制。

（2）工厂生产出来的预制构件运到施工现场进行组装，减少了模板工程和人工工作量，加快了施工速度，这对于降低工程造价意义重大。

（3）装配式建筑施工将整个建筑由一个项目变成一件产品。构件越标准，生产效率越高，成本就越低，配合工厂的数字化管理，整个装配式建筑的性价比远非传统的建造方式可比。

（4）不同于传统建筑那样必须先做完主体才能进行装饰装修，装配式建筑可以将各预制部件的装饰装修部位完成后再进行组装，实现了装饰装修工程与主体工程的同步进行，减少了建造过程的环节，降低了工程造价。

（5）装配式建筑的建筑材料选择更加灵活，各种节能环保材料如轻钢以及木质板材的运用，使得装配式建筑更加符合绿色建筑的理念。

0.1.2 装配式建筑在国内外的发展

装配式建筑在美国、加拿大、日本和一些欧洲国家发展较为领先。从20世纪初，美国和加拿大等一些北美国家就开始研究和应用装配式建筑，并成立了预制混凝土研究协会（Precast Concrete Institute，简称PCI），长期研究和推广装配式建筑。之后，该协会又出台了许多关于装配式建筑的规范和标准，进一步促进了装配式建筑的发展，应用更为普遍。在大量的工程实践中，装配式建筑充分发挥了其优越性，体现了质量好、效益高、经济耐用等优势。

装配式建筑在日本的发展已经达到目前世界的高水平，日本关于装配式建筑的建筑相关标准和规范也很完善。日本在装配式建筑的发展和应用中，将装配式建筑应用到地震区的高层和超高层建筑中，在几次突发地震中，装配式建筑充分发挥其抗震性好的优势，保证了人身财产安全，更得到了充分的重视。

欧洲是装配式建筑的发源地，最早可以追溯到17世纪。欧洲国家对于装配式建筑的认识起步较早，通过不断的科学发展和技术创新，在施工方法上也有了较为完善的思路，积累了较多的经验，并编制了一系列装配式建筑的工程标准和应用手册，这对装配式建筑的发展具有重要的推动作用。

在我国，从 20 世纪 50 年代人们开始逐渐认识和了解装配式建筑，60 年代初人们开始初步研究装配式建筑的施工方法，并形成了一种新兴的建筑体系。随着科学技术的不断发展，到 20 世纪 80 年代，装配式建筑在我国有了一定发展，但是由于装配式建筑存在局限性和不足之处，加之我国当时的设计水平和施工水平有限，跟不上装配式建筑的发展需求，制约了装配式建筑在我国的推广应用。

我国的装配式建筑规划政策自 2015 年以来密集出台，2015 年末发布《工业化建筑评价标准》GB/T 51129—2015，自 2016 年 1 月 1 日起实施，决定 2016 年在全国全面推广装配式建筑，并取得突破性进展。2017 年末发布《装配式建筑评价标准》GB/T 51129—2017，自 2018 年 2 月 1 日起实施，将装配式建筑作为最终产品，根据系统性的指标体系进行综合打分，把装配率作为考量标准，不以单一指标进行衡量，并设置了基础性指标，可以较简捷地判断一栋建筑是否是装配式建筑。2016 年国务院办公厅出台《关于大力发展装配式建筑的指导意见》，要求要因地制宜发展装配式混凝土结构、钢结构和现代木结构等装配式建筑，力争用 10 年左右的时间，使装配式建筑占新建建筑面积的比例达到 30%。

按照推进供给侧结构性改革和新型城镇化发展的要求，大力发展钢结构、混凝土结构等装配式建筑，具有发展节能环保新产业、提高建筑安全水平、推动化解过剩产能等一举多得之效。为此，一要适应市场需求，完善装配式建筑标准规范，推进标准化设计、工业化生产、装配化施工、一体化装修、信息化管理，支持预制构件生产企业完善品种和规格，引导企业研发适用技术、设备和机具，提高装配式建材应用比例，推进建造方式现代化。二要健全与装配式建筑相适应的发包承包、施工许可、工程造价、竣工验收等制度，实现工程设计、部品部件生产、施工及采购统一管理和深度融合。强化全过程监管，确保工程质量安全。三要将发展装配式建筑列入城市规划建设考核指标，鼓励各地结合实际出台规划审批、基础设施配套、财政税收等支持政策，在供地方案中明确发展装配式建筑的比例要求，用适用、经济、安全、绿色、美观的装配式建筑服务发展方式转变、提升群众生活品质。

0.2 装配式建筑相关概念

0.2.1 装配式混凝土结构的概念

装配式建筑是指"结构系统、外围护系统、设备与管线系统、内装系统的主要部分采用预制构（部）件集成的建筑"。装配式建筑是一个系统工程，是将预制构件通过模数协调、模块组合、接口连接、节点构造和施工工法等用装配式的集成方法，在工地高效可靠装配并做到建筑围护、主体结构、机电装修一体化的建筑。

按照结构材料的不同，装配式建筑可分为装配式钢结构建筑（图 0-1）、装配式混凝土建筑（图 0-2）、装配式木结构建筑（图 0-3）、装配式复合材料建筑（图 0-4）等。其中，建筑物的结构系统由混凝土预制构件通过各种可靠的连接方式装配而成的装配式建筑称为装配式混凝土建筑，包括装配整体式混凝土结构、全装配混凝土结构等。

图 0-1　装配式钢结构建筑

图 0-2　装配式混凝土建筑

图 0-3　装配式木结构建筑

图 0-4　装配式复合材料建筑

　　装配式混凝土结构适用于住宅建筑和公共建筑。装配整体式混凝土结构可采用与现浇混凝土结构相同的方法进行结构分析，即通常所说的等同于现浇结构，但是当同一层中既有预制又有现浇结构时，宜采取对现浇部分结构受力放大的调整。

0.2.2　装配式混凝土结构的类型

　　由预制混凝土构件通过可靠的连接方式进行连接并与现场后浇混凝土、水泥基灌浆料形成整体的装配式混凝土结构称为装配整体式混凝土结构，简称装配式混凝土结构（图 0-5）。装配式混凝土结构具有较好的整体性和抗震性，是目前大多数多层和高层装配式建筑采用的结构形式。

　　装配式混凝土结构的常见类型有装配式混凝土框架结构、装配式混凝土剪力墙结构、装配式混凝土框架-现浇剪力墙结构、装配整体式部分框支剪力墙结构等。

　　装配式混凝土框架结构，即全部或部分框架梁、柱采用预制构件构建成的装配式混凝土结构（图 0-6）。

图 0-5　装配式混凝土结构　　　　　图 0-6　装配式混凝土框架结构

　　装配式混凝土剪力墙结构是全部或部分剪力墙采用预制墙板构建成的装配式混凝土结构（图 0-7）。

图 0-7　装配式混凝土剪力墙结构

　　装配式混凝土框架-现浇剪力墙结构由装配整体式框架结构和现浇剪力墙（或现浇核心筒）两部分组成。这种结构形式中的框架部分采用与预制装配整体式框架结构相同的预制装配技术，使预制装配框架技术在高层及超高层建筑中得以应用。另外，筒体结构、框架-剪力墙结构等建筑都可以采用装配式。

0.3　装配式 BIM+PC 概念

　　目前，国内越来越多的工程项目积极应用 BIM 技术，尤其是在超大型复杂工程、三边工程、工期紧且成本压力大的现浇钢筋混凝土结构工程中，BIM 技术的应用越来越凸显出其价值，它能更快消化设计方案，更快发现技术问题，更快理出工程数据，用于生产计划、备料、控制进度等，BIM 技术的应用如图 0-8 所示。

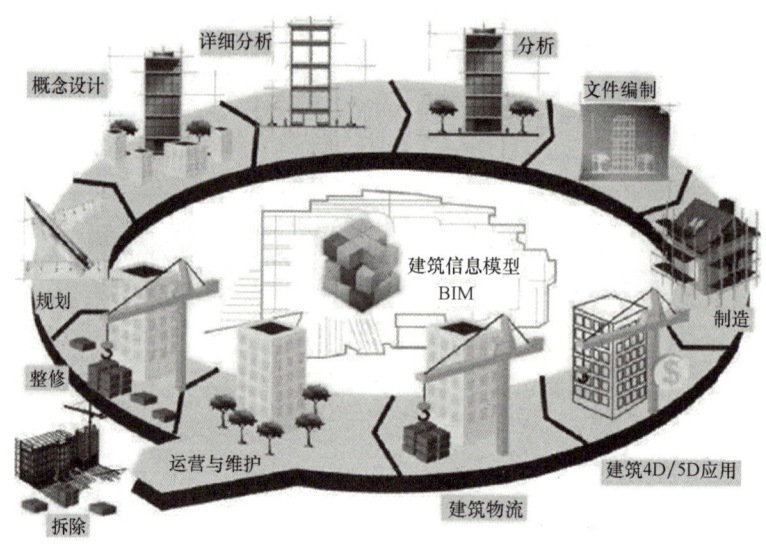

图 0-8　BIM 技术的应用

PC 是 "Precast Concrete（混凝土预制件）" 的缩写，在住宅产业化领域称作 PC 构件，是指在工厂中通过标准化、机械化方式加工生产的混凝土制品。装配式建筑的核心是预制构件，而在施工阶段能否将每个预制构件按照设计要求直接拼装，关键因素取决于预制构件的设计质量。而预制构件的设计过程涉及多角色间紧密无间的配合，相对于一般建筑的要求更高，对于信息的传递准确度和及时性有很大的限制条件。而 BIM 技术信息化模型正好弥补 PC 装配式设计与施工节点的不匹配及信息传递中断的不足。BIM 技术在装配式建筑中的应用如图 0-9 所示。

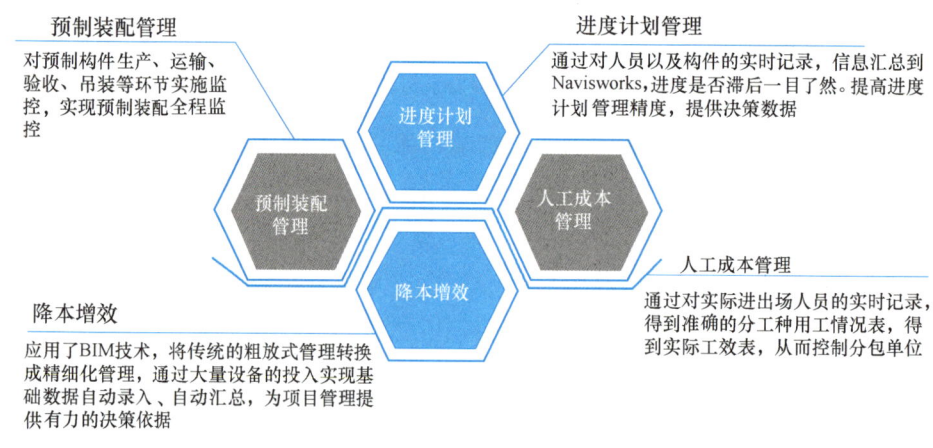

图 0-9　BIM 技术在装配式建筑中的应用

BIM 的介入是 BIM 三维信息模型的介入，即预制构件的模型与建筑模型的搭建，如图 0-10 所示。

1. 碰撞检查

建立 PC 模型，进行设计图纸的三维可视化交底，针对设计中存在的节点对接错误进行复查，以消除因设计预制的样板构件对施工进度的影响，减少碰撞发生，满足设计以及施工要求。碰撞检查如图 0-11、图 0-12 所示。

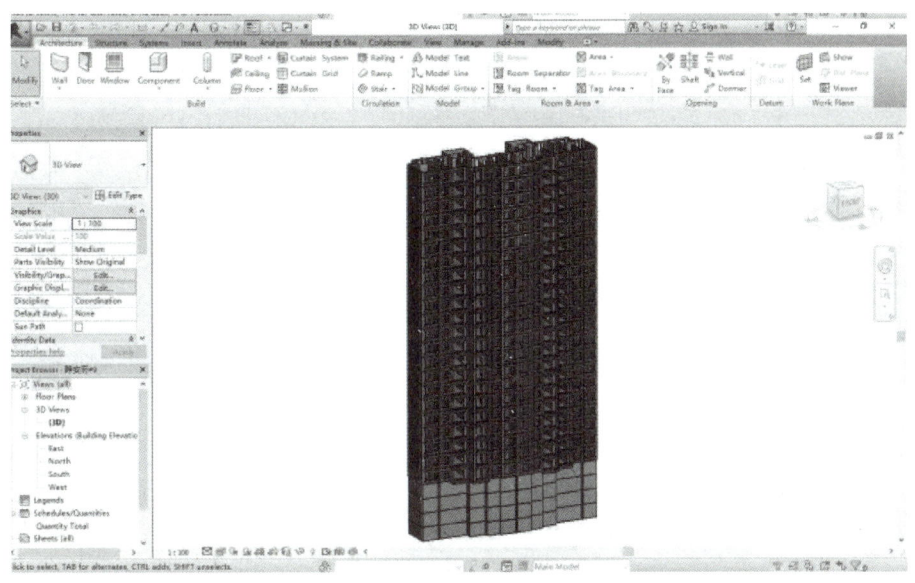

图 0-10　BIM 模型搭建

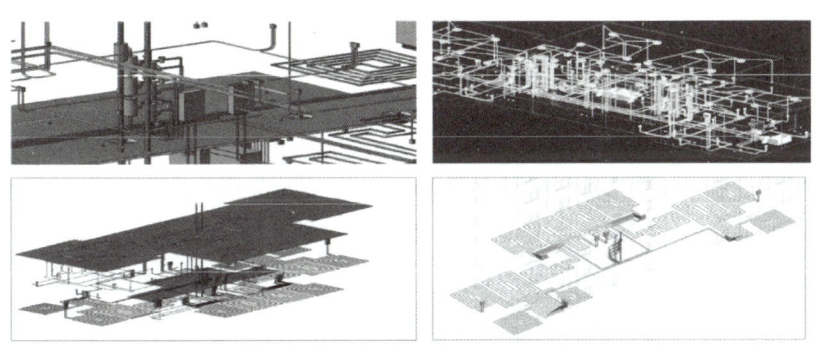

图 0-11　管线碰撞检查

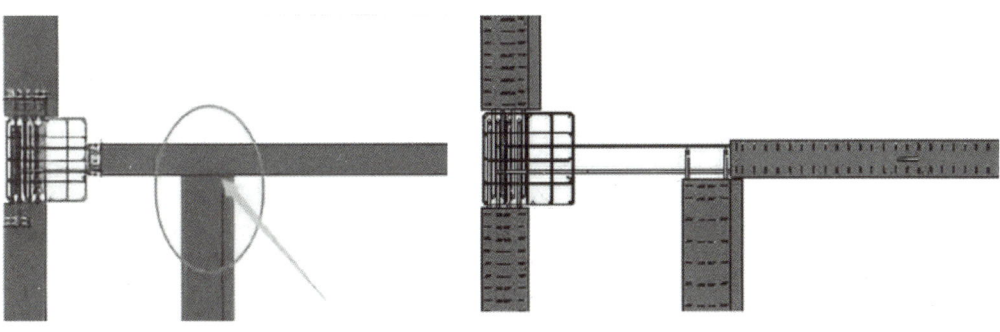

PC梁相交处理不合理　　　　　　　　PC梁与PC梁端结构连接采用现场浇筑过渡

图 0-12　构件碰撞检查

2. 施工模拟

基于 BIM 技术的施工模拟核心理念是"先试后建"，即基于 BIM5D 的平台，在工程实际开工前，对建筑项目的施工方案进行分析、模拟和优化，提前发现问题，解决问题，直至获得最佳方案，从而指导真实施工，大大降低返工成本和管理成本。施工模拟如图 0-13 所示。

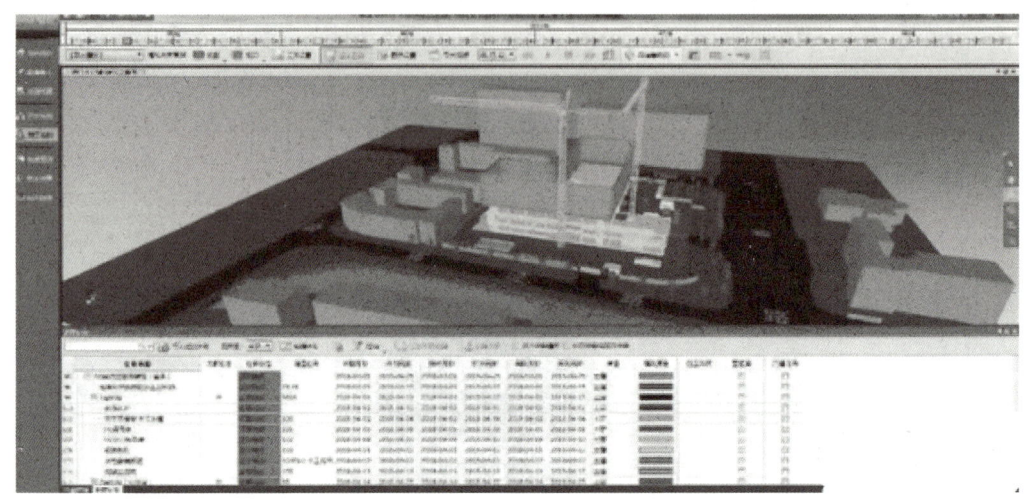

图 0-13　施工模拟

3. 协同管理

通过 BIM5D 导入各专业模型，形成轻量化协调管理平台，可以直接在手机端、Web 端打开模型做到轻量化数据辅助现场施工，协同管理如图 0-14 所示。

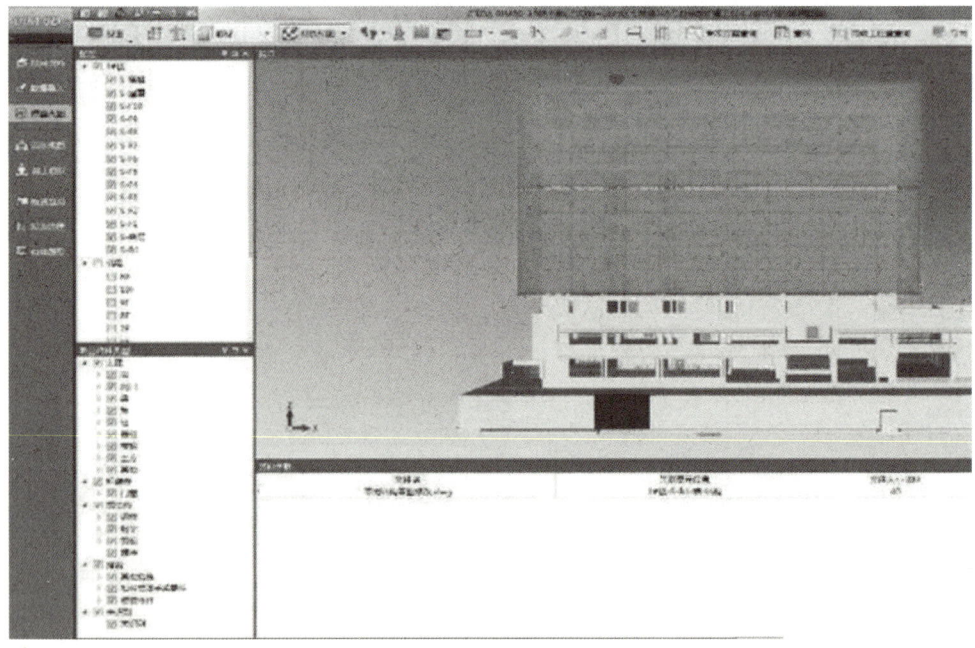

图 0-14　协同管理

4. 构件跟踪

PC 构件跟踪，打破信息孤岛，随时随地掌握构件状态，提高多方沟通效率；自动统计完工量，准确了解施工进度偏差；实测实量自动预警，提高质量管控力度。通过手机端对预制构件进行跟踪，参建各方可以实时了解到当前预制件所处阶段，提前规避风险；并通过 PC 端进行进度偏差分析以及 Web 端进行完工工程量自动汇总统计，完成对预制构件从加工到施工吊装完毕整个流程的进度、成本、质量、安全的管理。PC 构件跟踪管理如图 0-15 所示。

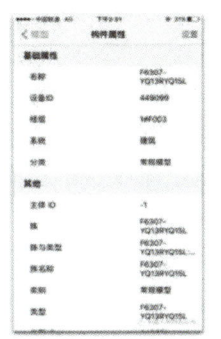

图 0-15　通过手持终端查看预制构件信息

5. 安全与质量管理

在施工现场，发现有质量安全问题时，可通过手机端快速采集信息，确定问题原因、发生位置，问题会立即发送到相关负责人，做到有问题及时整改不拖欠。当问题解决后可关闭该流程，形成一个质量安全闭合路径。这样可以很好地做到责任到人、有据可查，确保工程的质量安全。施工吊装模拟如图 0-16 所示。

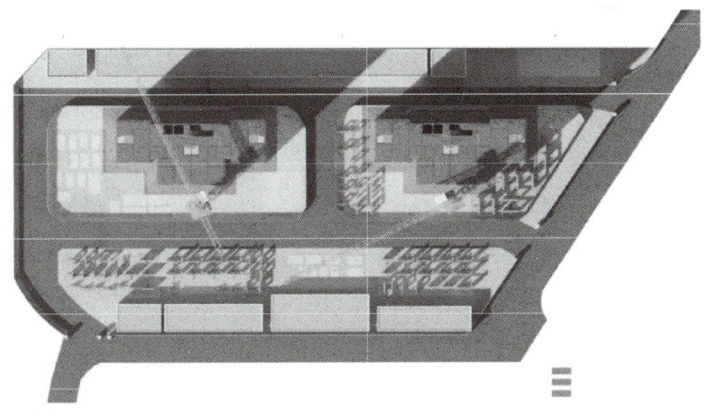

施工吊装模拟

通过对施工现场的三维虚拟排布，对施工现场的生产资料进行合理的规划管理，避免施工现场的生产资料浪费和空间浪费现象发生，也可以直观有效地对施工人员进行技术讲解

图 0-16　施工吊装模拟

0.4　深化设计软件简介

0.4.1　预制混凝土构件深化设计软件综述

目前应用于装配式混凝土构件深化设计的软件主要有 PKPM-PC、YJK-AMCS、Planbar、BeePC 等。

PKPM-PC 是 PKPM 推出的装配式结构设计软件，该软件在预制混凝土构件计算的基础上，实现了整体结构分析、内力调整和连接设计。基于 BIM 平台，PKPM-PC 可满足预制构件的拆分、构件详图生成、材料统计输出、BIM 数据直接接力生成至加工设备等功能。

YJK-AMCS 是在 YJK 的结构设计软件的基础上，针对装配式结构的特点，依据《装配式混凝土结构技术规程》JGJ 1—2014 及《装配式混凝土结构连接节点构造》15G310-1～2 图集，基于 BIM 技术开发而成的专业应用软件。软件提供了预制混凝土构件的脱模、运输、吊装过程中的单构件计算、整体结构分析及相关内力调整、构件及连接设计功能。可实现构件拆分、详图设计、构件加工图、材料清单、构件库建立，与工厂生产管理系统集成，预制构件信息和数字机床自动生产线的对接。

Planbar 是德国内梅切克公司开发的混凝土设计专用软件，Planbar 中包含了建筑、工程、预制等模块，同时也提供道路、桥梁等模块。Planbar 同时含有 2D 和 3D 模块，采用 2D 工作方式创建 3D 模型，在同一平台中实现 2D 信息和 3D 模型的创建和修改。

本书选用 BeePC 软件作为预制构件深化设计学习的配套软件进行讲述。

0.4.2　BeePC 软件简介

BeePC 软件是基于 Autodesk 公司 Revit 平台研发的装配式混凝土构件深化设计专用 BIM 软件，具有参数化设计、一键编号、一键出图、图纸可直接对接工厂生产的功能。

BeePC 软件依据国家装配式建筑系列规范、标准及设计图集并结合预制构件生产企业的实际工艺进行开发，符合当前装配式混凝土建筑的特点，使学习者不仅能够体验深化设计人员的设计过程，还能在建模及深化设计过程中逐步掌握相关的设计理论知识，提升专业综合能力。

1. BeePC 软件特点

BeePC 软件主要具备以下特点：

（1）可视化操作

BeePC 软件的典型操作界面如图 0-17 所示。在构件类型区选择相应类型并在参数设置区输入相关参数后，构件视口区的构件会实时联动修改、更新，使设计操作更加直观、可视化。

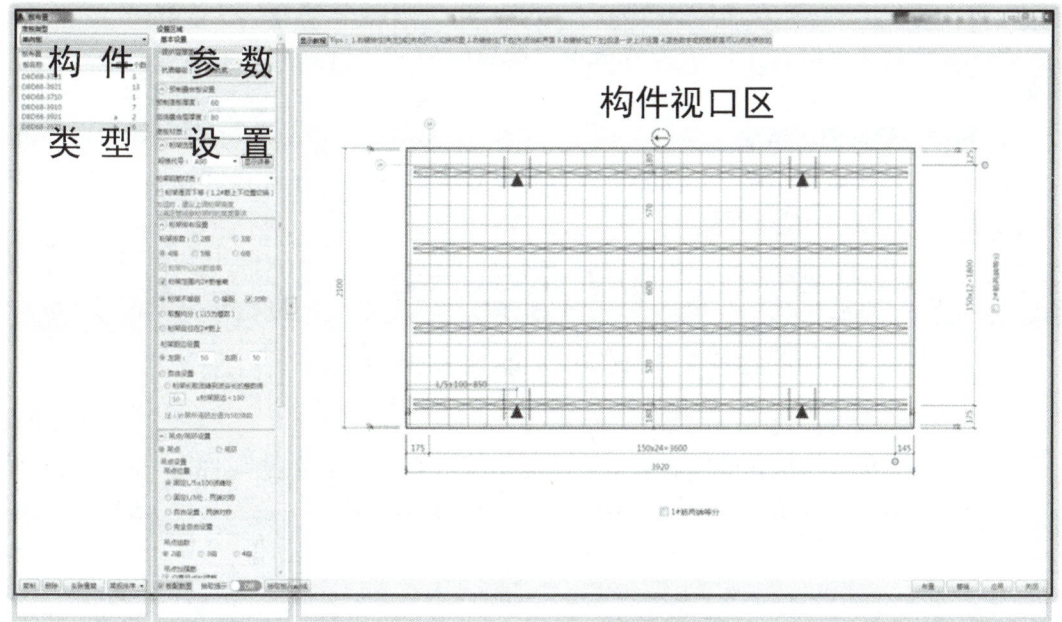

图 0-17　BeePC 的典型操作界面

（2）参数化设计

BeePC 在建模和深化设计过程中，对预制构件的几何尺寸、钢筋设置、附属构件布置等所有操作均采用参数输入的方式进行，数据实时联动，使设计过程简单、快捷、智能。

（3）智能编号

BeePC 软件依据构件类型、尺寸、物理定位、附属构件类别的不同进行智能编号，并提供多种编号规则，可根据工程的实际需求进行选择。BeePC 编号界面如图 0-18 所示。

（4）一键出图

对图框、比例、文字样式、出图布局等进行设置后，可直接生成深化设计图纸。BeePC 一键出图界面如图 0-19 所示。

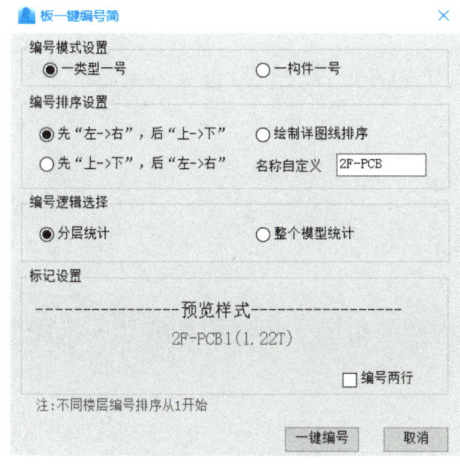

图 0-18　BeePC 编号界面

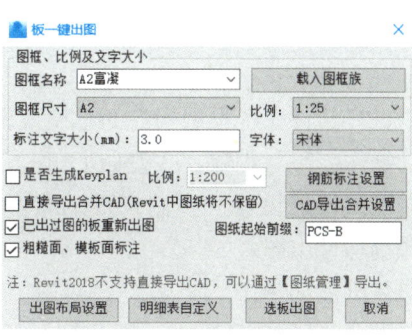

图 0-19　BeePC 一键出图界面

（5）一键生成 BOM 表（含钢筋形状和尺寸）

BeePC 软件提供出具构件的各种清单、报表的功能，相应清单可以直接对接工厂生产。

2. BeePC 软件模块组成

BeePC 软件根据现行装配式混凝土建筑的实施流程将系统分为 BeePC 设计和 BeePC 深化两大模块，如图 0-20 所示。

图 0-20　BeePC 设计和 BeePC 深化模块界面

（1）BeePC 设计模块

BeePC 设计模块中包含的内容有全局功能、预制率计算和装配率计算，如图 0-21 所示。该模块可对工程预制信息进行快速设置，并通过计算装配率对装配式建筑进行准确评价，前可对接设计模型，后可对接深化设计工作，从而实现正向设计。

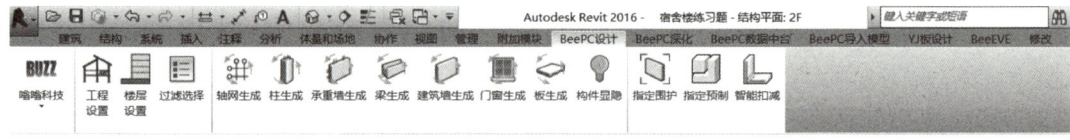

图 0-21　BeePC 设计模块

（2）BeePC 深化模块

BeePC 深化模块包含的内容有全局功能、主体构件、各类预制构件的布置与出图，如图 0-22 所示。该模块可依据既有拆分图快速进行深化设计，前可对接 BeePC 设计模块，后可直接出具深化图纸。

图 0-22　BeePC 深化模块

下面以 BeePC 软件深化模块介绍装配式混凝土构件的深化设计过程。

0.4.3　构件深化设计的通用操作流程

BeePC 软件在各预制构件的建模及出图过程中，虽然存在部分差异性，但是基本遵循相似的操作流程与步骤，一般如下：

装配式楼层设置→预制构件的布置→附属构件的布置→预制构件编号→生成 BOM 表→预制构件出图。

具体分述如下：

【装配式楼层设置】对工程的楼层及混凝土强度等级进行输入，用于指明楼层标高、楼层名称、各种构件混凝土强度等内容，在某一个项目中设置一次即可，若跳过此项则生成的深化图中的明细表会有误，此项为必输入项。

【预制构件的布置】对预制构件的类型及各项参数进行设置，包括构件尺寸、保护层厚度、抗震等级、预埋件设置、吊装信息、预制构件的配筋等，并将设置好参数后的预制构件布置在相应位置，完成建模工作。

【附属构件的布置】包括对预制构件上的预留预埋的洞口、线盒、套管、止水节、手孔、线管、脱模点等的布置，此项若无，可跳过。

【预制构件编号】根据预制构件的类型、尺寸、定位、附属构件等的差异性，对布置的预制构件按层进行编号。若跳过此步骤，则无法保证 BOM 表及构件出图功能的准确性。

【生成 BOM 表】对预制构件的基本信息进行统计，包括预制构件的个数、体积、重量、钢筋重量等信息，统计结果可直接对接预制构件生产。

【预制构件出图】对已布置的预制构件生成深化详图图纸。

小结

本部分主要介绍了装配式建筑的基本知识、装配式建筑的概念及特点、装配式混凝土结构的概念和不同的结构类型、装配式 BIM＋PC 的相关概念及应用、BeePC 深化设计软件的简介，让读者了解装配式建筑相关知识。

习 题

1. 选择题

（1）按照结构材料的不同，装配式建筑有（　　）等几种类型。

A. 装配式钢结构建筑　　　　　　　　B. 装配式混凝土建筑

C. 装配式木结构建筑　　　　　　　　D. 装配式复合材料建筑

（2）由预制混凝土构件通过可靠的连接方式进行连接并与现场后浇混凝土、水泥基灌浆料形成整体的装配式混凝土结构，简称（　　）。

A. 装配整体式结构　　　　　　　　　B. 装配式混凝土结构

C. 全装配混凝土结构　　　　　　　　D. 装配式结构

（3）按照预制构件间连接方式的不同，装配式混凝土结构分为（　　）等。

A. 装配整体式混凝土结构　　　　　　B. 全装配混凝土结构

C. 装配式木结构建筑　　　　　　　　D. 装配式复合材料建筑

（4）装配式混凝土结构的常见的类型有（　　）。

A. 装配式混凝土框架结构　　　　　　B. 装配式混凝土剪力墙结构

C. 装配式混凝土框架-现浇剪力墙结构　　D. 全装配式混凝土结构

2. 简答题

（1）简述什么是装配式建筑。

（2）总结装配式混凝土结构的常用结构形式。

（3）BIM 在 PC 中的应用有哪些？

任务 1

预制构件选择及识图

【教学目标】

1. 知识目标

（1）了解预制构件的选择要点；

（2）熟悉预制构件深化设计流程及预制构件深化设计的要求；

（3）掌握预制构件深化设计图绘制深度要求。

2. 能力目标

（1）能够根据结构需要和相关规范合理选择预制构件；

（2）能够确定预制构件深化设计的流程；

（3）能够根据结构、生产、施工的需要确定预制构件深化设计的内容。

3. 素养目标

（1）培养学生严谨细致的工作态度；

（2）培养学生自我学习的能力，树立终生学习的理念。

课程思政案例

1.1 预制构件选择要点

装配整体式混凝土框架结构的主要预制构件有预制柱、预制梁、叠合楼板、预制外墙挂板、预制楼梯等，如图1-1～图1-5所示。

装配整体式混凝土剪力墙结构的主要预制构件有预制外墙板、预制内墙板、叠合楼板、预制连梁、预制楼梯、预制阳台板、预制空调板等，如图1-6～图1-9所示。

图1-1 预制柱

图1-2 预制梁

图1-3 叠合楼板

图1-4 预制外墙挂板

图1-5 预制楼梯

图1-6 预制内墙板

图 1-7　预制连梁

图 1-8　预制阳台板

混凝土预制构件的设计应遵循标准化、模数化原则，尽量减少构件类型，提高构件标准化程度，降低工程造价。对于开洞多、异形、降板等复杂部位可考虑现浇的方式。注意预制构件重量及尺寸，综合考虑项目所在地区构件加工生产能力及运输、吊装等条件。同时预制构件具有较高的耐久性、耐火性。预制构件设计应充分考虑生产的便利性、可行性以及成品保护的安全性。当构件尺寸较大时，应增加构件脱模及吊装用的预埋吊点的数量，预制外墙板应根据不同地区的保温隔热要求选择适宜的构造，同时考虑空调留洞及散热器安装预埋件等安装要求。

图 1-9　预制空调板

非承重的内墙宜选用自重轻、易于安装和拆卸且隔声性能良好的隔墙板等。可根据使用功能灵活分隔室内空间，非承重内墙板与主体结构的连接应安全可靠，满足抗震及使用要求。用于厨房及卫生间等潮湿空间的墙体应具有防水、易清洁的性能。内隔墙板与设备管线、卫生洁具、空调设备及其他构配件的安装连接应牢固可靠。

预制装配式建筑的楼盖宜采用叠合楼板，结构转换、平面复杂或开间较大的楼层、作为上部结构嵌固部位的地下室宜采用现浇楼盖，楼板与楼板、楼板与墙体间的接缝应保证结构整体性，叠合楼板应考虑设备管线、吊顶、灯具安装点位的预留预埋，满足设备专业要求。空调室外机搁板宜与预制阳台组合设置。阳台应确定栏杆留洞、预埋线盒、立管留洞、地漏等的准确位置。预制楼梯应确定扶手栏杆的预留及预埋，楼梯踏面的防滑构造应在工厂预制时一次成型，且采取成品保护措施。

根据相关工程的统计和工程经验，预制率指标与拆分的部分见表 1-1。

预制构件的拆分要考虑运输和安装等条件对预制构件的限制，这些限制包括：

重量（人行道和桥的等级），高度（桥、隧道和地下通道的高度），长度（车辆的机动性和相关法律），宽度（许可、护航要求和相关法律），自行式起重机的能力，场地存放的条件等。

预制率指标与拆分的部分　　　　　　　　　　　表 1-1

预制率	15%	30%	≥40%
叠合楼板	√	√	√
楼梯梯段	√	√	√
阳台板	√	√	√
空调板	√	√	√
叠合梁	×	√	√
预制剪力墙外墙板	×	√	√
预制剪力墙内墙板	×	×	√

预制构件的尺寸宜符合下列规定：预制框架柱的高度尺寸按建筑层高确定；预制梁的长度尺寸宜按照轴网尺寸确定；预制剪力墙的高度尺寸宜按照建筑层高确定，宽度尺寸宜按照建筑开间和进深尺寸确定；预制楼板的长度尺寸宜按照轴网或建筑开间、进深尺寸确定，宽度尺寸不宜大于 2.7m。

1.2　预制构件深化设计要点

深化设计是指在原设计方案、设计条件图基础上，结合现场实际情况，对图纸进行完善、补充，绘制成具有可实施性的施工图纸，深化设计后的图纸应满足原方案设计技术要求，符合相关地域设计规范和施工规范，并通过审查，图形合一，能直接指导现场施工。

1.2.1　装配整体式混凝土结构设计流程

装配式建筑建设过程中因为包括构件生产的环节，必然会增加构件加工图设计，即通常所说的构件深化设计。根据装配式建筑的特点，主体结构施工需要与内装设计同步进行。此外，装配式建筑建造技术含量较高、装配式建筑容错性很差，如果设计阶段发生错误就会造成很大损失。所以，在装配式建筑建设流程前期中还增加了技术策划这个阶段，而技术策划这个阶段又往往被忽视。一方面设计单位接触这个内容比较少，另一方面开发商的装配式建筑项目比较少，所以都没有注重技术策划阶段。装配式建筑设计和传统设计较大的差异就是有贯穿始终的协同设计过程，从技术策划直到主体施工、内装修施工，都要与业主、设计各专业、施工单位协同协作。装配式建筑建设流程如图 1-10 所示。

1.2.2　预制构件深化设计流程

预制构件深化设计流程包括前期技术策划、建筑施工图设计、预制构件拆分方案设计、预制构件模板图、预制构件配筋图、预制构件预埋预留图（水电管线和电盒、预埋件、门窗预埋预留)、预制构件综合加工图、模具设计图等。

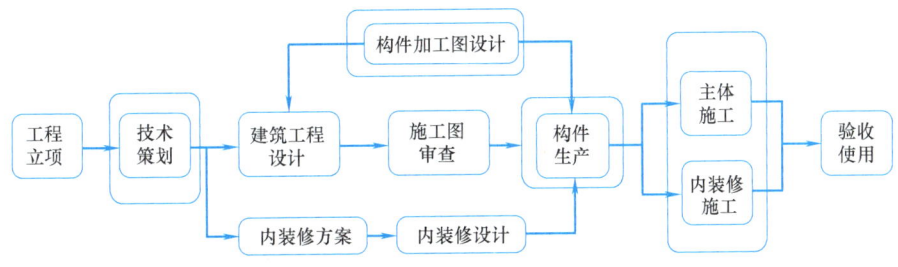

图 1-10　装配式建筑建设流程

1. 深化设计流程的特点

(1) 前期技术策划十分重要。前期的技术策划主要是分析产业政策,设计师除了考虑政策目标,同时要考虑客户的利益需求最大化,有时客户的想法远远超过政策目标,那么就要兼顾政策同时达到产业化目标,从而确定技术方向。前期的技术策划,对整个装配式建筑设计的技术走向至关重要,对成本影响特别大。

(2) 技术协同贯穿设计全过程。过去传统设计停留于设计院内部的建筑、结构、设备、内装修专业配合,如毛坯房交付这样的简单设计连内装修专业都没有,专业配合很少。而在装配式建筑中,内装修设计的配合就极其重要,设计单位、建设单位、生产单位、施工单位需要多方协作,如考虑深化设计、生产能力等。

(3) 构件深化设计繁复琐碎。装配式建筑都需要做构件的深化设计,这部分设计内容在传统建筑设计中不是放在设计院做,而是放在 PC 构件工厂做,而对于装配式建筑,有些设计院和 PC 工厂不愿意或没有能力做构件的深化设计,深化设计的内容很多,要考虑的问题也和传统建筑设计不同。传统建筑设计对施工问题考虑得很少,装配式建筑设计必须考虑生产、吊运、现场施工等要求,内容繁琐复杂。

2. 深化设计流程需要注意的事项

(1) 前期技术策划。在项目前期策划中应根据建筑产业化目标、技术水平和施工能力以及经济性等要求确定适宜的预制率。预制率在装配式建筑中是比较重要的控制性指标。

(2) 建筑施工图设计。应遵循当地施工条件的要求,结合国家现行设计规范进行设计,达到施工图设计深度,预制构件生产企业应参与施工图图纸会审,并提出相关意见。

(3) 预制混凝土构件深化设计图。将预制混凝土构件拆分成相互独立的预制构件后,重点考虑构件连接构造、水电管线预埋、门窗及其他埋件的预埋、吊装及施工必须的预埋件、预留孔洞等,同时要考虑方便模具加工和构件生产效率、道路运输要求、现场施工吊运能力限制等因素。

1.2.3　预制构件深化设计的要求

传统现浇混凝土结构设计,在完成各专业施工图后设计工作完成,各设计施工图采用平法规则表示。深化设计要求将结构的各种构件进行拆分,以便应用于构件生产厂的加工,所以深化设计人员需要将平法表示的各构件进行拆分,完成各个构件的详图设计。

深化设计文件应包含以下内容：

（1）预制构件的平面布置图，包括预制构件编号、节点索引、明细表等内容；

（2）预制构件模板图；

（3）预制构件配筋图；

（4）预制构件连接构造大样图；

（5）建筑、机电设备、精装修等专业在预制构件上的预留洞口、预埋管线、预埋件和连接件等的设计综合图；

（6）预制构件制作、安装施工的质量验收要求；

（7）连接节点施工质量检测、验收要求。

装配式结构施工图设计内容可分为施工图设计和预制构件制作详图设计两个内容。装配式混凝土剪力墙结构可参照国家标准设计图集《装配式混凝土结构表示方法及示例（剪力墙结构）》15G107-1。其主要内容包括以下几项：

（1）装配整体式结构设计专项说明。一般对工程概况、设计依据、选用图集、材料、单体预制率计算、节点构造、制作、运输、安装、施工、验收等方面加以说明。

（2）施工图设计部分。该设计阶段应完成装配式结构的整体计算分析、结构构件的平立面、结构构件的截面和配筋设计、节点连接构造设计等。其内容包括以下四个方面：

1）预制构件平面布置图，含内外墙板编号及定位尺寸、预制构件拼缝位置、叠合梁编号等，具体表示方法参见国家标准设计图集《装配式混凝土结构表示方法及示例（剪力墙结构）》15G107-1。

2）预制构件与现浇构件竖向连接部位连接灌浆套筒钢筋甩筋平面布置图。

3）预制构件与后浇混凝土节点布置图，后浇混凝土暗柱节点大样图。

4）预制底板平面布置图，含预制底板制作说明、桁架叠合板布置方向等，具体表示方法参见国家标准设计图集《桁架钢筋混凝土叠合板（60mm 厚底板）》15G366-1。

（3）预制构件详图制作部分。该设计阶段应综合建筑、结构和设备等专业的施工图以及制作、运输、堆放、施工等环节的要求进行构件深化设计。其内容包括以下六项：

1）预制底板大样图。包括底板各个方向模板图，含预留预埋洞口标示，灯具、烟感预埋，配筋详图、细部详图、钢筋桁架详图等，具体表示方法参见国家标准设计图集《桁架钢筋混凝土叠合板（60mm 厚底板）》15G366-1，同时可以根据信息化管理的要求，在大样图右上角注明构件二维码。

2）预制外墙、内墙大样图。包括构件模板图、配筋图和预埋件布置图等构件加工图，含构件各方向模板图、剖面图、配筋图、配件表、钢筋下料表、混凝土用量、构件自重等，同时可以根据信息化管理的要求，在大样图右上角注明构件二维码、楼面局部位置定位等相关内容。复杂构件宜提供构件立面三维透视图。具体表示方法参见国家标准设计图集《预制混凝土剪力墙外墙板》15G365-1、《预制混凝土剪力墙内墙板》15G365-2。

3）预制阳台、空调板、女儿墙等大样图。包括构件模板图、配筋图和预埋件布置图等构件加工图，含构件各方向模板图、剖面图、配筋图、配件表、钢筋下料表、混凝土用量、构件自重等，同时可以根据信息化管理的要求，在大样图右上角注明构件二维码、楼面局部位置定位等相关内容。复杂构件宜提供构件立面三维透视图。具体表示方法参见国家标准设计图集《预制钢筋混凝土阳台板、空调板及女儿墙》15G368-1。

4）预制楼梯大样图。包括梯板制作详图及安装大样节点图，同时可以根据信息化管理的要求，在大样图右上角注明构件二维码。具体表示方法参见国家标准设计图集《预制钢筋混凝土板式楼梯》15G367-1。

5）预制构件连接节点大样图。具体表示方法参见国家标准设计图集《装配式混凝土结构连接节点构造》15G310-1～2。

6）对建筑、设备、电气、精装修等专业在预制构件上的预留洞口、预埋管线、预埋件和连接件等进行综合设计，必要时提供大样详图。

（4）计算书部分。结构计算书除结构整体计算信息（包括总信息、周期、位移）以及梁板墙柱配筋文件外，还应增加预制构件与后浇混凝土节点承载力验算、较大内力处施工缝验算、预制构件施工吊装验算、构件临时支撑验算等内容。

1.3　预制构件深化设计图绘制深度要求

装配式建筑工程设计中宜在方案阶段进行"技术策划"，其深度应符合相关规定的要求。预制构件生产之前应进行装配式建筑专项设计，包括混凝土预制构件拆分图，如图1-11所示。主体建筑设计单位应对预制构件深化设计进行会签，确保其荷载、连接以及对主体结构的影响均符合主体结构设计的要求。当项目按装配式建筑要求建设时，设计图纸应表示采用装配式建筑设计技术的内容。如在平面图中用不同图例注明采用预制构件（柱、剪力墙、围护墙体、凸窗等）位置，立面图中预制构件板块的立面示意及拼缝的位置；表达预制外墙防水、保温、隔声、防火的典型构造大样和建筑构配件安装以及卫生间等有水房间的地板、墙体防水节点大样等。

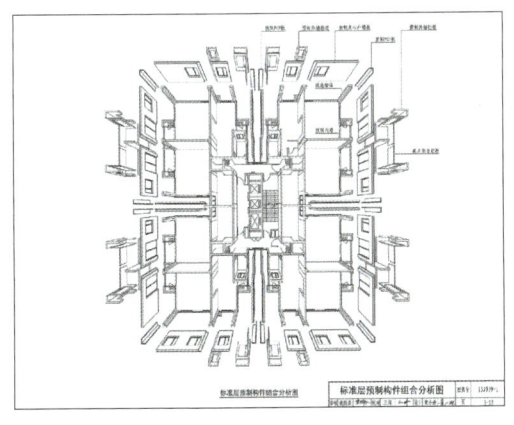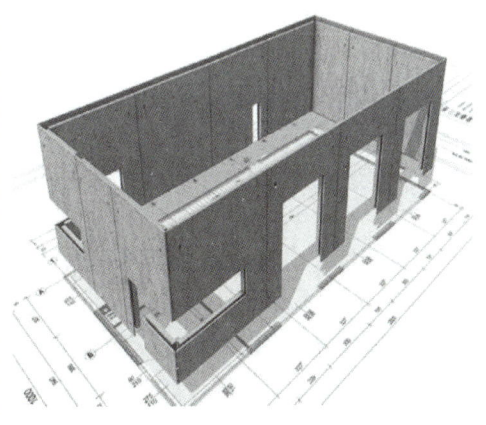

图 1-11　混凝土预制构件拆分图

装配整体式混凝土结构施工图设计应按照产业化特点和要求进行设计，内容包括常规结构施工图、装配式施工图和预制构件制作详图三个部分。

2016年12月住房和城乡建设部印发了《装配式混凝土结构建筑工程施工图设计文件技术审查要点》（建质函〔2016〕287号），其中有关预制构件结构施工图新增加设计内容有：预制构件的平面布置图，包括预制构件编号、节点索引、明细表等内容；预制构件模板图；预制构件配筋图；预制构件连接构造大样图；建筑、机电设备、精装修等专业在预制构件上的预留洞口、预埋管线、预埋件、连接件等设计综合图；预制构件制作、安装的质量验收要求；连接节点施工质量检测、验收要求。

以下对预制构件深化设计图中的预制构件模板图，预制构件配筋图，预制构件预留孔（洞）、预埋件图，预制构件模具设计图进行介绍。

1. 预制构件模板图

预制构件模板图是控制预制构件外轮廓形状尺寸和预制构件各组成部分形状尺寸的图纸。包含立面图、俯视图、侧视图、仰视图、剖面图等组成部分。构件模板图，应表示模板尺寸、预留孔（洞）及预埋件位置、尺寸，预埋件编号、必要的标高等；后张法预应力构件尚需表示预留孔道的定位尺寸、张拉端、锚固端等信息。通过预制构件模板图，可以将预制构件外叶板、内叶板、保温板的三维外轮廓尺寸以及洞口尺寸等表达清楚。预制构件模板图如图1-12所示。

预制构件模板图的作用是作为绘制预制构件配筋图、预制构件预留孔（洞）及预埋件图的依据，也可以为绘制预制构件模具加工图提供依据。

2. 预制构件配筋图

在预制构件模板图的基础上，可以绘制预制构件配筋图。在预制构件模板图的基础上，满足结构整体受力分析中的受力工况下，计算出预制构件的配筋，最后绘制出预制构件配筋图。纵剖面表示钢筋形式、箍筋直径与间距，配筋复杂时宜将非预应力筋分离绘出；横剖面注明断面尺寸、钢筋规格、位置、数量等信息。预制构件配筋图参见图1-12。

3. 预制构件预留孔（洞）、预埋件图

设计预留孔（洞）、预埋件图的原因是预制构件在制造前，必须按照施工图设计图纸要求进行水电、门窗等的预留和预埋；考虑预制构件在制造和运输过程中脱模、吊装、运输时所使用的预埋吊件。电气预留孔（洞）、预埋件如图1-13所示，预制外墙板电气预留孔（洞）示意图如图1-14所示，混凝土预制构件预埋件示意图如图1-15所示。

在预制构件模板图的基础上水电、建筑等专业可以根据本专业的设计情况绘制预留孔（洞）、预埋件图，负责构件制造、施工与安装的人员也可以绘制构件的预留孔（洞）、预埋件图。

预埋件应绘出其平面、侧面或剖面，注明尺寸、钢材和锚筋的规格、型号、性能、焊接要求，如图1-15所示。

4. 预制构件模具设计图

"模具是工业之母"，模具的好坏直接决定了构件产品质量的好坏和生产安装的质量和效率，预制构件模具的制造关键是"精度"。预制构件的质量和精度是保证建筑质量的基础，也是预制装配整体式建筑施工的关键工序之一，为了保证构件质量和精度，必须采用专用的模具进行构件生产，预制构件生产前应对模具进行检查验收，严格按照要求涂刷隔离剂或水洗剂。严禁采用地胎模（地胎模一般采用砖、混凝土等材料直接做在地上的底模和侧模）等"土办法"上马。其精度取决于尺寸的误差精度、焊接工艺水平、模具边楞的打磨光滑程度。

板模板图

2—2

1—1

板配筋图

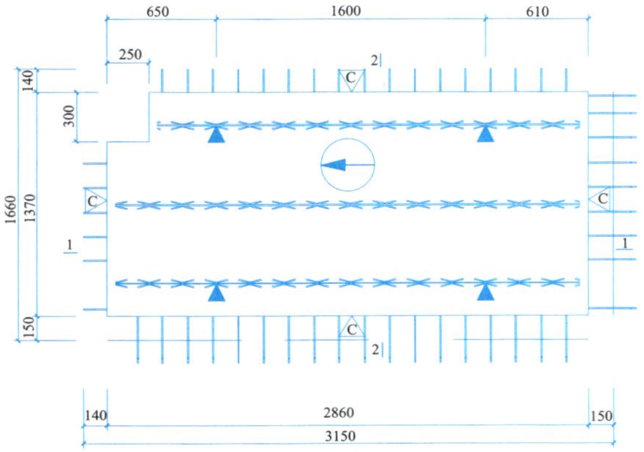

底板参数表				
底板编号	实际板跨(mm)	实际板宽(mm)	混凝土体积(m^3)	底板自重(t)
DBS1-68-3116-22c	2860	1370	0.231	0.578

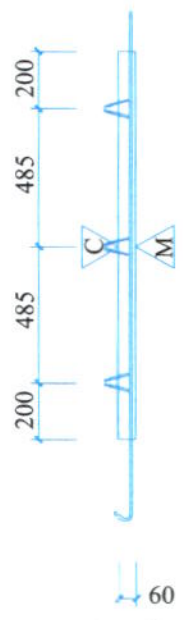

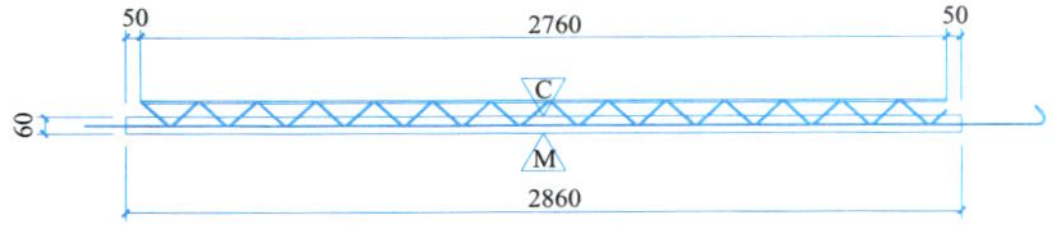

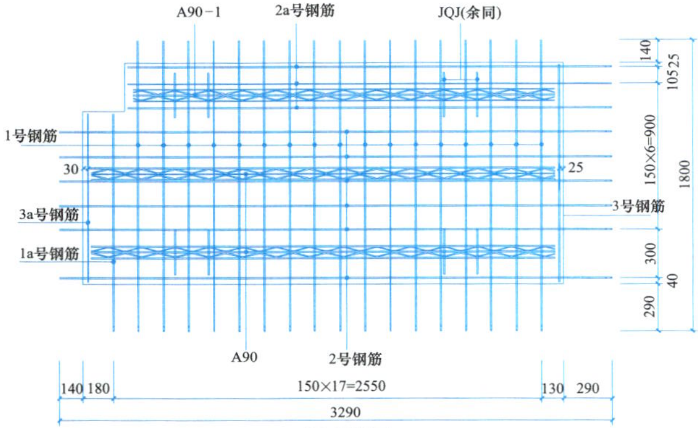

底板配筋表					
钢筋编号	钢筋规格	钢筋加工尺寸(设计方交底后方可生产)	单根长(mm)	总长(mm)	总重(kg)
1号钢筋	17Φ8	40 266 1370 140	1863	31671	12.51
1a号钢筋	1Φ8	40 266 1055	1408	1408	0.56
2号钢筋	6Φ8	140 2860 266 40	3353	20118	7.94
2a号钢筋	3Φ8	2595 266 40	2948	8844	3.49
3号钢筋	1Φ6	1340	1340	1340	0.3
3a号钢筋	1Φ6	1040	1040	1040	0.23
JQJ	8Φ8	280	280	2240	0.88
					合计(kg):25.91

桁架钢筋表					
桁架钢筋规格	道数	单道长度(mm)	单根重(kg)	总长(mm)	总重(kg)
A90	2	2760	4.94	5520	9.88
A90-1	1	2510	4.49	2510	4.49
					合计(kg):14.37

构件数量统计表						
所在楼层	层数(层)	标高	混凝土强度	件数/层	件数	备注
3F	1	8.300	C30	1	1	该PC构件制作数量，另需仔细核对各层结构平面图、建筑平面图以及预制构件布置平面图无误后才可下料生产
合计					1	

板三维图

图 1-12 预制构件模板图及配筋图

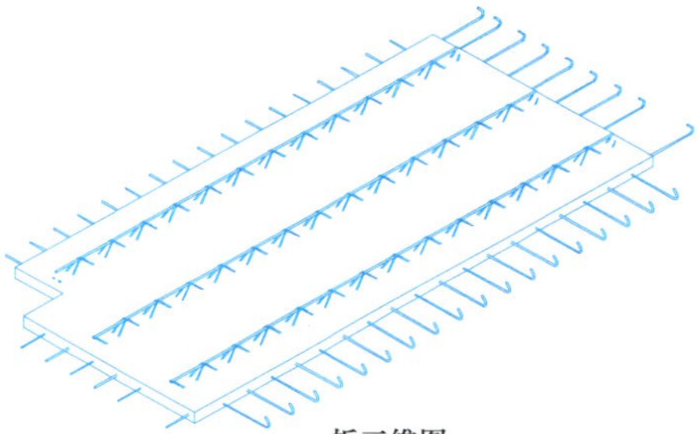

图 1-13　电气预留孔（洞）、预埋件

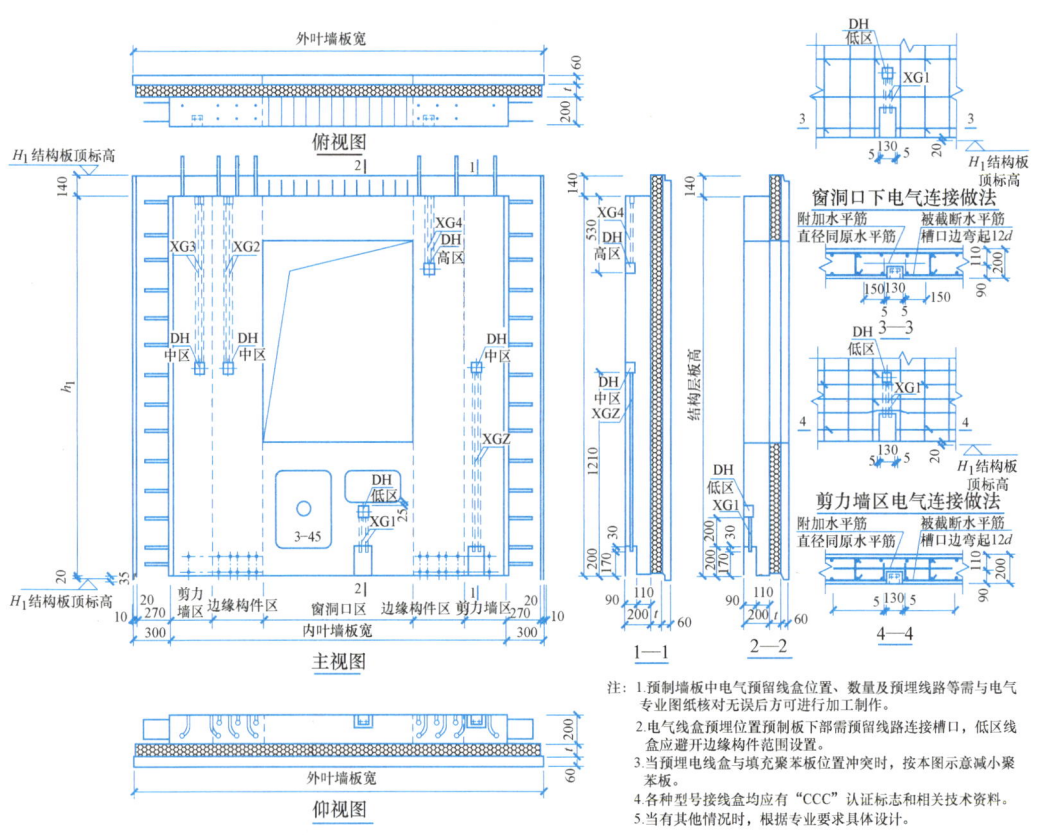

注：1.预制墙板中电气预留线位置、数量及预埋线路等需与电气专业图纸核对无误后方可进行加工制作。
　　2.电气线盒预埋位置预制板下部需预留线路连接槽口，低区线盒应避开边缘构件范围设置。
　　3.当预埋电线盒与填充聚苯板位置冲突时，按本图示意减小聚苯板。
　　4.各种型号接线盒均应有"CCC"认证标志和相关技术资料。
　　5.当有其他情况时，根据专业要求具体设计。

图 1-14　预制外墙板电气预留孔（洞）图

　　模具设计图由机械设计工程师根据拆解的构件单元设计图进行模具设计，模具多数为组合式台式钢模具，如图 1-16 所示。

　　对于模具有以下要求：①应具有足够的刚度、强度、精度和稳定性；②方便组合以保证生产效率；③便于构件成型后的拆模和构件翻身。

名称	埋件示意图	备注	名称	埋件示意图	备注
MJ1-A	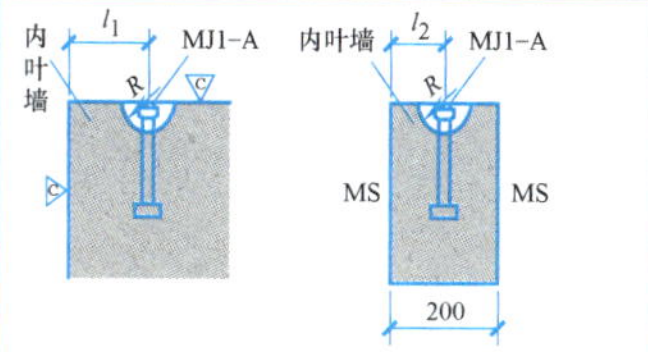	1.埋件用途：预制墙板垂直吊装 2.l_1：墙板宽度方向定位尺寸 3.l_2：墙板厚度方向定位尺寸 4.l_1、l_2详见构件图	MJ1-E	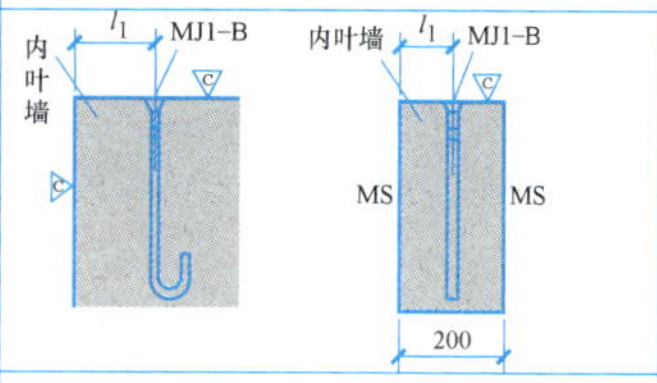	1.埋件用途：预制墙板垂直吊装 2.l_1：墙板宽度方向定位尺寸 3.l_2：墙板厚度方向定位尺寸 4.l_1、l_2详见构件图
MJ1-B	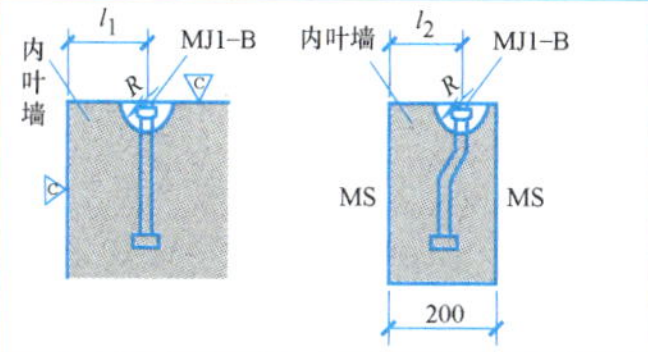	1.埋件用途：预制墙板垂直吊装 2.l_1：墙板宽度方向定位尺寸 3.l_2：墙板厚度方向定位尺寸 4.l_1、l_2详见构件图	MJ2 MJ3	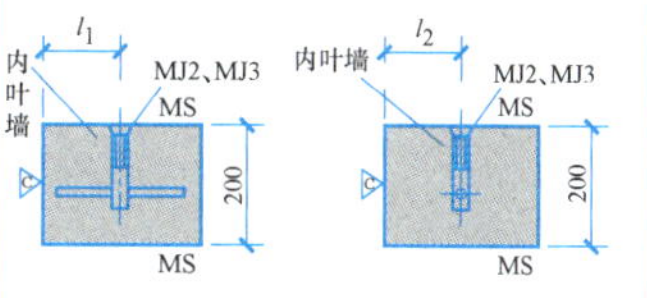	1.埋件用途：MJ2用于墙板现场临时支撑；MJ3用于墙板洞口处临时加固 2.l_1：墙板宽度方向定位尺寸 3.l_2：墙板厚度方向定位尺寸 4.l_1、l_2详见构件图
MJ1-C	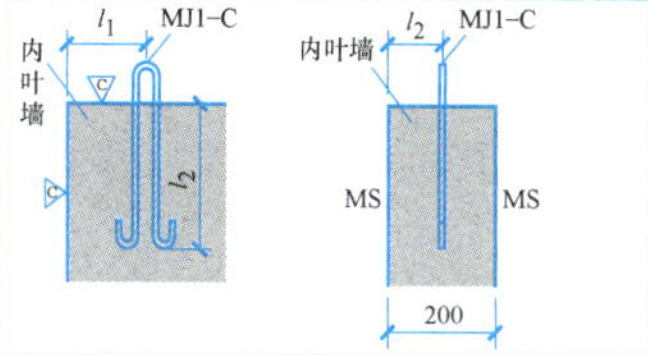	1.埋件用途：预制墙板吊装 2.l_1：墙板宽度方向定位尺寸 3.l_2：墙板厚度方向定位尺寸 4.l_1、l_2详见构件图 5.吊环应采用HPB300级钢筋制作，严禁使用冷加工钢筋	DH	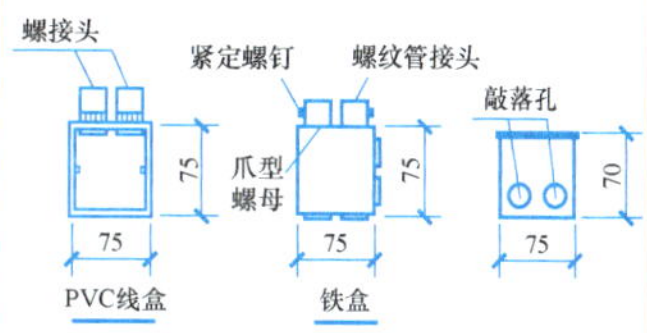	1.埋件用途：墙板预埋线盒 2.PVC线盒，线盒型号86H70，壁厚≥2.5mm；镀锌铁盒，纸盒型号86H70，壁厚≥1mm，承耳厚度应≥1.5mm 3.线盒应有"CCC"认证标态和相关技术资料
MJ1-D	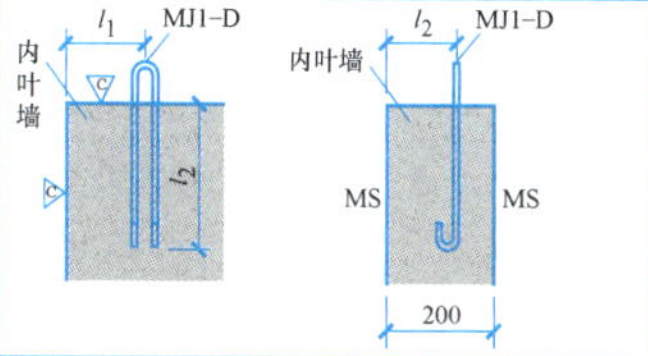	1.埋件用途：预制墙板吊装 2.l_1：墙板宽度方向定位尺寸 3.l_2：墙板厚度方向定位尺寸 4.l_1、l_2详见构件图 5.吊环应采用HPB300级钢筋制作，严禁使用冷加工钢筋	TG	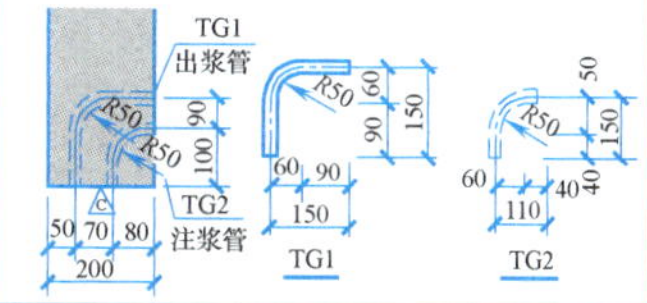	1.埋件用途：墙板灌浆或出浆孔 2.灌浆管及出浆管规格与注浆设备匹配

注：1.吊件及预埋件的规格及尺寸应由设计计算确定。
　　2.本页图MJ1、MJ2、MJ3仅示意了埋件类型，埋置深度、周边加强措施、配套吊件以及其他要求详见具体设计，并应符合国家现行有关标准的要求。

图1-15　混凝土预制构件预埋件图

图1-16　未组装的钢模具

此外，预制装配式结构的节点中梁、柱与墙体锚拉等详图应绘出平面、剖面图，注明相互定位关系，构件代号、连接材料，附加钢筋（或埋件）的规格、型号、性能、数量，并注明连接方法以及对施工安装、后浇混凝土的有关要求等。

1.4 工程案例

1. 工程概况

本工程为浙江省某中学宿舍楼工程，位于浙江省杭州市某区，建筑面积为 2992.6m^2，地上 6 层、地下 1 层，建筑高度为 21.6m，属于多层学校建筑。

本工程抗震设防烈度为 6 度，抗震设防类别为重点设防类，建筑的结构安全等级为一级，设计使用年限为 50 年，结构抗震等级为三级。

2. 装配式设计概况

本工程采用装配整体式混凝土框架结构体系，预制构件包括：叠合楼板、叠合梁、预制楼梯、预制柱。本工程预制混凝土构件选用情况详见表 1-2。

预制混凝土构件选用情况一览表　　　　　　　　　　　　　　　表 1-2

项目名称	层数	PC 构件类型	选用范围	预制构件体积（m^3）	备注
宿舍楼	地上 6 层 地下 1 层	①叠合楼板	2～6 层	52.68	详见附图
		②叠合梁	2～6 层	99.60	详见附图
		③预制楼梯	3～6 层	10.55	只预制标准层高 为 3m 的楼梯
		④预制柱	3～6 层	73.21	只预制标准层高 为 3m 的柱子
说明	选用范围内的楼层均包含当前层				

3. 建模

装配式混凝土建筑模型如图 1-17 所示。

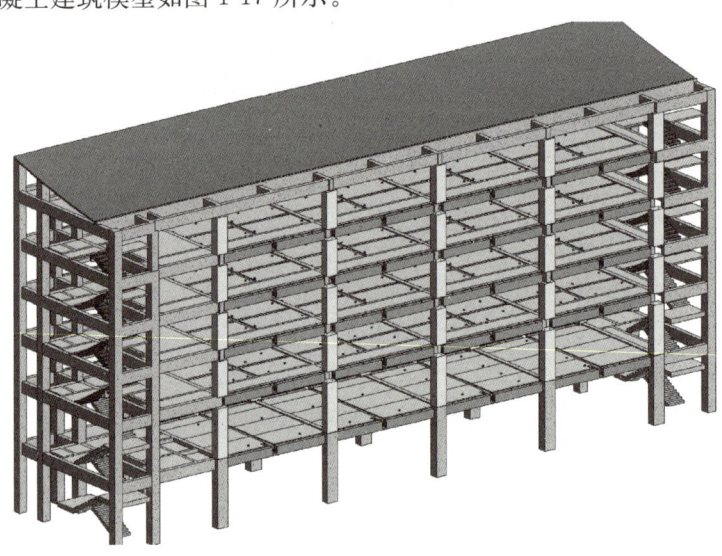

图 1-17　装配式混凝土建筑模型

本教材在后面各任务中都以该工程的二层为例讲述各预制构件的深化设计。各专业图纸详见本教材附图。

小结

本任务主要介绍了预制构件的选择、预制构件深化设计流程、预制构件深化设计的要求，并详细介绍了预制构件深化设计图绘制深度要求，让读者了解预制构件深化设计流程，熟悉预制构件深化设计，并理解预制构件深化设计图的内容。

习 题

1. 选择题

（1）装配整体式混凝土框架结构的主要预制构件有（　　）。

A. 预制柱　　　　　　　　　　　B. 预制梁

C. 叠合楼板　　　　　　　　　　D. 预制外挂墙板

E. 预制楼梯

（2）预制装配式建筑的预制构件的设计应遵循（　　）原则。

A. 标准化　　　　　　　　　　　B. 模数化

C. 装配式化　　　　　　　　　　D. 统一化

（3）下列有关预制构件的尺寸说法正确的是（　　）。

A. 预制框架柱的高度尺寸按建筑层高确定

B. 预制梁的长度尺寸宜按照轴网尺寸确定

C. 预制剪力墙的宽度尺寸宜按照建筑开间和进深尺寸确定

D. 预制楼板的长度尺寸宜按照轴网或建筑开间、进深尺寸确定

（4）装配式混凝土结构的常见的类型有（　　）。

A. 装配式混凝土框架结构

B. 装配式混凝土剪力墙结构

C. 装配式混凝土框架-现浇剪力墙结构

D. 全装配式混凝土结构

（5）装配式结构施工图设计内容有（　　）。

A. 装配整体式结构设计专项说明

B. 施工图设计部分

C. 预制构件详图制作部分

D. 计算书部分

（6）预制构件深化设计图包括（　　）等。

A. 预制构件模板图

B. 预制构件配筋图

C. 预制构件预留孔（洞）、预埋件图

D. 预制构件模具设计图

2. 简答题

（1）简述预制构件选择要点。

（2）总结预制构件深化设计流程特点。

（3）预制构件深化设计图绘制深度要求有哪些？

3. 工程实践训练

根据教材配套图纸（扫描附录中二维码下载），建立该建筑的 BIM 模型。

任务 2

叠合板的深化设计

【教学目标】

1. 知识目标

（1）掌握叠合板深化设计的基本知识；

（2）掌握叠合板深化设计施工图识读的相关知识。

2. 能力目标

（1）能够准确识读与正确理解叠合板深化设计加工图；

（2）能够对叠合板进行拆分，并能绘制简单的深化设计加工图。

3. 素养目标

（1）培养学生的数字化素养；

（2）培养学生的创新意识。

课程思政案例

2.1 叠合板的基础知识

2.1.1 叠合板产生的背景

随着我国新型城镇化和建筑科学技术的发展，各大城市高层建筑如雨后春笋，这些高层建筑的楼屋面由于抗震的需要，大部分采用现浇结构，但也有一部分采用装配式楼盖结构。

根据国家节能减排、环保及可持续发展等绿色建筑的理念及建筑产业现代化发展的要求，急需开发一种兼有预制装配式和整体现浇式优点的、施工简便、便于产业化生产、抗裂、抗震性能力好的新型楼盖结构。由此，叠合板应运而生。

对比现浇板、预制板和叠合板各自的特点，现浇板的优点是整体性好，抗震性能好；缺点是支模难度大，模板用量大，施工进度慢，不利于产业化生产，板面易产生收缩裂纹，板的厚度难以保证，支座负筋定位难且在施工中易踩动变形、移位等，易产生支座裂纹，环境污染大、噪声大。预制板的优点是易于实现建筑构件的标准化设计、工业化生产、机械化施工，构件制作不受季节及气候限制，可提高构件质量，施工速度快，可节省大量模板和支撑；缺点是整体性差，不利于抗震，抗渗性差。叠合板则兼具现浇板和预制板两者的优点，叠合板能够工厂化批量生产，构件有质量保证，能采用高强预应力筋，从而提高构件的抗裂性，达到节省钢筋、节省模板、降低造价的效果。

2.1.2 叠合板的定义和类型

1. 叠合板的定义

叠合板（Composite Floor Slabs）是由预制板和现浇钢筋混凝土层叠合而成的装配整体式楼板，其跨度一般为 4～6m，最大跨度可达 9m。预制板既是楼板结构的组成部分之一，又是现浇钢筋混凝土叠合层的永久性模板，现浇叠合层内可敷设水平设备管线。

2. 叠合板的优点

（1）叠合板具有良好的整体性和连续性，有利于增强建筑物的抗震性能。

（2）在高层建筑中叠合板和剪力墙或框架梁间的连接可靠，构造简单。

（3）随着民用建筑的发展，对建筑设计多样化提出了更高的要求，叠合板的平面尺寸灵活，便于在板上开洞，能适应建筑开间、进深多变和开洞等要求，建筑功能好。

（4）可将楼板跨度加大到 7.2～9.0m，为多层建筑扩大柱网创造了条件。

（5）采用大柱网，可减少软土地基建造桩基的费用。

（6）节约模板。

（7）薄板底面平整，建筑物顶棚不必进行抹灰处理，减少室内湿作业，加速施工进度。

（8）薄板本身制作简便，所采用的模板也很简单，便于推广。

（9）单个构件重量轻，弹性好，便于运输安装。

（10）适用于对整体刚度要求较高的高层建筑和大开间建筑。

总之，预应力叠合板兼有预制和现浇楼板的优点，因此既是用于高层和抗震建筑较好的楼板，又是便于在我国目前大力推广装配式建筑的情况下进行工业化生产的一种楼板。

叠合板由两部分组成，预制部分多为薄板，在预制构件加工厂完成，施工时吊装就位，现浇部分在预制板面上完成，预制薄板既作为永久模板而无需模板，又作为楼板的一部分承担使用荷载。叠合板构造如图 2-1 所示。

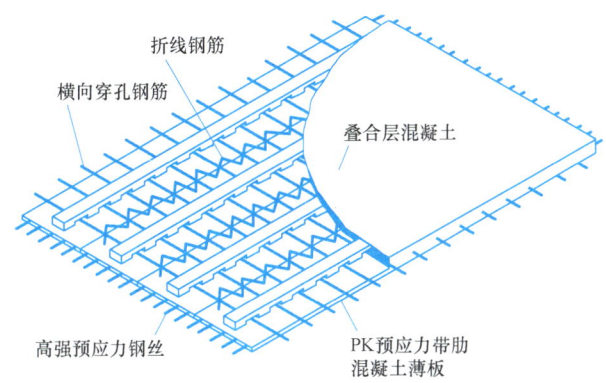

图 2-1　叠合板构造示意

3. 叠合板的分类

叠合板按具体受力状态，分为单向受力叠合板和双向受力叠合板。按预制底板有无外伸钢筋分为"有胡子筋"叠合板和"无胡子筋"叠合板。按拼缝连接方式可分为分离式接缝（即底板间不拉开的"密拼"）和整体式接缝（底板间有后浇混凝土带）。

预制底板按照受力钢筋种类可分为预制混凝土底板和预制预应力混凝土底板。预制混凝土底板采用非预应力钢筋时，为增强板的刚度目前多采用桁架钢筋混凝土底板。

预制预应力混凝土底板又分为预应力混凝土平板、预应力混凝土带肋板、预应力混凝土空心板。

2.2　叠合板的深化详图识图

2.2.1　单向板与双向板

叠合板的分类和现浇板一样，根据受力方式和尺寸的不同分为单向板和双向板，如图 2-2 所示。

弯曲后短向曲率比长向曲率大很多的板叫单向板。当板的长边与短边相差不大时，由于沿长向传递的荷载也较大，不可忽略，板弯曲后长向曲率与短向曲率相差不大的板叫双向板。

《混凝土结构设计规范》GB 50010—2010（2015 年版）中规定了这两种板的界定条件：

（1）两对边支承的板应按单向板计算。

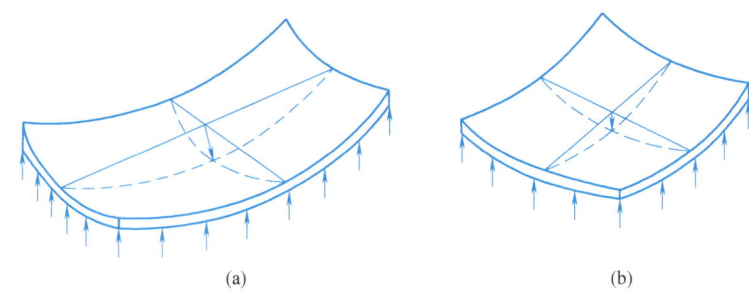

图 2-2　单向板与双向板的弯曲

（a）单向板；（b）双向板

（2）四边支承的板，当长边与短边之比小于或等于 2 时，应按双向板计算。

（3）四边支承的板，当长边与短边之比大于或等于 3 时，应按单向板计算。

（4）四边支承的板，当长边与短边之比介于 2 和 3 之间时，宜按双向板计算，但也可按沿短边方向受力的单向板计算，此时应沿长边方向布置足够数量的构造钢筋。

《装配式混凝土结构技术规程》JGJ 1—2014 对双向叠合板做了进一步要求：

（1）叠合板预制板厚度不宜小于 60mm，后浇混凝土叠合层厚度不应小于 60mm，常规做法一般是 60＋70＝130mm。

（2）板跨度控制在 6m 以内。

（3）双向叠合板要求：①四边支承；②板块长宽比不大于 3；③采用整体式接缝。

（4）桁架钢筋距板边不应大于 300mm，间距不宜大于 600mm。

2.2.2　叠合板的表示方法

本书以图集《桁架钢筋混凝土叠合板（60mm 厚底板）》15G366-1 为依据，介绍叠合板在深化设计图纸中的表示方式。

1. 材料要求

底板混凝土强度等级、厚度以及底板钢筋、钢筋桁架的上下弦、腹板钢筋等级应在深化设计说明中给予明确说明。

2. 叠合板编号

单向叠合板的编号为 DBDBC-EeFf-G。其中，DBD 表示单向受力桁架钢筋混凝土叠合板用底板；B 表示底板厚度，单位 cm；C 表示后浇混凝土叠合层厚度，单位 cm；Ee 表示底板标志跨度，单位 dm；Ff 表示底板标志宽度，单位 dm；G 表示底板跨度方向配筋代号，见表 2-1。例如，DBD67-3620-2 为单向受力叠合板用底板，底板厚度 60mm，后浇混凝土叠合层厚度 70mm，底板标志跨度 3600mm，底板标志宽度 2000mm，底板跨度方向配筋Φ8@150，分布钢筋为Φ6@200。

单向叠合板用底板配筋代号　　　　　　　　　　　　　　　　表 2-1

代号	1	2	3	4
受力（跨度）钢筋规格及间距	Φ8@200	Φ8@150	Φ10@200	Φ10@150
分布钢筋规格及间距	Φ8@200	Φ6@200	Φ6@200	Φ6@200

双向叠合板编号为 DBSA-BC-EeFf-GH。其中，DBS 表示双向受力桁架钢筋混凝土叠合板用底板；A 表示拼装位置，1 是边板，2 是中板；B 表示底板厚度，单位 cm；C 表示后浇混凝土叠合层厚度，单位 cm；Ee 表示底板标志跨度，单位 dm；Ff 表示底板标志宽度，单位 dm；G 表示底板跨度方向配筋代号，H 表示底板宽度方向配筋代号，见表 2-2。例如，DBS1-67-3620-31 为双向受力叠合板用底板，拼装位置为边板，底板厚度 60mm，叠合层厚度 70mm，底板标志跨度 3600mm，底板标志宽度 2000mm，底板跨度方向配筋 ⊈10@200，底板宽度方向配筋⊈8@200。

底板跨度、宽度方向钢筋代号组合表　　　　表 2-2

宽度方向配筋 ＼ 跨度方向配筋	⊈8@200	⊈8@150	⊈10@200	⊈10@150
⊈8@200	11	21	31	41
⊈8@150	—	22	32	42
⊈8@100	—	—	—	43

3. 深化详图组成

叠合板深化详图由模板图（图 2-3）、剖面图（图 2-4）、配筋图（图 2-5）、三维图（图 2-6）以及相关表格（表 2-3～表 2-7）组成。下面以某叠合板深化详图为例进行介绍。

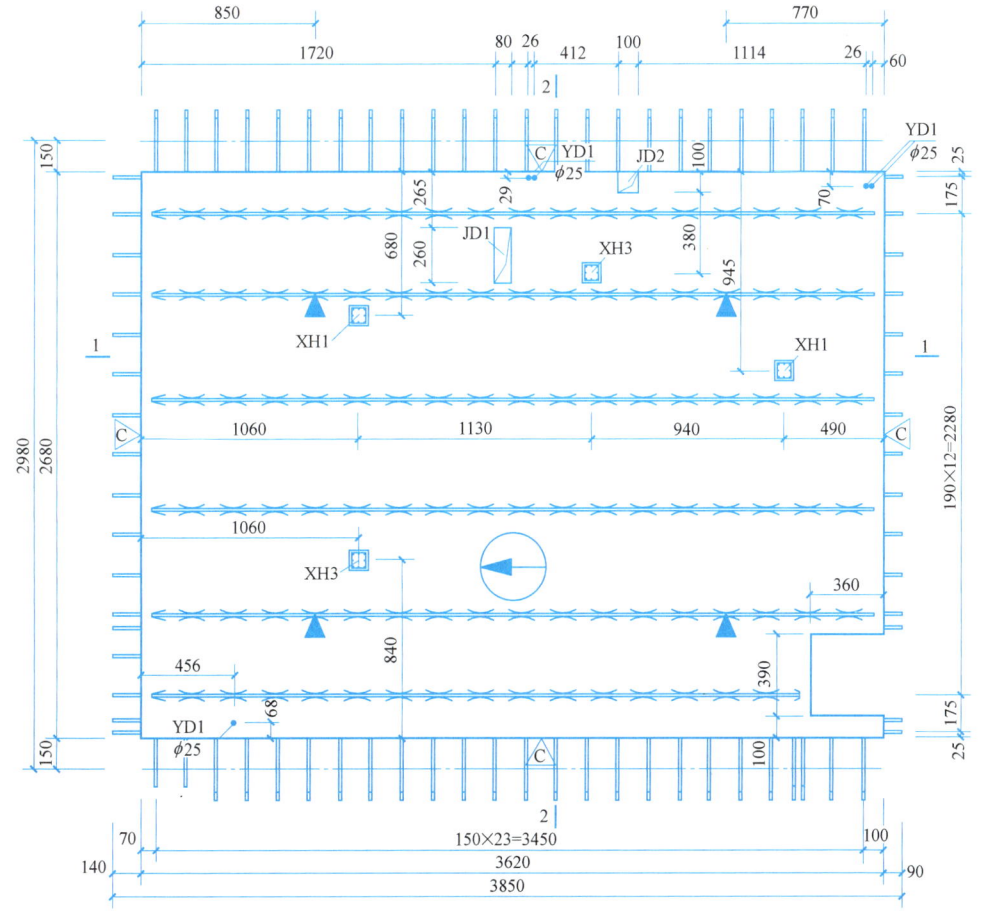

图 2-3　叠合板模板图

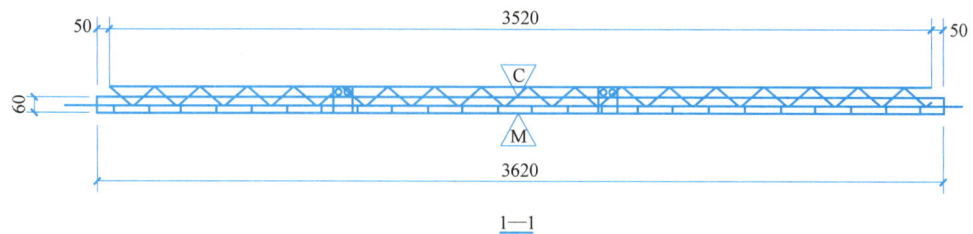

1—1

图 2-4　叠合板剖面图

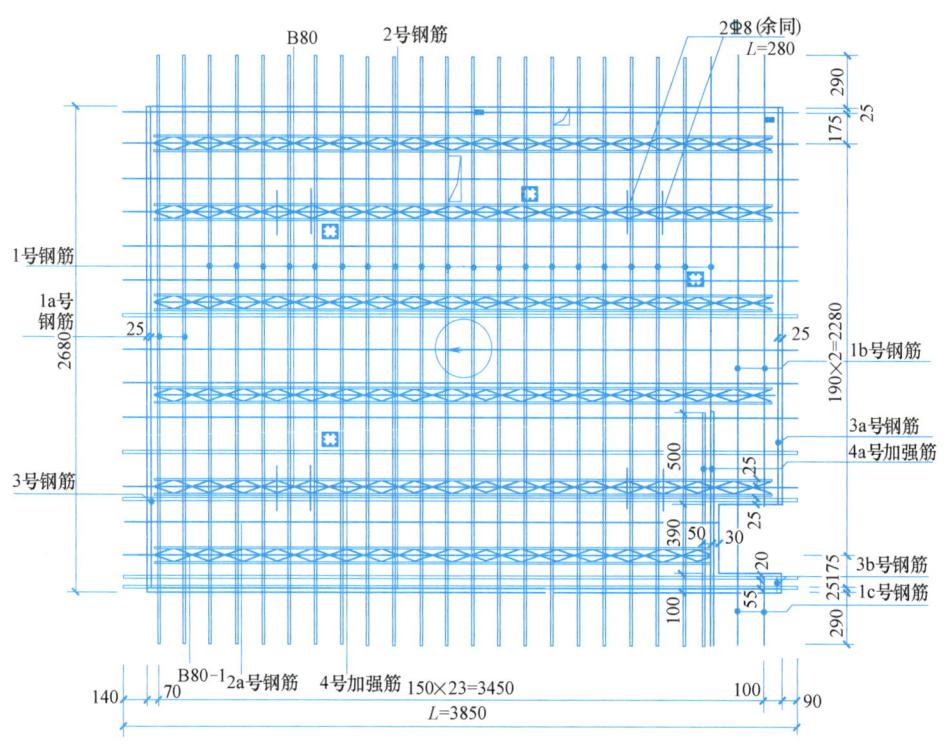

图 2-5　叠合板配筋图

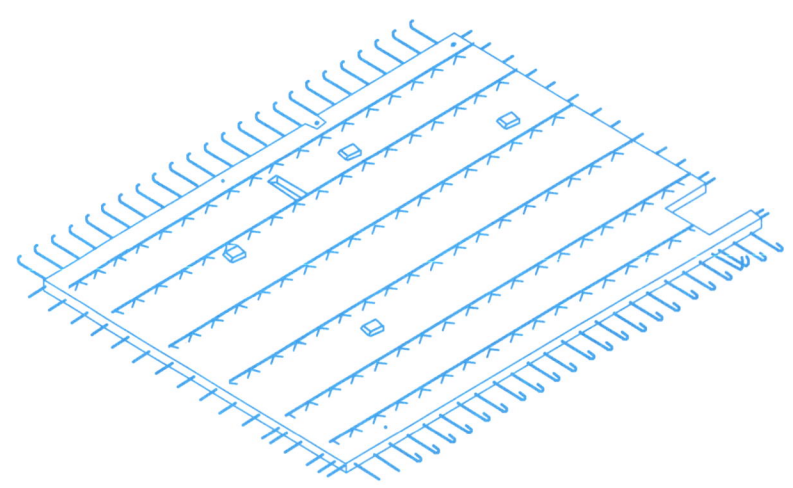

图 2-6　叠合板三维图

DB11：F2 底板参数表　　　　　　　　　　　　　表 2-3

底板编号	实际板跨(mm)	实际板宽(mm)	混凝土体积(m³)	底板自重(t)
DBS2-67-3829e	3620	2680	0.57	1.42

DB11：F2 底板钢筋表　　　　　　　　　　　　　表 2-4

钢筋编号	钢筋规格	加工尺寸(下料尺寸-中轴线计算方法)	单根长(mm)	总长(mm)	总重(kg)
1 号钢筋	20Φ8	40⌐266 ⎿2680⏌ 266⌐40	3386	67720	26.74
1a 号钢筋	2Φ8	2910 266⌐40	3263	6526	2.58
1b 号钢筋	2Φ8	2175 266⌐40	2528	5056	2
1c 号钢筋	2Φ8	40⌐ 266 85	438	876	0.35
2 号钢筋	13Φ8	140 3620 90	3850	50050	19.75
2a 号钢筋	2Φ8	140 3245	3385	6770	2.67
3 号钢筋	1Φ6	2650	2650	2650	0.59
3a 号钢筋	1Φ6	2160	2160	2160	0.48
3b 号钢筋	1Φ6	70	70	70	0.02
4 号加强筋	4Φ14	3850	3850	15400	18.62
4a 号加强筋	2Φ12	60⌐254 990	1375	2750	2.44
				合计(kg)：	76.24

DB11：F2 桁架钢筋表　　　　　　　　　　　　　表 2-5

桁架钢筋规格	道数	单道长度(m)	单根重(kg)	总长(mm)	总重(kg)
B80	5	3520	6.97	17600	34.85
B80-1	1	3160	6.26	3160	6.26
					合计(kg)：41.11

DB811：F2 预埋配件明细表   表 2-6

编号	名称	数量	备注
XH1	预埋四孔 PVC 线盒	2	加高型 86 四孔 PVC 线盒,高度 100,找四个 ϕ20 锁母
XH3	预埋六孔 PVC 线盒	2	加高型 86 六孔 PVC 线盒,高度 100,找六个 ϕ20 锁母

构件数量统计表   表 2-7

所在楼层	层数（层）	标高段	混凝土强度	件数/层	件数	对应构件名称
3～9	7	4.450～37.910	C30	1	7	3～9FPCB23
合计					7	

备注:该预制构件制作数量,另需仔细核对各层结构平面图、建筑平面图以及预制构件布置平面图无误后才可下料生产。

叠合板所配置钢筋在图 2-5 中用编号表示，如 4 号加强筋，具体的钢筋型号需要到钢筋表中查找。

叠合板三维图主要是为了更加直观地展示叠合板模型，可以更清晰地看到线盒等预留孔洞和预埋件的布置。

2.3 叠合板的拆分设计

2.3.1 叠合板拆分的原则

叠合板按单向叠合板和双向叠合板进行拆分。

拆分为单向叠合板时，楼板沿非受力方向划分，预制底板采用分离式接缝，可在任意位置拼接；拆分为双向叠合板时，预制底板之间采用整体式接缝，接缝位置宜设置在叠合板的次要受力方向上且该处受力较小，预制底板间宜设置 300mm 宽后浇带用于预制板底钢筋连接。叠合板拆分如图 2-7 所示。

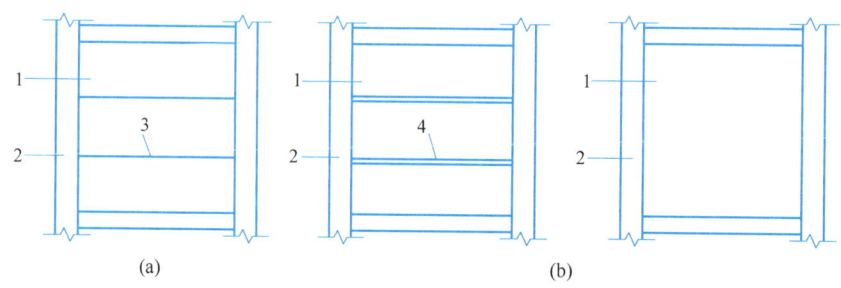

图 2-7　叠合板拆分示意图

（a）单向叠合板拆分；（b）双向叠合板拆分

1—预制叠合楼板；2—板端支座；3—板侧分离式拼接；4—板侧整体式拼接

具体的拆分设计原则如下：

1. 考虑模数化和标准化的原则

装配式建筑模数化设计应符合现行国家标准《建筑模数协调标准》GB/T 50002—2013 的规定。叠合楼板的预制底板在拆分设计时，原则上应考虑模数化的要求，宜采用扩大模数数列 nM（M 为基本模数，M＝100mm）予以设计。同时，叠合楼板的预制底板也要考虑"少规格、多组合"的标准化设计思想，尽可能做到构件规格少，通过组合或现浇段处理等方式，满足相应建筑要求。

2. 考虑工厂生产的要求

工厂模台尺寸大小、养护方式等都是拆分设计需要考虑的内容。在拆分设计前，需要与工厂技术人员交流、调研并掌握相关数据后才可以落实拆分工作。

3. 考虑道路运输的相关要求

在运输构件时，根据构件规格、重量选用汽车和吊车，大型货运汽车载物高度从地面起不准超过 4m，宽度不得超出车厢，长度不准超出车身。为方便卡车运输，预制底板宽度一般不超过 3m，跨度一般不超过 5m。构件运输如图 2-8 所示。

4. 考虑现场起吊设备的起重能力

预制板在现场安装时，需采用塔式起重机、汽车式起重机等起吊，起重设备的载荷能力制约预制板的重量。因此在拆分前，需与总包或施工单位合理确定起重设备的起重能力。构件起吊如图 2-9 所示。

图 2-8　构件运输

图 2-9　构件起吊

在一个房间内，预制底板应尽量选择等宽拆分，以减少预制底板的类型。当楼板跨度不大时，板缝可设置在有内隔墙的部位，这样板缝在内隔墙施工完成后可不用再处理。预制底板的拆分还需考虑房间照明位置，一般来说板缝要避开灯具位置。卫生间、强弱电管线密集处的楼板一般采用现浇混凝土楼板的方式。

预制底板的厚度，根据预制过程、吊装过程以及现场浇筑过程的荷载确定。一般来说，预制底板厚度取 60mm，现浇混凝土厚度不小于 70mm。

2.3.2　叠合板标志宽度和标志跨度

图集《桁架钢筋混凝土叠合板（60mm 厚底板）》15G366-1 中对叠合板的标志宽度、

标志跨度进行了详细的划分，在深化设计时可以参考图集中的标志宽度和跨度进行拆分。详见表 2-8～表 2-11。

双向板底板宽度（单位：mm）					表 2-8
标志宽度	1200	1500	1800	2000	2400
边板实际宽度	960	1260	1560	1760	2160
中板实际宽度	900	1200	1500	1700	2100

双向板底板跨度（单位：mm）					表 2-9
标志跨度	3000	3300	3600	3900	4200	4500
实际跨度	2820	3120	3420	3720	4020	4320
标志跨度	4800	5100	5400	5700	6000	—
实际跨度	4620	4920	5220	5520	5820	—

单向板底板宽度（单位：mm）					表 2-10
标志宽度	1200	1500	1800	2000	2400
实际宽度	1200	1500	1800	2000	2400

单向板底板跨度（单位：mm）					表 2-11
标志跨度	2700	3000	3300	3600	3900	4200
实际跨度	2520	2820	3120	3420	3720	4020

2.3.3 叠合板的构造要求

在进行叠合板的拆分时，还要满足规范和图集对叠合板的构造要求。根据规范对楼盖的要求，嵌固部位的楼层、顶层楼层、转换层楼层及平面中较大洞口的周边、设计需加强的部位、剪力墙结构的底部加强部位不做叠合楼盖，其他部位原则上均可采用叠合楼盖，如住宅中的厨房、卫生间、阳台板、卧室、起居室等。同时还应满足拆分的构造要求：

（1）预制板宽不宜大于 3m，拼缝位置宜避开叠合板受力较大部位。

（2）尽量采取整板设计。

（3）选择适合预制的楼板。

（4）楼板接缝按 0 缝宽设计，制作控制宜按负误差控制。

（5）当预制板间采用分离式接缝时，按单向板设计；长宽比不大于 3 的四边支承叠合板，当预制板采用整体式接缝或不接缝时，按双向板设计。

2.4 叠合板的深化加工图绘制

2.4.1 叠合板深化加工图纸的要求

叠合板的深化加工图纸绘制时，应满足规范和图集对叠合板的要求。

（1）混凝土强度等级：叠合层混凝土不小于预制构件的混凝土强度等级，一般预制构件混凝土强度等级不低于 C30，因此预制板强度等级最低取 C30。

（2）预制板厚不宜小于 60mm，叠合层厚度不应小于 60mm。住宅项目中，一般小跨的卫生间楼板、厨房楼板、阳台楼板可取 60mm＋60mm，其他板原则上最薄取 60mm＋70mm；总厚度根据《混凝土结构设计规范》GB 50010—2010（2015 年版）确定，单向板最小厚度 60mm，双向板最小厚度 80mm。

（3）预制板上表面粗糙面凹凸深度不小于 4mm，粗糙面的面积不宜小于结合面的 80%。

（4）跨度大于 3m 时采用桁架钢筋叠合板。

（5）板的胡子筋伸入支座的长度要求：伸入墙中不应小于 150mm，伸入梁中不应小于 200mm。

2.4.2　叠合板深化设计图纸的绘制步骤

1. 确认板的跨度、宽度、底板钢筋及桁架规格

根据板的编号确认板的跨度、宽度、底板钢筋及桁架的规格，如"DBD67-4524-3"可确定单向板的预制底板厚度为 60mm，叠合层厚度为 70mm，跨度为 4.5m，宽度为 2.4m，根据钢筋代号表可知该块板的受力钢筋为 HRB400 ，直径 10mm，间距 200mm；分布钢筋为 HRB400，直径 6mm，间距 200mm。并根据拆分图纸总说明，确定桁架的设计高度及钢筋直径间距。

2. 绘制底板钢筋图

（1）根据底板钢筋直径、标志跨度、宽度以及设计拆分的钢筋间距考虑钢筋绘制。注意第一根钢筋的绘制，需要考虑跨度及宽度。

（2）考虑桁架钢筋的位置摆放，即单向板应沿受力方向布置桁架，双向板除沿大跨方向布置桁架钢筋外，短跨方向仍要布置受力钢筋，并根据底板钢筋图确定桁架钢筋的数量。

（3）标注尺寸，注意纵横向钢筋绘制时图层另建，以不同颜色区分。底板钢筋短边方向为受力主筋，主筋在下层，桁架筋与分布钢筋在同一层，在上层。

3. 绘制板模板图

（1）根据上述楼板拆分原则进行楼板拆分，并在拆分图中量取实际跨度，以便绘制模板图。

（2）确定跨度方向受力钢筋伸出长度。根据支座中心到板边的距离减去预留的 10mm 的空隙，即得出钢筋伸出长度。

（3）根据单向板断面图，粗糙面需内缩 20mm，绘制出整体框架的模板图。

（4）绘制跨度方向受力钢筋，绘制两边第一根钢筋时，离板边 0～50mm 绘制，一般取 25mm；随后根据受力钢筋直径及间距进行绘制。

（5）根据钢筋桁架立面图、剖面图绘制模板图中的桁架筋，注意桁架筋的边缘离板边为 50mm。

（6）对尺寸进行标注，分别在跨度及宽度方向画上剖切符号，后续根据剖切位置和方向需要绘制剖面图，完成板模板图。

4. 画剖面图及侧面图

剖面图需要画出底板钢筋的剖面，侧面图只绘制板即可。

5. 绘制底板钢筋图和桁架钢筋图。

6. 绘制构件索引图，标注构件所在位置及吊装方向。

2.5 叠合板 BOM 报表的编制

BOM（Bill of Material）报表，也称物料清单。叠合板 BOM 报表是统计叠合板所用物料的统计清单，是指导构件加工厂加工构件的重要依据，可以通过相关拆分软件进行统计，或者人工统计的方法进行编制。本书主要介绍通过 BeePC 软件编制 BOM 报表的方法，人工统计时可以参照此 BOM 报表的内容进行编制。

1. 对项目中所有楼层进行整体统计

该功能主要对项目中所有楼层的整体统计，用于工厂对板的开模备料。该功能可以导出 Excel 格式文件，如图 2-10 所示。

预制板统计一览表

序号	板编号	板名称	板3D图	实际跨度(mm)	实际宽度(mm)	预制板厚度(mm)	体积/块(m³)	钢筋重量/块(kg)	重量/块(t)	总块数(块)	总体积(m³)	钢筋总重(kg)	板总重量(t)
1	DBD67-4024-2	PCB5、PCB5		3900	2400	60	0.56	40.58	1.40	2	1.12	81.16	2.80
2	DBD67-4124R	PCB1、PCB2、PCB1、PCB2		4000	2400	60	0.57	54.74	1.43	4	2.29	218.96	5.72
3	DBS1-610-3227	PCB6、PCB6		3200	2500	60	0.48	31.47	1.20	2	0.96	62.94	2.40
4	DBS1-610-3427a	PCB3、PCB3		3200	2500	60	0.48	32.60	1.20	2	0.96	65.20	2.40
5	DBS1-610-3427aR	PCB4、PCB4		3200	2500	60	0.48	43.94	1.19	2	0.95	87.88	2.38

说明：
1、当板的标志尺寸及配筋相同时，板的编号相同。
2、同一编号的板，其预留线盒、预埋套管、预留止水节及预留洞等可能不同。

图 2-10　预制板统计一览表

2. 按楼层划分统计板的相关数据

按楼层划分统计板的相关数据，用于工厂对板的开模备料，如图 2-11 所示。

图 2-11　预制板统计一览表（分层统计）

3. 对项目中所有楼层中附属构件进行整体统计

该功能主要对项目中所有楼层中附属构件进行整体统计，用于工厂对附属构件的开模备料。该功能可以导出 Excel 格式文件，如图 2-12 所示。

4. 按楼层划分统计板附属构件的相关数据

按楼层划分统计板附属构件的相关数据，用于工厂对板附属构件的开模备料，如图 2-13 所示。

叠合板附属构件统计一览表									
序号	板编号：附件类型	板名称	板3D图	预埋套管个数/块(个)	预埋线盒个数/块(个)	预埋止水节个数/块(个)	预埋套管总数(个)	预埋线盒总数(个)	预埋止水节总数(个)
1	DBS1-610-3227:F1			1(PVC)	0	1	3(PVC)	0	3
2	DBS2-610-3227-11:F1			0	1(金属)	0	0	1(金属)	0

说明：
1、此处标准层，用户只需在标准层的最低层处建一层模型即可，余下的量统计BOM表会整合。(注：标准层的定义和前面的楼层设置有关。)

图 2-12　叠合板附属构件统计一览表

叠合板附属构件统计一览表(分层统计)										
序号	板编号：附件类型	板名称	板3D图	每层块数(块)	预埋套管个数/块(个)	预埋线盒个数/块(个)	预埋止水节个数/块(个)	预埋套管总数(个)	预埋线盒总数(个)	预埋止水节总数(个)
2层										
1	DBS1-610-3227:F1			1	1(PVC)	0	1	1(PVC)	0	1
2	DBS2-610-3227-11:F1			1	0	1(金属)	0	0	1(金属)	0
3层										
3	DBS1-610-3227:F1			1	1(PVC)	0	1	1(PVC)	0	1
4层										
4	DBS1-610-3227:F1			1	1(PVC)	0	1	1(PVC)	0	1

图 2-13　叠合板附属构件统计一览表（分层统计）

5. 叠合板桁架统计表

该功能主要对项目中所有桁架进行整体统计，方便工厂对桁架数量的统计，如图 2-14 所示。

序号	桁架钢筋规格	道数	单道长度(mm)	单根重(kg)	总长(mm)	总重(kg)
1	B80	4	3100	6.14	1240	24.55
2	B80	4	3100	6.14	1240	24.55
3	B80	4	3100	6.14	1240	24.55
4	B80	4	3100	6.14	1240	24.55

说明：
1. 当构件的标志尺寸（图集里面有介绍）及配筋、出筋参数和其他图库中的参数相同时，板的编号相同。
2. 同一编号的板，其预留孔盒、预埋套管、预埋止水节、柱切角与预留洞等可能不同，会有不同的标识区分，预埋孔盒、套管及附属小洞口在统计时可区分数量的变化。

图 2-14 叠合板桁架统计表

6. 叠合板钢筋下料统计表

对叠合板中的钢筋进行整体统计，方便构件生产工厂下料计算，如图 2-15 所示。

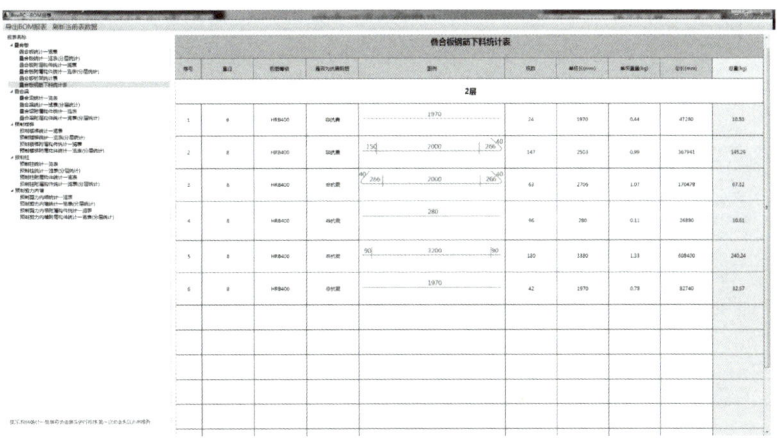

图 2-15 叠合板钢筋下料统计表

2.6 工程实例操作

> **提示：** 下面通过工程实例中的一块预制板（即附录1教材配套图纸中二层预制构件平面布置图中A～1/A轴交2轴区块的2F-PCB21）操作的全过程，使学生能够快速了解BeePC软件中预制板建模及深化设计出图的操作流程，从而具备正确使用BeePC软件进行叠合板深化图设计的基本能力。

1. 预制板布置

（1）点击"BeePC深化"选项卡中的"板布置"按钮，如图2-16所示。

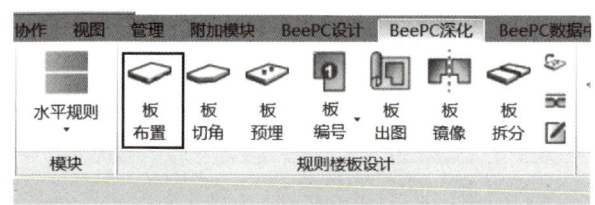

图 2-16　"板布置"按钮

（2）弹出"板布置"对话框，对话框中包含三项内容，从左至右依次为板类型、参数设置、构件视口区，如图2-17所示。

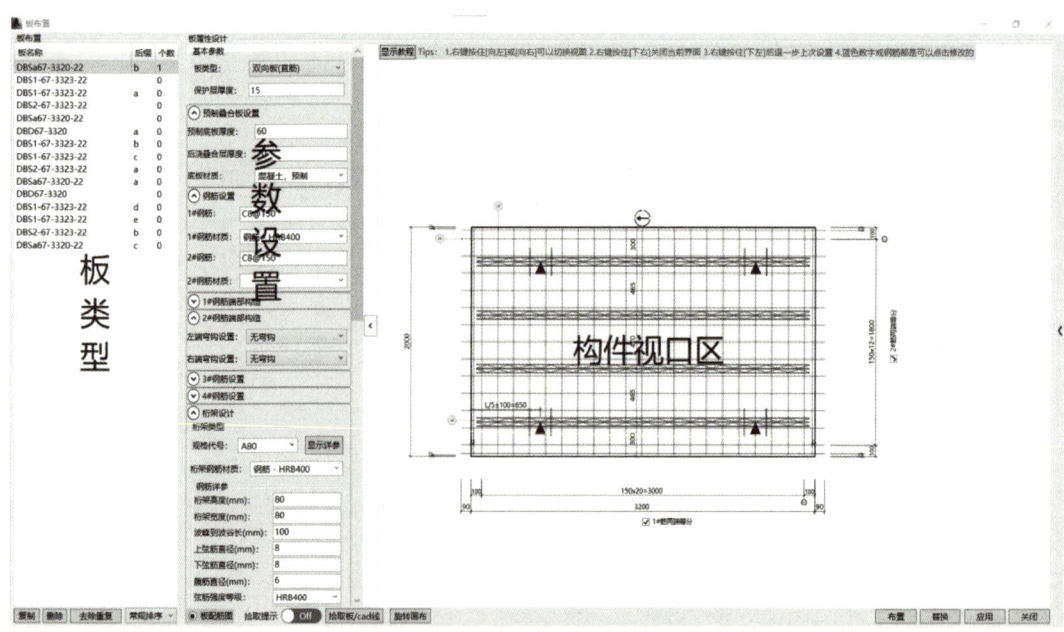

图 2-17　"板布置"对话框

（3）预制板类型选择

在底板类型下拉菜单中选取"单向板"选项，如图 2-18 所示。

提示：软件提供 5 种底板类型，分别是单向板、双向边板（上拼）、双向边板（下拼）、双向中板、双向板（直筋），根据拼缝的形式及拼缝处钢筋的形状进行自由选择。此块板也可选择"双向板（直筋）"。

2-2
叠合板
底板类型
选择

（4）基本参数设置

输入"保护层厚度"为 15，输入"预制底板厚度"及"后浇叠合层厚度"分别为 60、80，如图 2-19 所示。

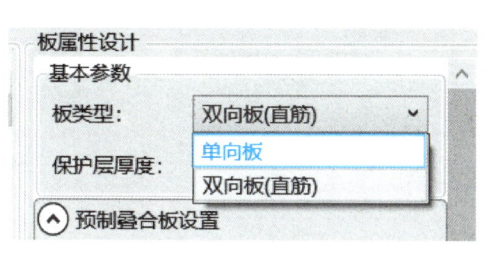

图 2-18　"单向板"选项

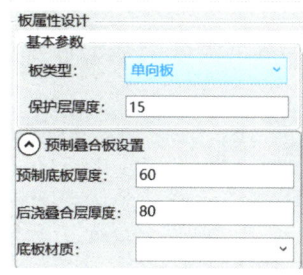

图 2-19　基本参数设置

（5）编辑预制板的平面尺寸

在构件视口区修改板宽值为"2100"，修改板长值为"3770"，如图 2-20 所示。

2-3
预制板
工程环境
及三维尺
寸的设置

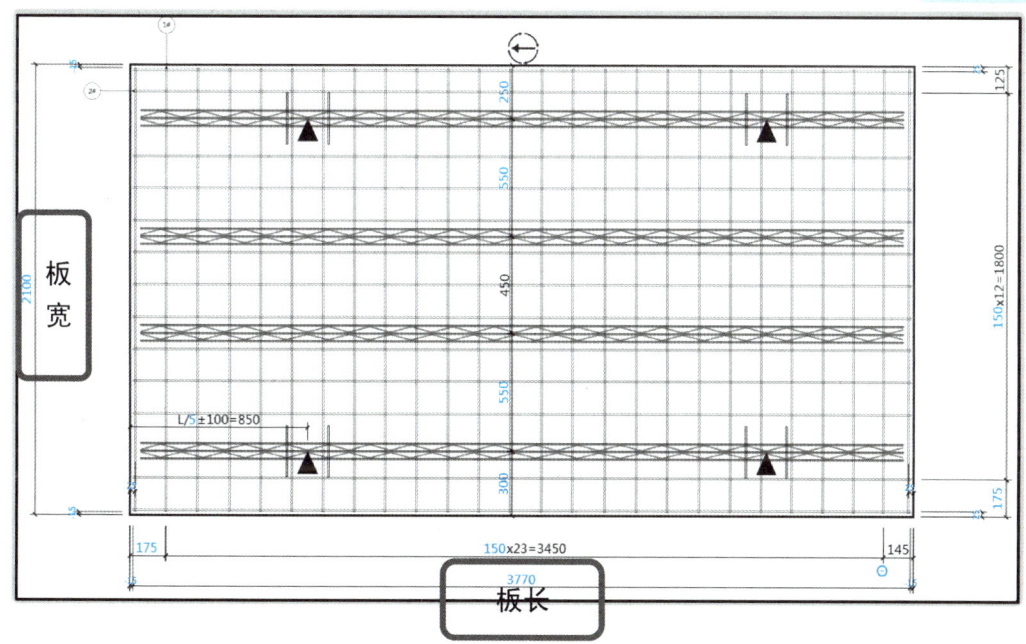

图 2-20　板平面尺寸编辑

（6）桁架参数设置

选取桁架规格代号为"A90"，选取桁架排数为"4 排"，选取"桁架不等距"，勾选"对称"，勾选"替换桁架范围内 2 号筋"、桁架距边设置中的左距和右距的默认值均为 50，一般情况下此处不需修改，如图 2-21 所示。

2-4
预制板桁
架筋的
设置

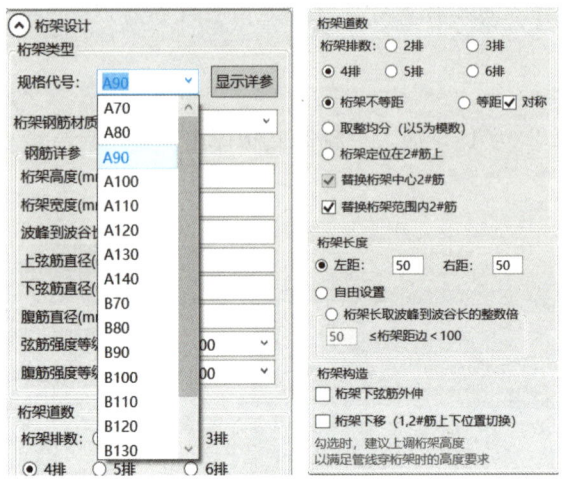

图 2-21　桁架参数设置

（7）编辑桁架间距

在构件视口区修改桁架筋的间距，从上至下依次输入"250""550""550""300"，如图 2-22 所示。

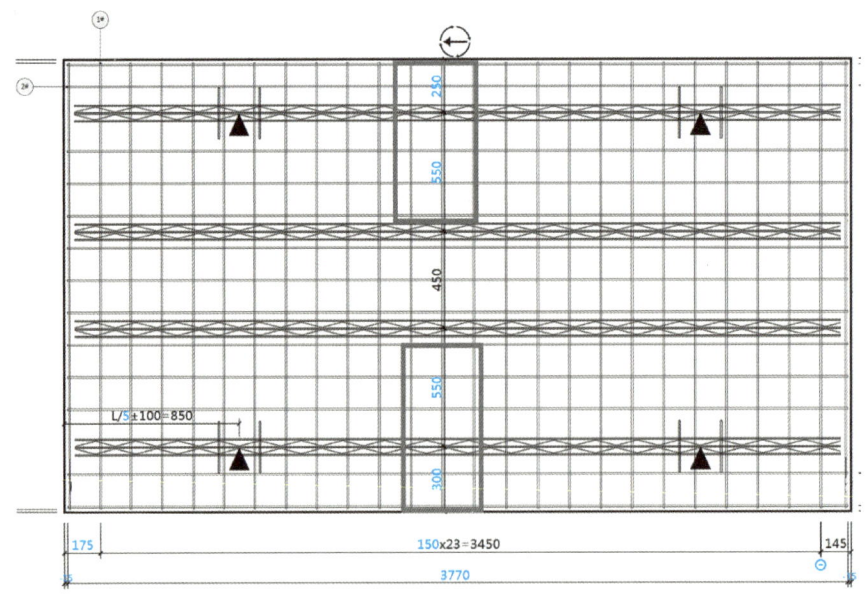

图 2-22　编辑桁架间距

（8）吊点吊环参数设置

该预制板选用吊桁架筋的形式进行吊装，故在吊点吊环设置时选取"吊点"，选取吊点位置为"固定 L/5±100 波峰处"，选取吊点组数为"2 组"，勾选"设置吊点加强筋"，吊点加强筋默认值为 C8（注：本书软件截图钢筋等级中用"C"表示"Φ"），单根长度为 280mm，一般情况下此加强筋不需修改，如图 2-23 所示。

2-5
预制板
吊点的
设置

（9）预制板配筋设置

预制板中钢筋的设置规格应按照结构施工图中板的配筋来确定，软件中设定 1 号钢筋和 2 号钢筋分别为构件视口中的 Y 向钢筋和 X 向钢筋。构件视口区也有相应的编号，如图 2-24 所示。

2-6
预制板
配筋
设置

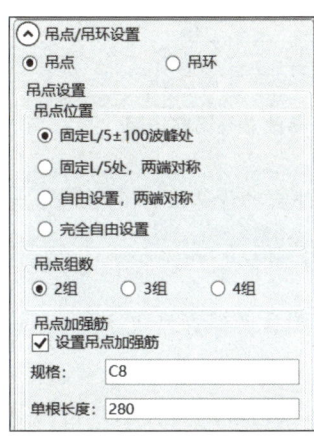

图 2-23　吊点吊环参数设置

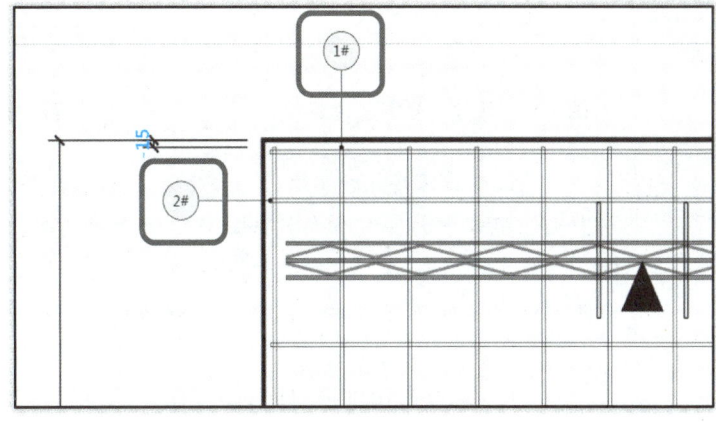

图 2-24　板配筋设置

由结构施工图中此板的配筋可知，1 号钢筋及 2 号钢筋均为 C8@150，在钢筋设置中修改 1 号钢筋及 2 号钢筋为"C8@150"，如图 2-25 所示；2 号钢筋伸出设置为"无弯钩"，点选 3 号钢筋和 4 号钢筋均为"无"，选取弯钩平直段长度为"5d"，如图 2-26 所示。

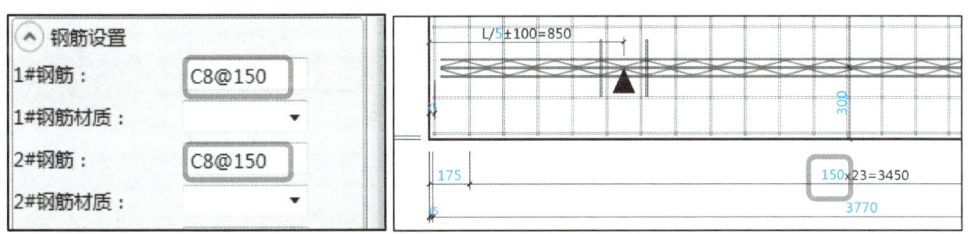

图 2-25　修改配筋参数

提示：钢筋间距既可在钢筋设置里输入，也可修改构件视口中的蓝色数字，两者数值为联动。如图 2-25 所示，此板为双向叠合板整体式接缝的密拼接缝，故选择"无弯钩"，且应将构件视口中 2 号钢筋保护层厚度设置为"—15"。

（10）板配筋位置设置

修改第一根 1 号钢筋距混凝土边缘值为"25""—15"，修改第二根（从左至右）1 号钢筋距混凝土边缘值为"175"，如图 2-27 所示。修改第一根 2 号钢筋距混凝土边缘值为"25""—15"，修改第二根

图 2-26　设置配筋参数

（从下至上）2 号钢筋距混凝土边缘值为"175"，如图 2-28 所示。

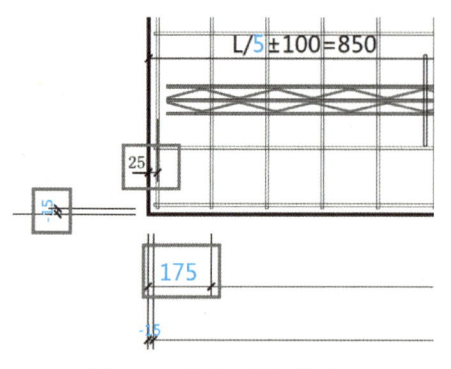

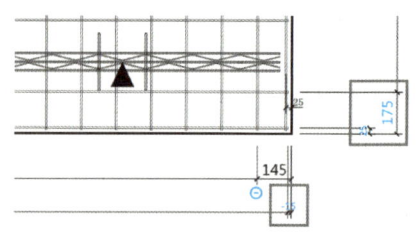

图 2-27 修改 1 号钢筋边距   图 2-28 修改 2 号钢筋边距

提示：1. 构件视口区蓝色数字均为可修改项，黑色数字为软件自动计算值，不可更改。

2. 点击构件视口中的安装方向箭头，可以改变板的安装方向。

3. 构件视口中，可通过 ＋／－符号进行钢筋根数的加减。

4. 构件视口中，可通过勾选项控制 1 号钢筋和 2 号钢筋两端值的等分情况。

2-7
预制板
布置

（11）点击构件视口区右下角的"布置"按钮，如图 2-29 所示，将预制板布置到相应的位置，此时会出现如图 2-30 所示的情况，即显示的板块尺寸与实际输入的尺寸不一致，此时不需理会，直接点击布置，布置后的尺寸与实际输入的尺寸将是一致的。

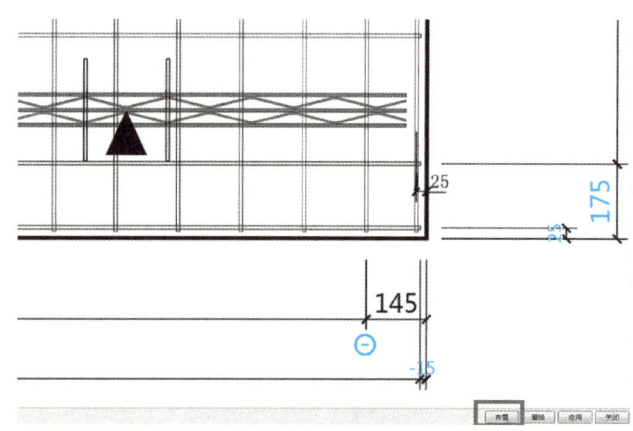

图 2-29 布置预制板

提示：1. 预制板布置完成后，底板类型中会显示相应板的名称及数量，并可以进行"复制""删除""去除重复""常规排序"等操作。

2. 预制板布置错误，可以在 Revit 平面中双击所布置的板，进入板布置模式，点击"替换"或"应用"。

3. 替换和应用的区别在于后者在更改完板的参数后不需要再到 Revit 平面图中去点选板块，而前者需要。

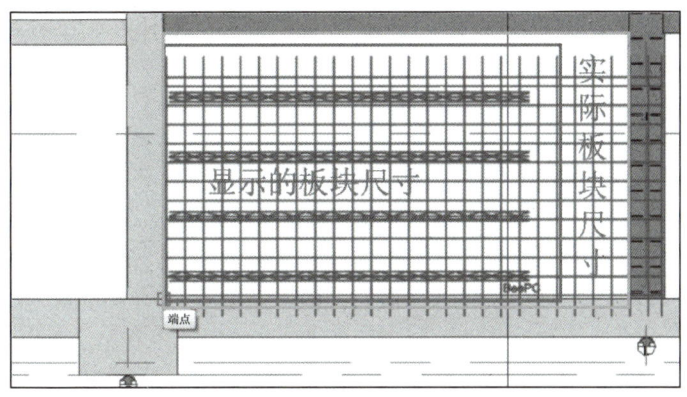

图 2-30　预制板布置显示界面

2. 附属构件布置

（1）点取 BeePC 深化选项卡中的"板预埋"按钮，如图 2-31 所示。

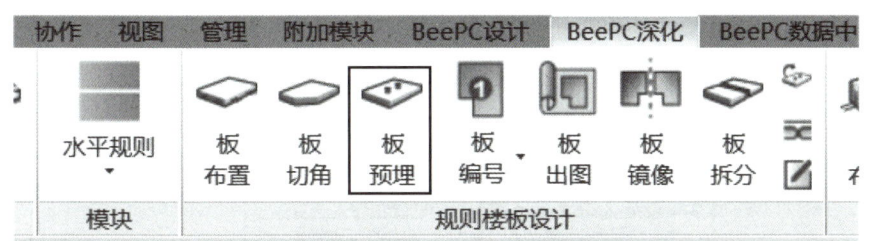

2-8
预制板
附属
构件的
布置

图 2-31　"板预埋"按钮

（2）进入预制板附加对话框，选中预埋金属线盒，点击"布置"，将线盒布置在相应的位置如图 2-32 所示。此方法适合有 CAD 底图的情况，若无底图，则进行第（3）步。

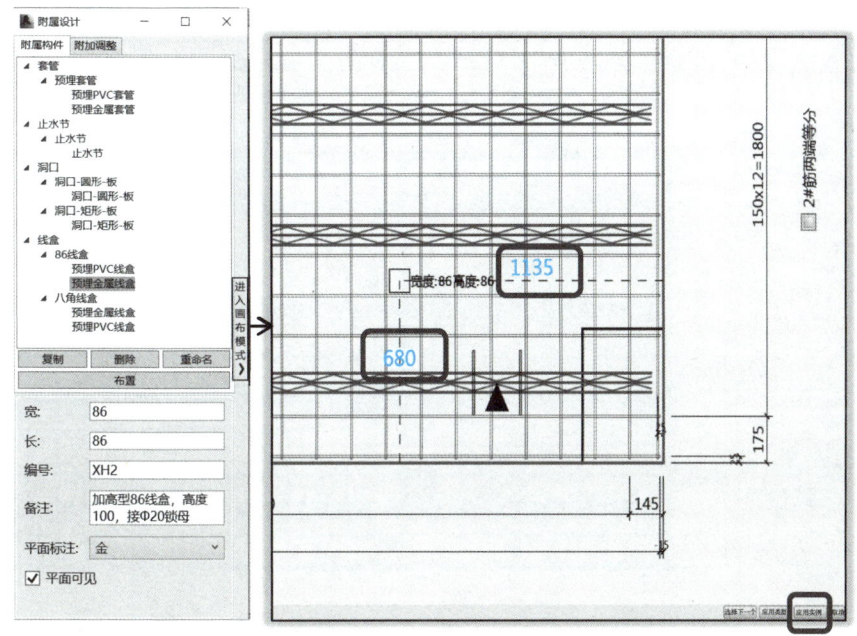

图 2-32　预埋线盒布置

（3）选中预埋金属线盒后，点击"进入画布模式"，选中需布置附属构件的预制板，跳出图 2-32 右侧图界面，点击线盒，修改蓝色的数值分别为"680""1135"，则线盒定位到板中相应的位置，最后点击"应用实例"。

> **提示：** 软件提供的附属构件除本例选取的金属线盒外，还包含 PVC 套管、金属套管、止水节、圆形洞口、矩形洞口及 PVC 线盒，可根据工程实际需要自行选择。
>
> 附属构件和附加调整的区别：附属布置上去的构件不会对钢筋及桁架有任何影响，而采用附加调整的方法可以对预制板中的钢筋及桁架进行相应的修改。

2-9
预制板
倒角
设置

3. 细部处理

（1）倒角处理

1）点取 BeePC 深化选项卡中的倒角按钮，出现板倒角对话框，输入上倒角宽值为"20"，下倒角宽值为"20"，容差值为"0"，如图 2-33 所示。

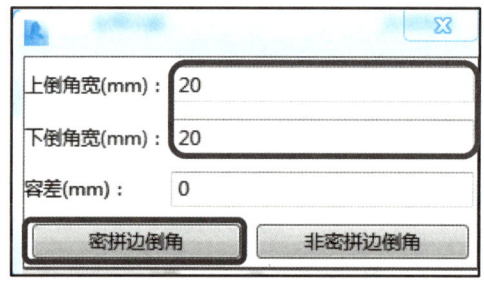

上倒角宽(mm)：	20
下倒角宽(mm)：	20
容差(mm)：	0

密拼边倒角　　　非密拼边倒角

图 2-33　输入倒角宽

2）点击"密拼边倒角"，选中预制板，点击左上角"完成"按钮，如图 2-34 所示，同样方法处理非密拼边倒角，完成倒角处理的预制板板边缘在平面图中会出现两条倒角线。

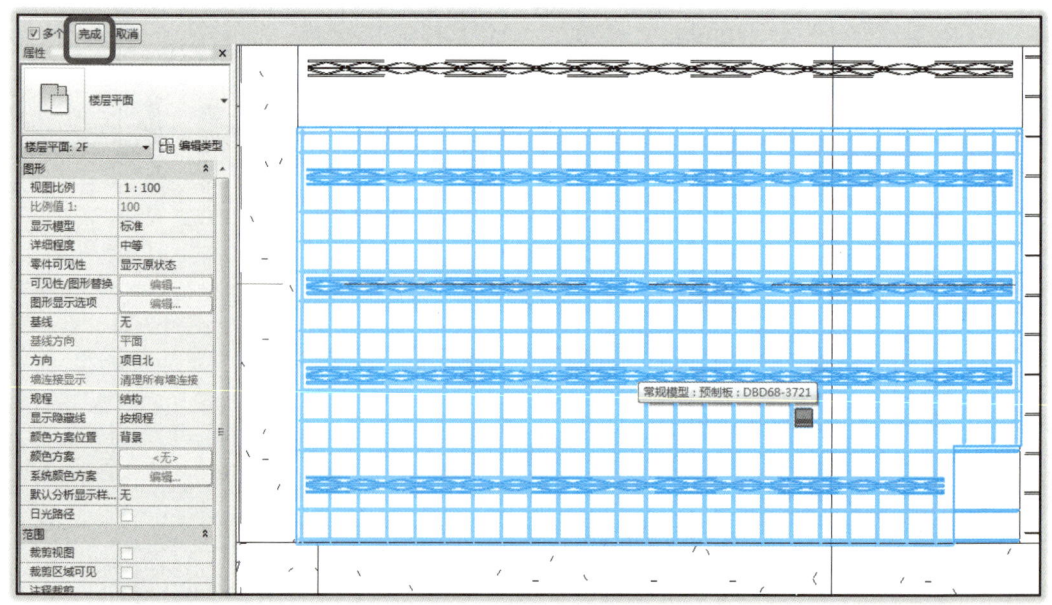

图 2-34　密拼边倒角处理

提示：软件默认两预制板间为密拼接缝，其他边为非密拼接缝，可单选某块预制板，也可框选多块预制板进行批量处理。

（2）楼板切角处理

1）点取 BeePC 深化选项卡中"板切角"按钮，如图 2-35 所示。

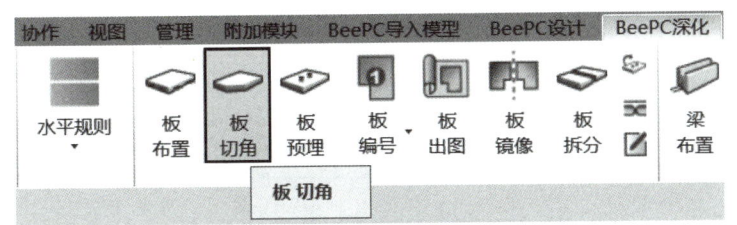

2-10
预制板
切角
设置

图 2-35 "板切角"按钮

2）进入楼板切角对话框，点击"自动切角"，此时对画框中无板块信息，如图 2-36 所示。

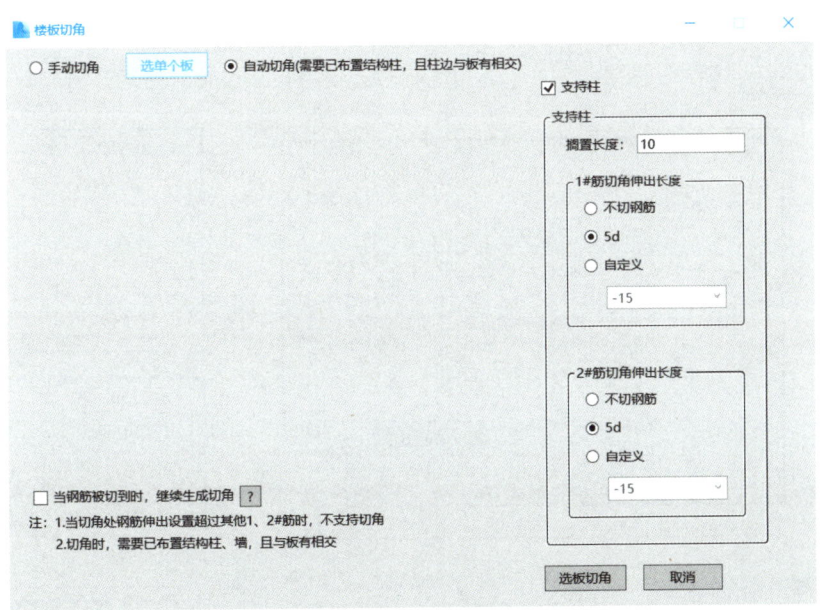

图 2-36 自动切角

3）选单个板，对话框中将出现所选板块的尺寸，软件支持四个角均可切角，本例只在右下单设切角，输入 a4 值为"350"，b4 值为"500"，如图 2-37 所示。1 号钢筋和 2 号钢筋切角伸出长度中均点选自定义，值分别为"—15"和"335"，如图 2-38 所示。

4）点击右下角"生成切角"，柱切角完成。

提示：1."柱墙切角"和"附属"中的附加调整均能实现切钢筋和自动切桁架筋。

2. 若选择"自动切角"，则需要在模型中布置结构柱或墙，且与板有相交。

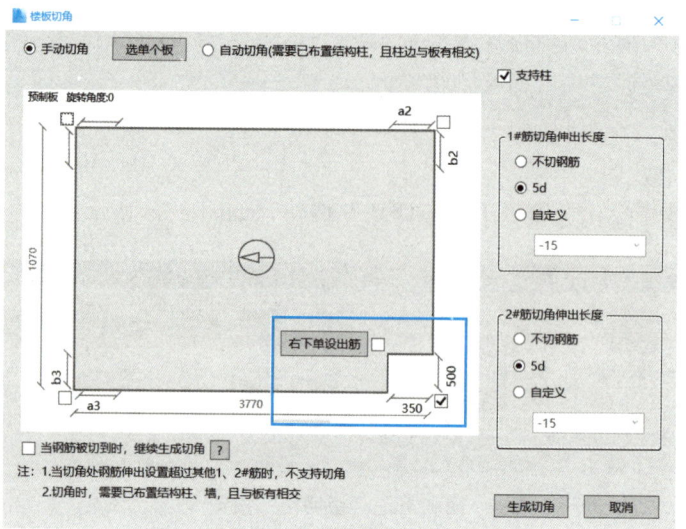

图 2-37　切角值输入

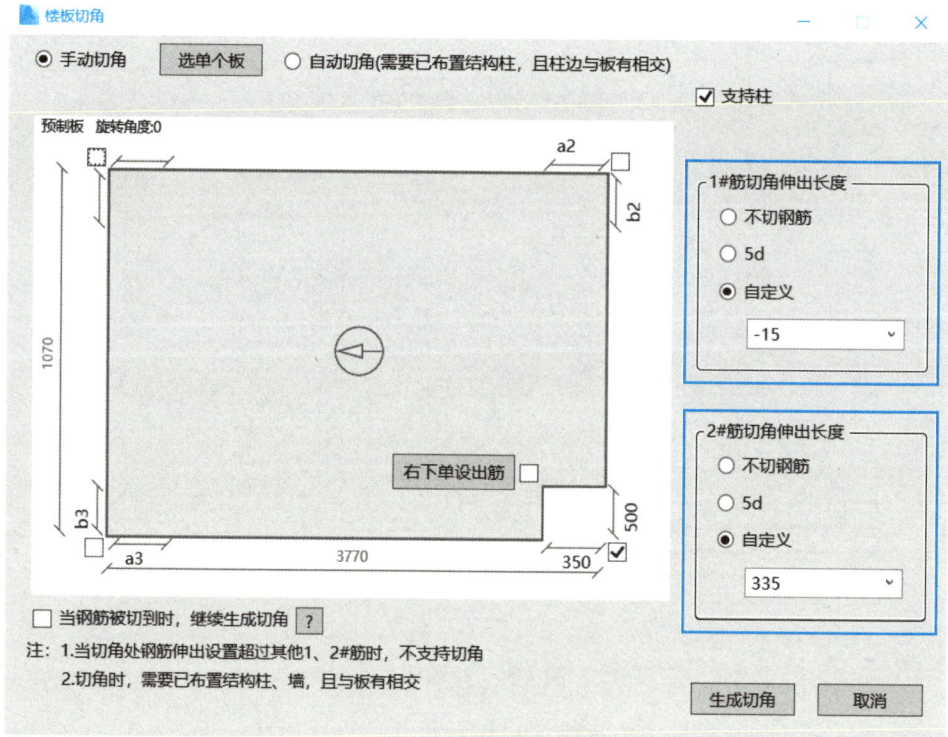

图 2-38　切角钢筋值设置

4. 预制板编号

按上述同样的方法将二层的其余预制板均布置完成后，按层分别进行预制板的编号。

（1）点取 BeePC 深化选项卡中"板编号"按钮，如图 2-39 所示。

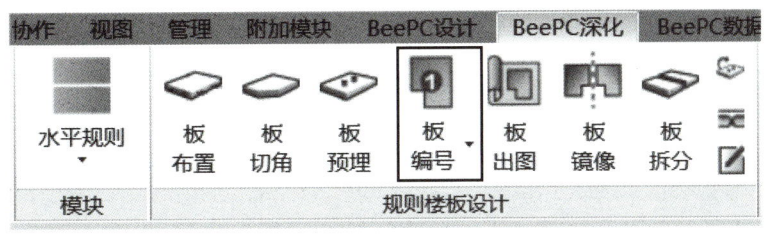

图 2-39 "板编号"按钮

（2）进入"板一键编号简"对话框，对编号模式、编号顺序及标记样式进行选择，本工程实例选择如图 2-40 所示。

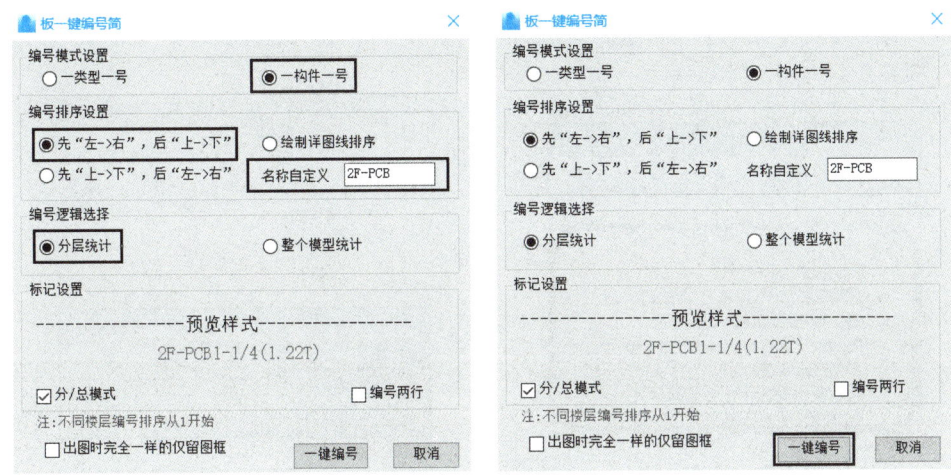

图 2-40 一键编号

（3）点击右下角"一键编号"按钮，预制板编号完成。

提示：1. 软件提供两种编号模式，分别是详细编号和简约编号，根据工程实际需要自行选择。每种编号内又根据编号模式、编号顺序及编号的标记可以自由组合，此部分内容设计人员可根据需要自行选择，本教材不做过多阐述。

2. 预制板编号是按层进行，故在编号前应先确定已将本层所有的预制板都准确布置，并且在"名称自定义"中建议输入带层号的前缀，如 2F-PCB，若在编号后对预制板有修改，则应再次进行编号。

5. 预制板规则清单（BOM 报表）

BeePC 软件提供清单功能，预制板的清单操作如下：

（1）点取 BeePC 深化选项卡中"规则清单"按钮，如图 2-41 所示。

（2）进入"规则清单"对话框，左侧为报表名称，右侧为对应的一览表，如图 2-42 所示。

（3）软件提供 7 类关于叠合板的 BOM 清单，

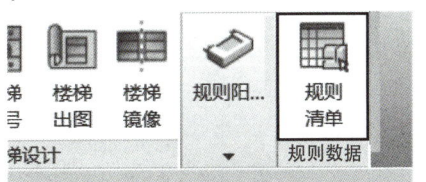

图 2-41 "规则清单"按钮

如图 2-43 所示，根据工程需要选择其中一项，则右边视口会跳出相应数据。

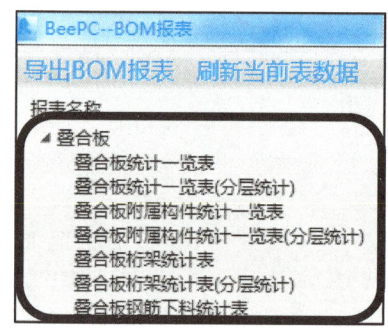

图 2-42　"规则清单"对话框

（4）根据需要可导出 BOM 报表，软件支持将生成的 BOM 报表导出 Excel、导出对应视图，如图 2-44 所示。

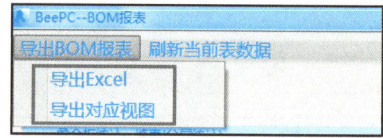

图 2-43　报表名称　　　　　　图 2-44　"规则清单"导出形式

> 提示：BOM 报表的制作需要在预制板编号后进行，若不需要 BOM 报表，则在预制板编号后可跳过此项，直接进行预制板出图。

6. 预制板出图

（1）点取 BeePC 深化选项卡中的"板出图"按钮，如图 2-45 所示。

2-12
预制板
出图

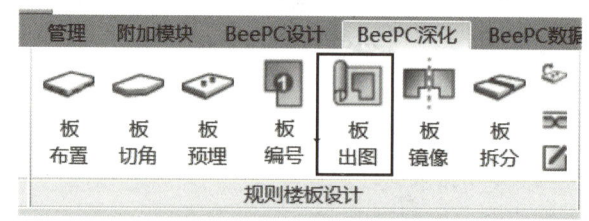

图 2-45　"板出图"按钮

（2）进入"板一键出图"对话框，对图框名称、图框尺寸、出图比例、标注文字字体等内容进行点选，对出图布局、明细表等内容可以进行编辑，本工程实例选择如图 2-46 所示。

（3）点击"选板出图"，如图 2-47 所示。在三维图中选中所有的预制板，则板出图完成，生成的图纸可在项目浏览器中的图纸中查看。

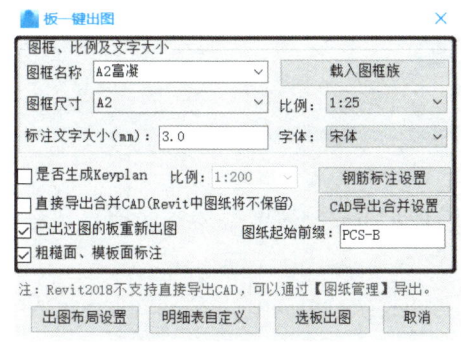

图 2-46　板出图设置

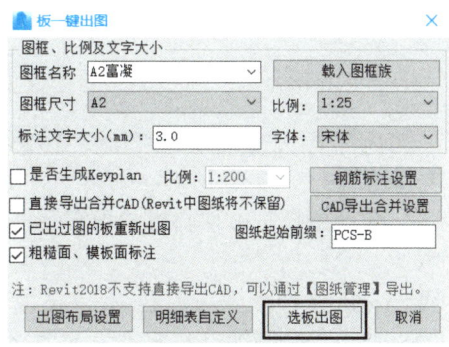

图 2-47　选板出图

提示： 板出图是预制板布置的最后一步，在板一键出图对话框中可以调整图框名称、图框尺寸以及出图比例等内容，此部分内容简单，设计人员可根据需要自行操作。为了轻量化操作，也可点取 BeePC 深化选项卡中的板部件出图。

小结

本任务主要从叠合板的基础知识、叠合板的深化详图识图、叠合板的拆分设计、叠合板的深化加工图绘制、叠合板规则清单的编制等方面详细介绍了叠合板深化加工图纸的绘制方法，让读者在了解叠合板深化设计相关知识的基础上，能够更加快速、准确地绘制出合格的叠合板深化加工图纸。

本任务结合工程实例，简单介绍了一块预制板的布置流程及在布置过程中的注意事项，读者根据上述流程自行完成其他层预制板的布置，再统一编号，最后再统一出图即完成预制板的布置。二层叠合板布置完后的效果如图 2-48 所示。

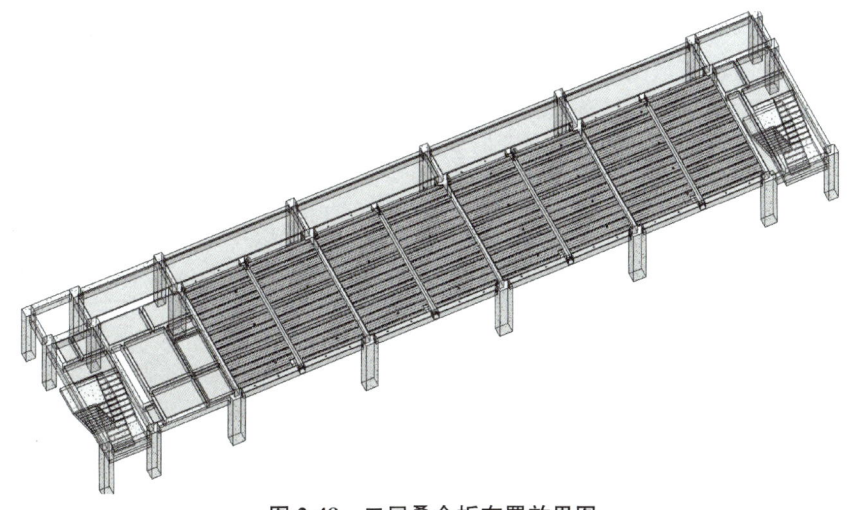

图 2-48　二层叠合板布置效果图

习 题

1. 选择题

（1）叠合楼板是由预制板和现浇钢筋混凝土层叠合而成的装配整体式楼板，其跨度一般为（   ）。

A. 5～8m
B. 4～6m
C. 2～5m
D. 6～10m

（2）叠合板预制部分厚度不宜小于（   ）。

A. 50mm
B. 60mm
C. 70mm
D. 80mm

（3）后浇混凝土叠合层厚度不应小于（   ）。

A. 50mm
B. 60mm
C. 70mm
D. 80mm

（4）预制板上表面粗糙面深度不小于（   ）。

A. 4mm
B. 5mm
C. 6mm
D. 7mm

（5）为方便卡车运输，预制底板宽度一般不超过（   ），跨度一般不超过（   ）。

A. 3m；4m
B. 3m；5m
C. 4m；5m
D. 4m；6m

（6）叠合板预制板按单向板设计，长宽比不大于（   ）。

A. 2
B. 3
C. 4
D. 5

（7）叠合板叠合层混凝土不小于预制构件的混凝土强度等级，一般预制构件混凝土强度等级不低于（   ）。

A. C20
B. C25
C. C30
D. C40

（8）叠合板深化设计的物料清单又称为（   ）。

A. 材料表
B. 钢筋表
C. BOM 表
D. Excel 表

（9）叠合板预制板按双向板设计，长宽比不小于（   ）。

A. 2
B. 3
C. 4
D. 5

（10）确定跨度方向受力钢筋伸出长度时，根据支座中心到板边的距离减去预留的（   ）的空隙，即得出钢筋伸出长度。

A. 7mm
B. 8mm
C. 9mm
D. 10mm

（11）下列属于现浇板缺点的是（   ）。

A. 整体性好
B. 抗震性能好
C. 缺点是支模难度大
D. 模板用量大，施工进度慢。

（12）下列属于叠合板优点的是（   ）。

A. 叠合板能工厂化批量生产

B. 构件有质量保证

C. 能采用高强预应力筋，从而提高构件的抗裂性

D. 达到节省钢筋、节省模板、降低造价的效果

（13）在进行叠合板的拆分时的构造做法的是（   ）。

A. 预制板宽不宜大于 3m，拼缝位置宜避开叠合板受力较大部位

B. 尽量采取整板设计

C. 选择适合预制的楼板

D. 楼板接缝按 0 缝宽设计，制作控制宜按负误差控制

（14）以下属于《混凝土结构设计规范》GB 50010—2010（2015 年版）规定的板划分依据的是（　　）。

A. 两对边支承的板应按单向板计算

B. 四边支承的板，当长边与短边之比小于或等于 2 时，应按双向板计算

C. 四边支承的板，当长边与短边之比大于或等于 3 时，应按单向板计算

D. 四边支承的板，当长边与短边之比介于 2 和 3 之间时，宜按双向板计算，但也可按沿短边方向受力的单向板计算，此时应沿长边方向布置足够数量的构造钢筋

（15）叠合板按（　　）进行拆分。

A. 单向叠合板　　　　　　　　　　　B. 双向叠合板

C. 薄板　　　　　　　　　　　　　　D. 厚板

2. 简答题

（1）简述叠合楼板的定义及分类。

（2）简述叠合板有哪些优势。

（3）简述叠合板表示方法中"DBD67-4524-3"的含义。

（4）简述叠合板拆分时应遵守哪些原则。

（5）简述叠合板深化图纸的绘制步骤。

3. 工程实践训练

根据教材配套图纸（扫描附录中二维码下载），对该工程中的楼板进行拆分，并进行叠合板的深化设计。

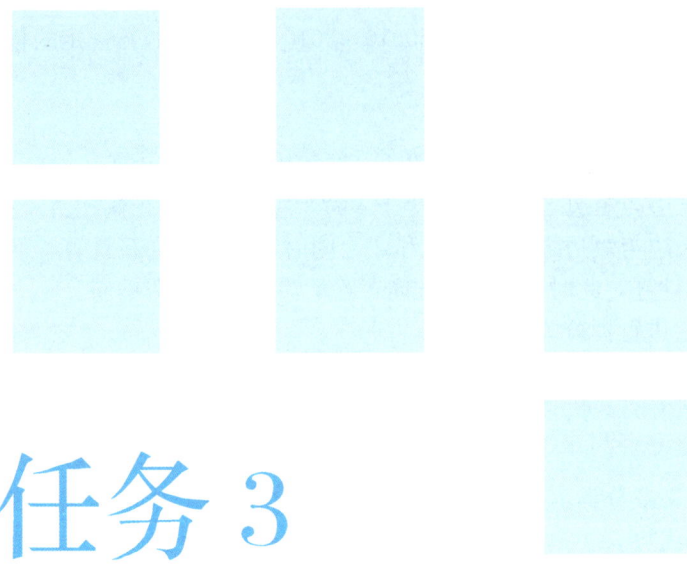

任务 3

叠合梁的深化设计

【教学目标】

1. 知识目标

（1）掌握叠合梁深化设计的基本知识；

（2）掌握叠合梁深化设计施工图识读的相关知识。

2. 能力目标

（1）能够准确识读与正确理解叠合梁深化设计加工图；

（2）能够对叠合梁进行拆分，并能绘制简单的深化设计加工图。

3. 素养目标

（1）培养学生不畏艰难，勇于攻关的精神；

（2）培养学生的民族自豪感。

课程思政案例

3.1 叠合梁的基础知识

3.1.1 叠合梁的概念

叠合梁通常与叠合板配合使用，浇筑成整体楼盖。叠合梁具有良好的结构性能和经济效益，是未来混凝土梁体结构的主要发展方向。装配混凝土整体式建筑可采用框架结构、剪力墙结构、框架-剪力墙结构及框架-核心筒结构体系。本任务主要介绍装配混凝土整体式框架结构体系的叠合梁。

叠合梁（图 3-1）是一种预制混凝土梁，在现场后浇混凝土而形成的整体受弯构件。一般叠合梁下部主筋已在工厂完成预制并与混凝土整浇完成，上部主筋需现场绑扎或在工厂绑扎完毕，但未包裹混凝土。

图 3-1　叠合梁

3.1.2 叠合梁的特点

叠合梁是把整浇构件分成两部分完成，一部分预制构件，一部分现浇。其中预制部分在工厂中制作，当达到龄期后将其运到施工现场装配，再在其上浇筑叠合部分，当现浇部分产生强度后即形成了混凝土叠合装配整体式梁，简称叠合梁。叠合梁作为一种结合了整浇式钢筋混凝土梁和装配式钢筋混凝土梁两者优点的结构，具有广泛的应用范围。

叠合梁的一部分受力构造是在 PC 工厂制造生产的，具有较高的机械化程度，构件质量较高。预制构件的模板可重复使用，在进行现浇部分的施工时模板和脚手架可使用预制构件代替，具有省料、省工、省时的特点。结合各个截面的受力情况使用不同成分和不同等级的混凝土，节约了水泥用量。因使用强度等级较高的钢材，通常不需要设置预应力筋，可以提升构件的抗裂性能，从而节省钢材。

3.2 叠合梁的深化详图识图

3.2.1 叠合梁的构造要求

（1）叠合梁截面形式

叠合梁预制部分可采用矩形或凹口截面形式。采用叠合梁时，楼板一般采用叠合板，梁、板的后浇层一起浇筑。当板的总厚度不小于梁的后浇层厚度要求时，可采用矩形截面预制梁；当板的总厚度小于梁的后浇层厚度要求时，为增加梁的后浇层厚度，可采用凹口形截面预制梁。某些情况为方便施工，预制梁也可采用其他截面形式，如倒 T 形截面或者花篮梁形式。

在装配整体式框架结构中，当采用叠合梁时，框架梁的后浇混凝土叠合层厚度不宜小于150mm，次梁的后浇混凝土叠合层厚度不宜小于120mm；当采用凹口截面预制梁时，凹口深度不宜小于50mm，凹口边厚度不宜小于60mm。叠合框架梁截面示意图如图 3-2 所示。

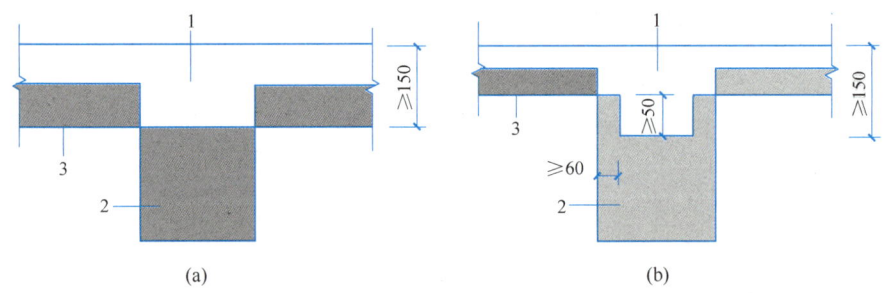

图 3-2　叠合框架梁截面示意图

（a）矩形截面预制梁；（b）凹口截面预制梁

1—后浇混凝土叠合层；2—预制梁；3—预制板

（2）叠合梁箍筋形式

叠合梁可采用整体封闭箍筋或组合封闭箍筋的形式。在施工条件允许的情况下，箍筋宜采用闭口箍筋。当采用闭口箍筋不便安装上部纵筋时，可采用组合封闭箍筋，即开口箍筋加箍筋帽的形式。

抗震等级为一、二级的叠合框架梁的梁端箍筋加密区宜采用整体封闭箍筋。采用组合封闭箍筋的形式时，开口箍筋上方应做成135°弯钩；非抗震设计时，弯钩端部平直段长度不应小于 5d（d 为箍筋直径）；抗震设计时，平直段长度不应小于 10d。现场应采用箍筋帽封闭开口箍，箍筋帽末端应做成135°弯钩；非抗震设计时，弯钩端头平直段长度不应小于 5d；抗震设计时，弯钩端头平直段长度不应小于 10d。叠合梁箍筋构造如图 3-3、图 3-4所示。

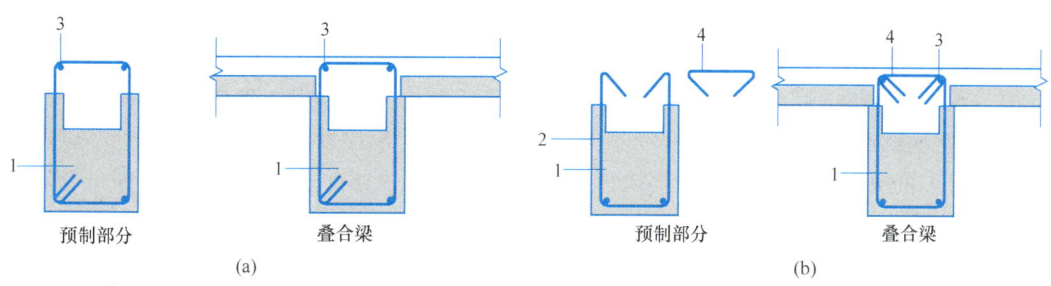

图 3-3　叠合梁箍筋构造示意图

（a）采用整体封闭箍筋的叠合梁；（b）采用组合封闭箍筋的叠合梁

1—预制梁；2—开口箍筋；3—上部纵向钢筋；4—箍筋帽

图 3-4　组合箍筋

（3）叠合梁可采用对接连接，连接处应设置后浇段，后浇段的长度应满足梁下部纵向钢筋连接作业的空间需求；梁下部纵向钢筋在后浇段内宜采用机械连接、套筒灌浆连接或焊接连接；后浇段内的箍筋应加密，箍筋间距不应大于 5d（d 为纵向钢筋直径），且不应大于 100mm。叠合梁连接如图 3-5、图 3-6 所示。

（4）主梁与次梁采用后浇段连接时，在端部节点处，次梁下部纵向钢筋伸入主梁后浇段内的长度不应小

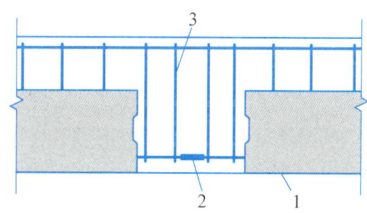

图 3-5　叠合梁连接节点示意图

1—预制梁；2—钢筋连接接头；
3—后浇段

 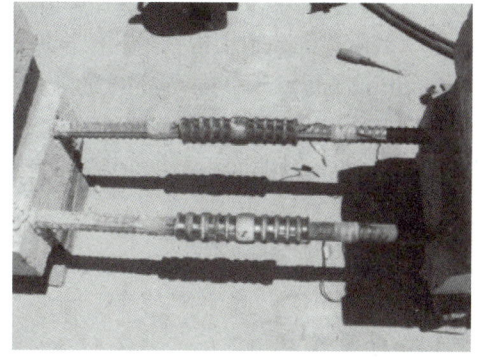

图 3-6　拼接叠合梁

于 $12d$。次梁上部纵向钢筋应在主梁后浇段内锚固，当采用弯折锚固或锚固板时，锚固直段程度不应小于 $0.6l_{ab}$；当钢筋应力不大于钢筋强度设计值的 50% 时，锚固直段长度不应小于 $0.35l_{ab}$；弯折锚固的弯折后直段长度不应小于 $12d$（d 为纵向钢筋直径）。在中间节点处，两侧次梁的下部纵向钢筋伸入主梁后浇段内长度不应小于 $12d$（d 为纵向钢筋直径）；次梁上部纵向钢筋应在现浇层内贯通。主梁与次梁连接节点构造如图 3-7 所示。

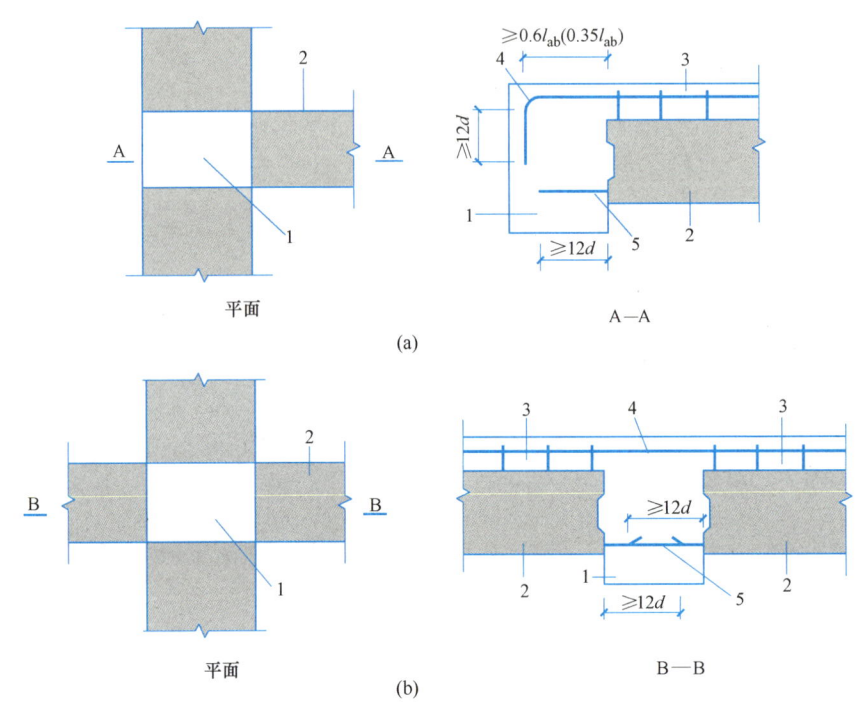

图 3-7 主梁与次梁连接节点构造示意图

（a）端部节点；（b）中间节点

1—主梁后浇段；2—次梁；3—后浇混凝土叠合层；
4—次梁上部纵向钢筋；5—次梁下部纵向钢筋

（5）叠合梁结合面

叠合梁预制部分与后浇混凝土叠合层之间的结合面设置为粗糙面（预制构件结合面上的凹凸不平或骨料显露的表面），预制梁端面设置键槽，如图 3-8、图 3-9 所示。键槽的尺寸和数量按照《装配式混凝土结构技术规程》JGJ 1—2014 中相关规定计算确定；键槽的深度 t 不宜小于 30mm，宽度 w 不宜小于深度的 3 倍且不宜大于深度的 10 倍；键槽可贯通截面，当不贯通时槽口距离截面边缘不宜小于 50mm；键槽间距宜等于键槽宽度；键槽端部斜面倾角不宜大于 $30°$。粗糙面的面积 $\geq$ 结合面的 80%，预制梁端的粗糙面凹凸深度 $\leq$ 6mm。

3.2.2　叠合梁的表示方法

（1）叠合梁编号

叠合梁编号由代号和序号组成，表达形式应符合表 3-1 的规定。

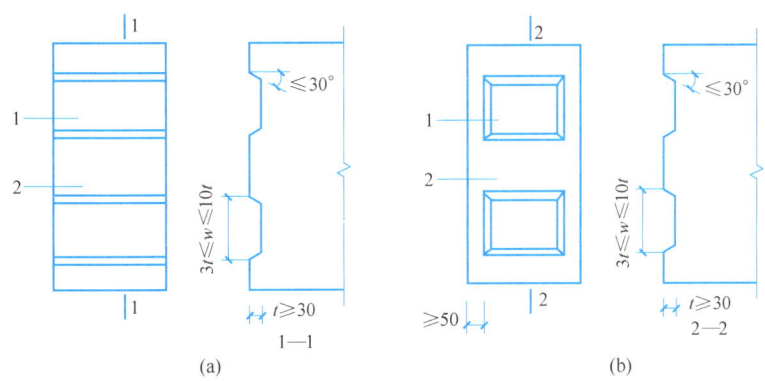

图 3-8　预制梁端键槽构造示意图

（a）键槽贯通截面；（b）键槽不贯通截面

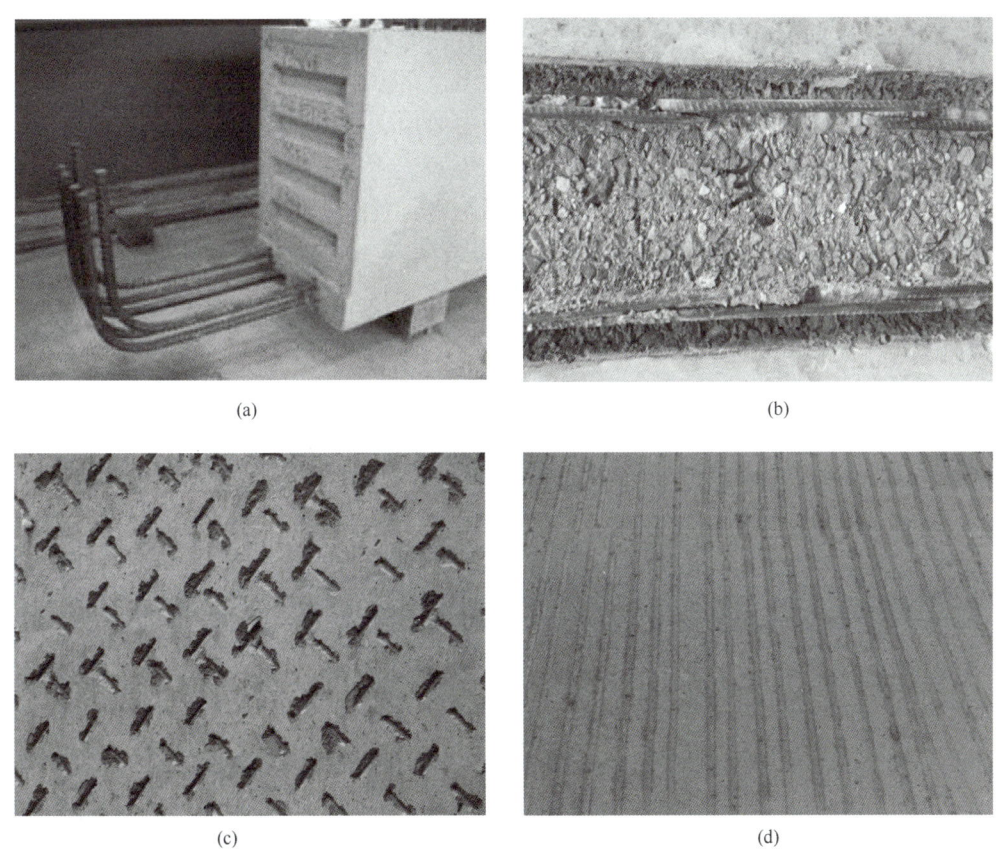

图 3-9　结合面做法

（a）键槽；（b）露骨料粗糙面；（c）刻花粗糙面；（d）拉毛粗糙面

叠合梁编号　　　　　　　　　　　　表 3-1

名称	代号	序号
叠合梁	DL	××

注：在编号中，如若干叠合梁的截面尺寸和配筋均相同，仅梁与轴线的关系不同，也可将其编为同一叠合梁编号，但应在图中注明与轴线的几何关系。

【例】DL1，表示叠合梁编号为1。

（2）叠合梁表示方法以设计单位或深化设计单位习惯为主，主要是方便表达和理解。

3.3 叠合梁的拆分设计

叠合梁的拆分原则如下：

（1）被拆分的叠合梁宜符合模数协调原则，优化尺寸，减少开模数量，节约成本。

（2）梁与梁、梁与柱连接处构造宜简单可靠，且符合计算简图要求。

（3）被拆分的叠合梁长及自重应加以控制，便于吊装、运输、施工安装。

（4）拆分时应避免设置在预制次梁处，预制主次梁的连接处理复杂。

（5）拆分应全过程基于 BIM 模型进行，在模型中检查并解决钢筋碰撞问题、构件内部钢筋与预埋件碰撞问题等。

叠合梁的拆分位置处宜设置在构件受力最小的地方，拆分时除依据套筒的种类、结构塑性铰位置来确定外，还应考虑生产能力、道路运输、吊装能力以及方便施工。叠合梁拆分位置可以设置在梁端，也可以设置在梁跨中，拆分位置在梁的端部时，梁纵向钢筋套筒连接位置距离柱边不宜小于 $1.0h$（h 为梁高），并不应小于 $0.5h$（考虑塑性铰，塑性铰区域内存在套筒连接，不利于塑性铰转动）。图 3-10 所示为框架结构-梁、柱拆分示意图。

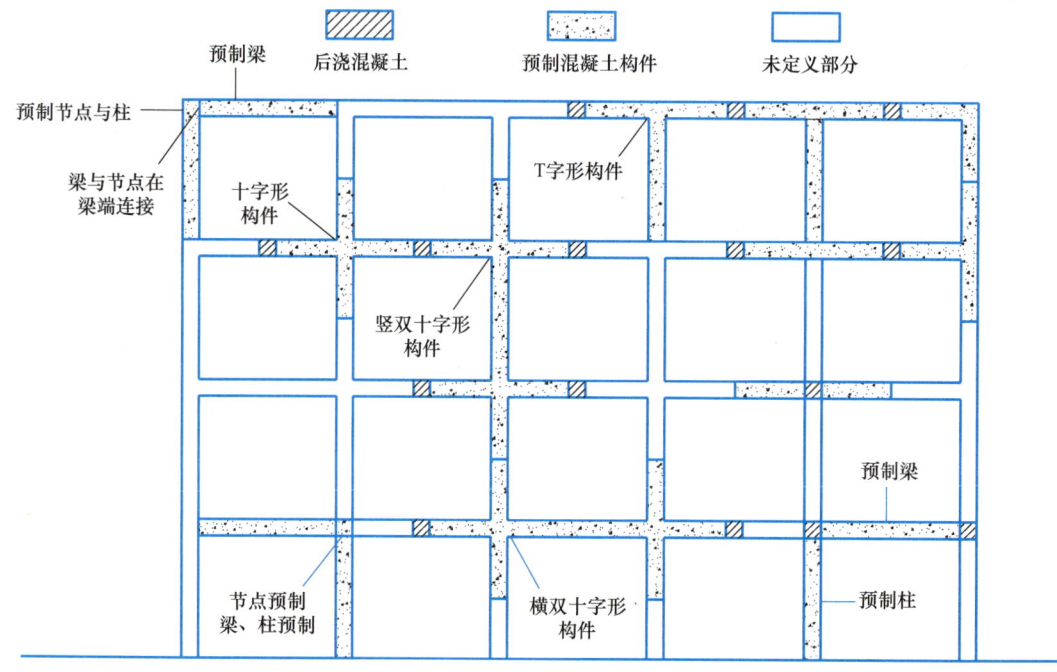

图 3-10　框架结构-梁、柱拆分示意图

3.4　叠合梁的深化设计图绘制

1. 叠合梁搭接长度

叠合梁的分割需要考虑运输车辆、起重机械、施工空间以及结构本身的力学性能、构件混凝土保护层厚度等方面的限制，叠合梁分割常见的方式为梁—柱结构与梁—梁接头处进行分割，如图 3-11 所示。

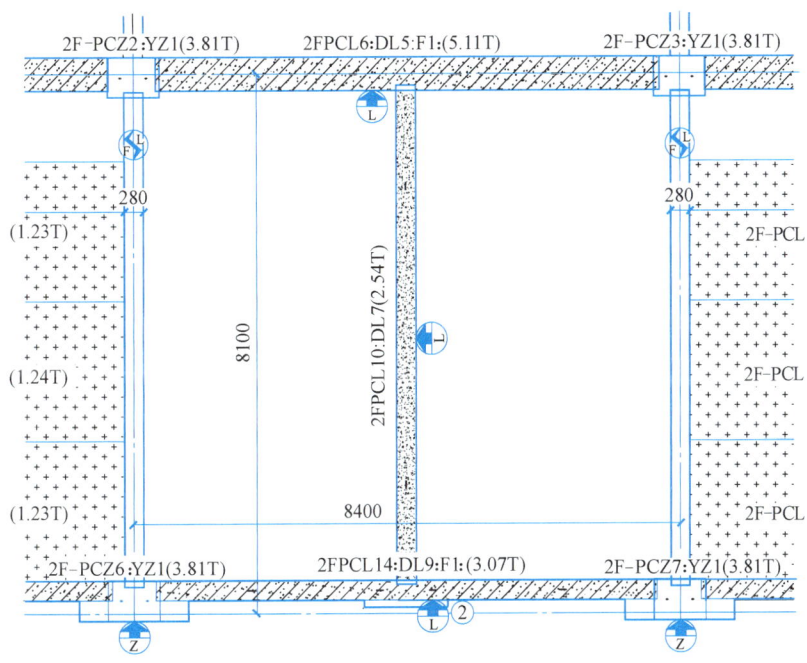

图 3-11　叠合梁分割示意图

当预制构件端部伸入支座放置时，应综合考虑制作偏差、施工安装偏差、标高调整方式和封堵方式等确定 a、b 的数值，a 不宜大于 20mm，b 不宜大于 15mm。如图 3-12 所示。

2. 叠合梁安装布置图

依据结构平面图，按照叠合梁主筋形式，主梁尺寸及埋件的类型，给整个预制工程的梁构件编号，统计叠合梁的数量并绘制叠合梁的安装布

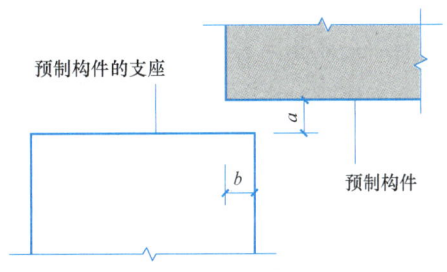

图 3-12　叠合梁端部在支座处放置示意

置图。梁安装布置图需要标明叠合梁编号，指定布置面并给出数量统计表。叠合梁的编号原则有多种，但为了使图纸便于阅读，在同一项目中叠合梁编号的原则应统一，需考虑叠合梁的形状、长度、截面尺寸、配筋及预埋件的类型。

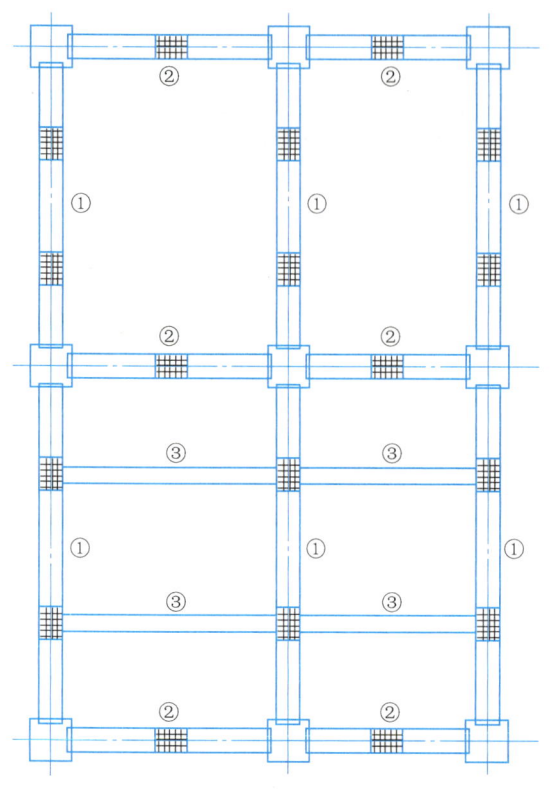

图 3-13　叠合梁吊装及支撑布置示意图

3. 吊装顺序及支撑布置图

叠合梁应进行在翻转、运输、存储、吊装和安装定位、连接施工等阶段的施工验算。这主要是由于：①此阶段的受力状态和计算模式经常与使用阶段不同；②叠合梁的混凝土强度等级在此阶段尚未达到设计强度。因此，叠合梁的配筋，不是使用阶段的设计计算起控制作用，而经常是此阶段的设计计算起控制作用。为了防止钢筋碰撞，在绘制叠合梁钢筋图之前，应先确定叠合梁的吊装顺序，从而在深化设计时需确定钢筋在叠合梁中的位置。

如图 3-13 所示，编号为①的叠合梁先吊装，编号为②的叠合梁后吊装，叠合梁①底筋在叠合梁②底筋的下面。另外叠合梁在吊装时，为了确保在施工荷载作用下叠合梁的变形满足规范要求且不出现开裂，需要在叠合梁底设置支撑。因此，在深化设计时需要在叠合梁底标出支撑点位置，图中阴影区域即表示支撑点位置。

4. 叠合梁上层筋平面布置图

叠合梁上层筋根据业主的要求，可分为工厂制作或现场制作，为了确保上层筋的配置满足设计及规范的要求，同时，确保上层筋的布置不与柱的纵筋碰撞，需要在深化设计时绘制出叠合梁上层筋平面布置图。梁上层筋平面布置图中，需标出套筒的位置和支座钢筋截断的位置。

5. 详图

可以根据具体情况将叠合梁模板图与配筋图合并在一张详图中完成。原因如下：①模板图与钢筋图中有重复表达的内容，增加设计人员的工作量；②一处图纸中修改，设计人员需要修改对应的模板图、钢筋图等，图纸过多容易造成漏改；③图纸量大大增加，不便于现场施工人员翻阅；④校核人员在校核图纸时，需要同时看模板图、钢筋图等，容易出错；⑤工厂工人绑扎钢筋及布置埋件时，需要同时看模板图、钢筋图，看图不方便，容易看错图纸。

详图中需要表达的内容主要有：

（1）叠合梁的轮廓。

（2）埋件的示意图及埋件的编号或名称。

（3）叠合梁的尺寸标注及埋件的定位标注。

（4）下层筋的形状（双线图），下层筋定位标注、尺寸标注及编号。

（5）上层筋的形状（双线图），上层筋的编号。

（6）箍筋的形状（双线图），箍筋的定位标注及编号。

叠合梁示意图如图 3-14 所示（见书后）。

3.5 叠合梁 BOM 报表的编制

叠合梁 BOM 报表是统计叠合梁所用物料的统计清单，是指导构件加工厂加工构件的重要依据，可以通过相关拆分软件进行统计，或者人工统计的方法进行编制。本书主要介绍通过 BeePC 软件编制 BOM 报表的方法，人工统计时可以参照此 BOM 报表的内容进行编制。

3.6 工程实例操作

> 提示：下面通过工程实例中的一根预制梁（即附录 1 教材配套图纸中二层预制构件平面布置图中 C 轴交 3～4 轴上的 2FPCL5：F1）操作的全过程，使设计人员能够快速了解 BeePC 软件中叠合梁建模及深化设计出图的操作流程，从而具备正确使用 BeePC 软件进行梁深化图设计的基本能力。

1. 预制梁布置

（1）点击"BeePC 深化"选项卡中的"梁布置"按钮，如图 3-15 所示。

3-1
工程实例简要介绍

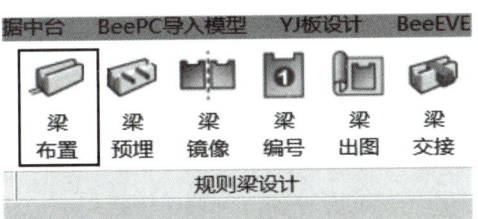

图 3-15　"梁布置"按钮

（2）弹出梁布置对话框，对话框中包含三项内容，从左至右依次为梁类型、参数设置、构件视口区，如图 3-16 所示。

> 提示：参数设置下方包括"主体视图""底筋、腰筋图""箍筋图"和"键槽"4 个选项，点击其中任一，即可实现各构件视口间切换。如图 3-17 所示。

（3）预制梁类型选择

在梁类型下拉菜单中选取"框架梁"选项，如图 3-18 所示。

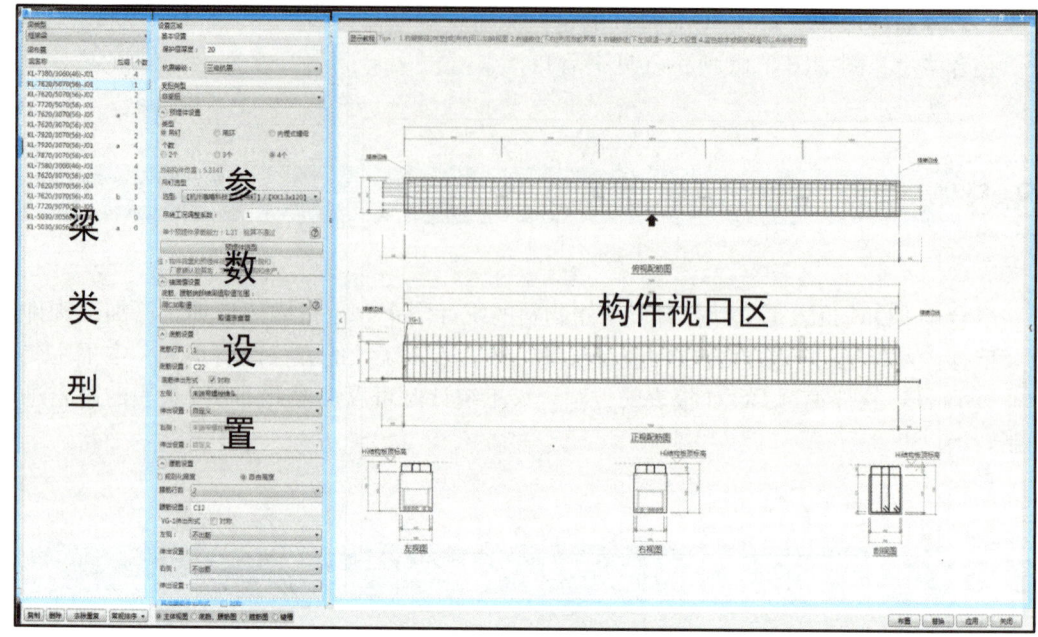

图 3-16　梁布置对话框

3-2
预制梁
界面介
绍及类
型选择

图 3-17　构件视口间切换

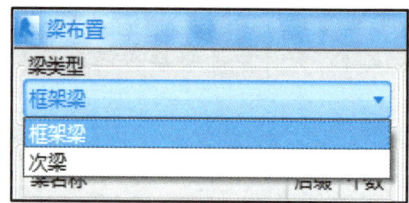

图 3-18　预制梁类型选取

提示： BeePC 软件提供 2 种梁类型，分别是框架梁、次梁，根据工程实际中梁的类型进行选择即可。

（4）预制梁基本参数设置

输入保护层厚度为"20"，在抗震等级下拉菜单中选取"三级抗震"，受扭类型下拉菜单中选取"非抗扭"，如图 3-19 所示。

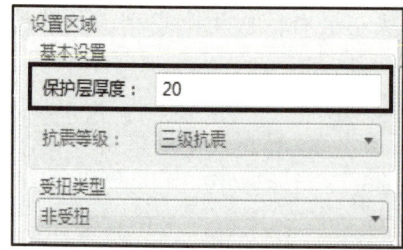
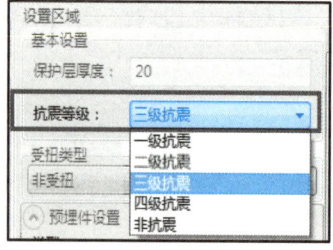
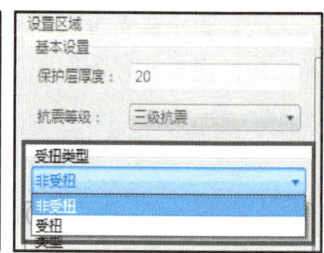

图 3-19　预制梁基本参数设置

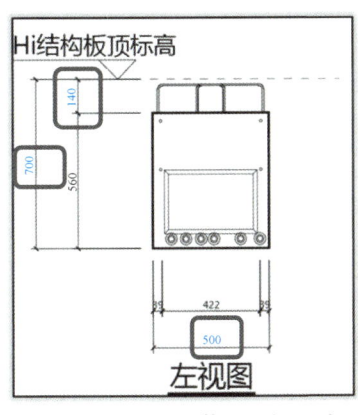

图 3-20 设置梁截面几何尺寸

（5）编辑预制梁几何尺寸

点选"主体视图"，在构件视口区的"左视图"中设置梁截面宽度为"500"，高度为"700"，叠合层厚度为"140"，如图 3-20 所示。在"俯视配筋图"中修改梁长度为"7600"，伸入两端支座搁置长度为"10"，如图 3-21 所示。

提示：软件默认构件视口区为主体视图，编辑预制梁截面尺寸也可在"右视图"中修改，左右视图相同参数联动，效果相同。

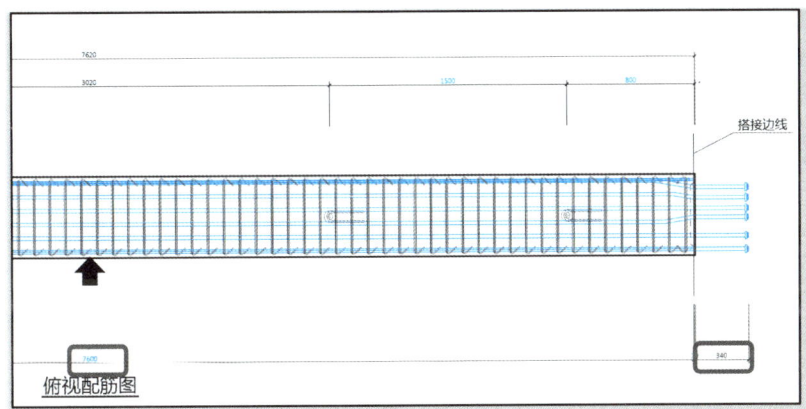

图 3-21 设置梁长度几何尺寸

提示：先设置梁的截面及长度，便于在下一步据此选择吊装预埋件类型及个数。

（6）设置预埋件参数

选取吊装预埋件类型为"吊钉"，选取吊装预埋件个数为"4 个"，如图 3-22 所示；点击"预埋件选型"，如图 3-23 所示；弹出相应预埋件规格参数表，勾选"DD1""DD2"，点击右下角"确定"按钮，如图 3-24 所示。

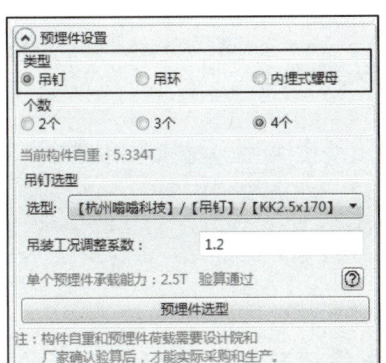 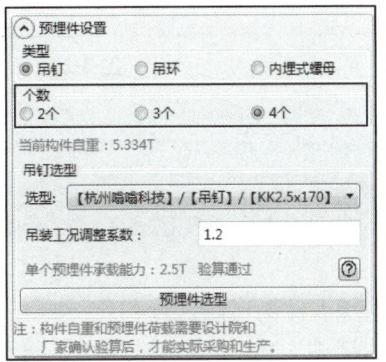

图 3-22 选取预埋件类型和数量

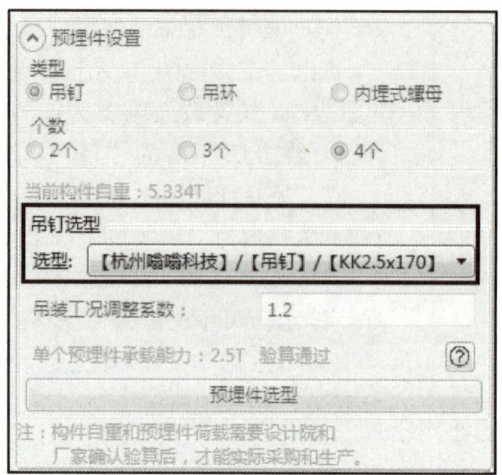

图 3-23　预埋件选型

KK(long)型吊钉规格参数表

选择	名称	型号	尺寸参数(mm)							承载能力(吨)
			D	D1	D2	R	s	de	L	
☑	DD1	KK1.3x120	10	19	25	30	10	250	120	1.3
☑	DD2	KK2.5x170	14	26	35	37	11	350	170	2.5
☐	DD3	KK4x210	18	36	45	47	15	675	210	4.0
☐	DD4	KK5x240	20	36	50	47	15	765	240	5.0
☐	DD5	KK7.5x300	24	47	60	59	15	945	300	7.5
☐	DD6	KK10x340	28	47	70	59	15	1100	340	10.0
☐	DD7	KK15x400	34	70	80	80	15	1250	400	15.0
☐	DD8	KK20x500	38	70	98	80	15	1550	500	20.0
☐	DD9	KK32x700	50	88	135	107	23	2150	700	32

已筛选类型

厂家名称	预埋件类型	名称	型号	锚固形状	附加钢筋形状
杭州嗡嗡科技有限公司	吊钉	DD1	KK1.3x120		
杭州嗡嗡科技有限公司	吊钉	DD2	KK2.5x170		

导出预埋件统计表　恢复默认数据　确定　取消

图 3-24　设置预埋件参数

提示：1. 此处需先将预埋件规格参数表里所需类型勾选上，才能在吊钉选型的下拉菜单中出现并选择。

2. 吊装工况调整系数默认为 1.2，此处不做修改。

（7）编辑预埋件吊钉的位置

在"主体视图"的构件视口区中，修改梁吊钉定位为"800""1500"，如图 3-25 所示。

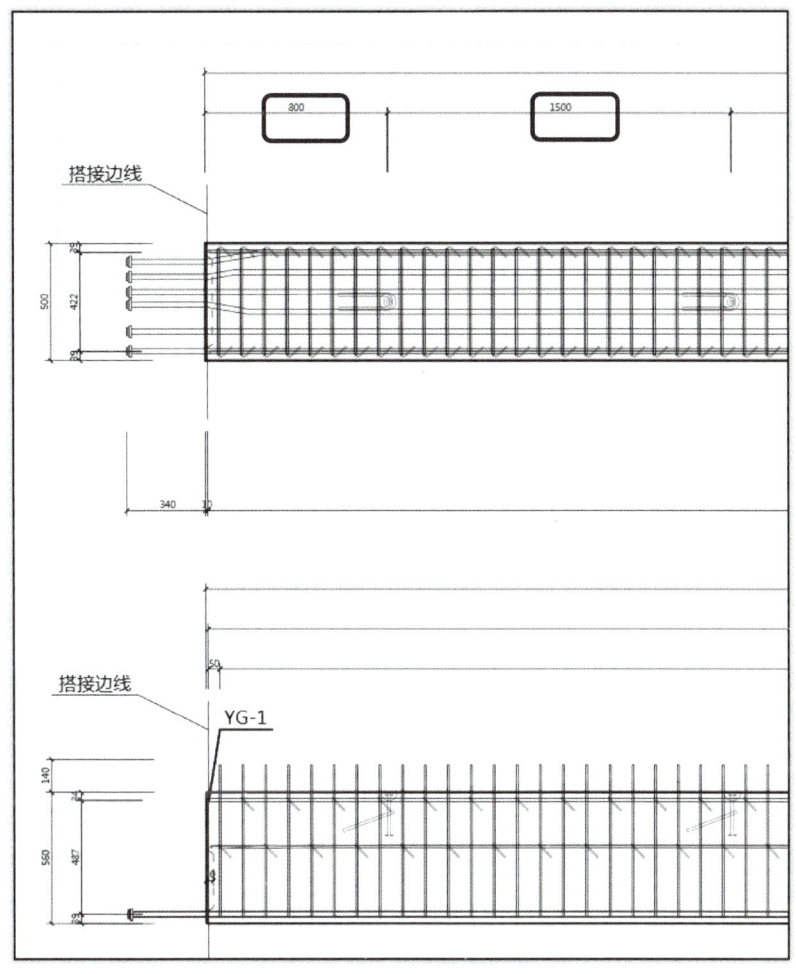

图 3-25　设置梁吊钉位置

（8）键槽设置

点选参数设置底部的"键槽"，在构件视口区的左、右视图中设置键槽距底边距离均为"50"，键槽形式选择"非贯通键槽""高度自定义"，如图 3-26 所示。

3-5
预制梁键槽的设置

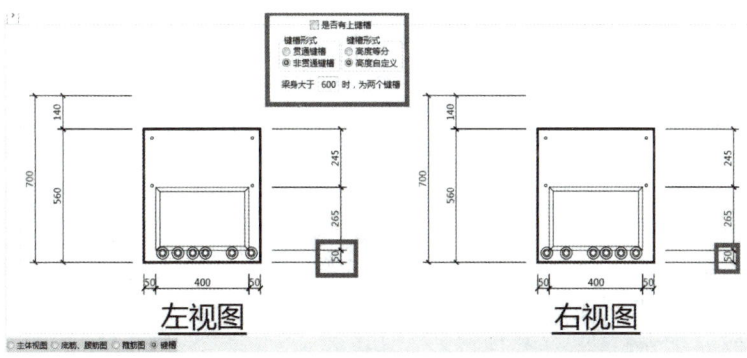

图 3-26　键槽设置

提示：1. 制框架梁键槽设置包括键槽形式和键槽尺寸，键槽形式包括上键槽（即顶面凹口）和侧面键槽，键槽尺寸一般按软件默认值即可。

2. 梁侧面键槽一般可先选择"高度等分"，然后再根据软件计算出的值进行高度自定义。

3. 该框架梁未设置上凹槽，其他梁若需要，则勾选，并设置相应参数。

3-6
预制梁
底筋及
腰筋设置

（9）梁底筋设置

在参数设置区修改底筋行数为"1"，修改底筋直径设置为"C22"，勾选底筋伸出形式为"对称"，左侧伸出形式在下拉菜单内选择"末端带螺栓锚头"，如图 3-27 所示。

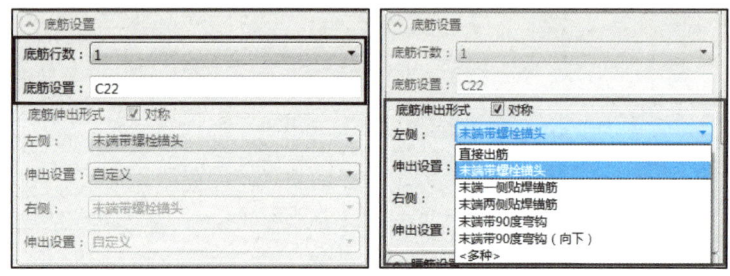

图 3-27　梁底筋设置

点选参数设置底部的"底筋、腰筋图"，在"俯视图"中修改底筋列数为"6"，此时 6 根底筋之间中心距离默认为两边 83.8、中间 84.8，不做修改；点击最上排钢筋，钢筋显示为红色，输入"－40"，此时钢筋按 1∶6 向内弯折，同理设置第二根钢筋为"－20"，第三根为"0"，第四根为"30"，第五、六根为"0"，如图 3-28 所示。

提示：梁的钢筋（底筋、腰筋）的伸出形式也可通过点击构件视口区内任一视图中的钢筋，在构件视口区中进行选择，如图 3-28 所示。

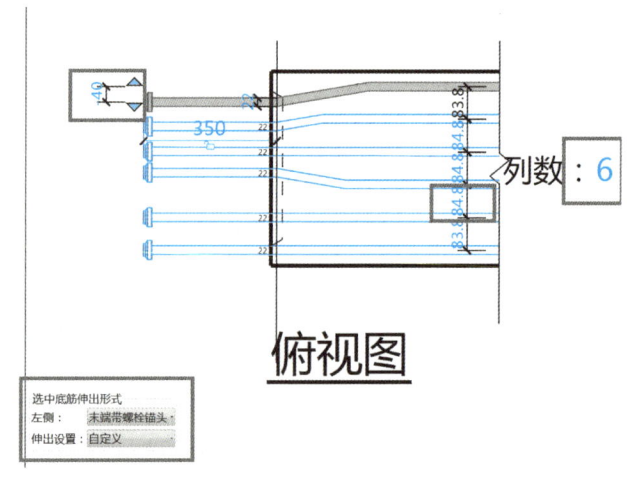

图 3-28　梁底筋设置

提示： 1. 梁底筋设置包括底筋规格（直径、数量、级别）、锚固形式及钢筋避让。

2. 俯视图与左视图的钢筋联动显示。

3. 设置钢筋等级时，"C"表示"Ⅲ"。

（10）梁腰筋设置

在参数设置区修改腰筋行数为"2"，修改直径设置为"C12"，伸出形式左、右侧均选择"不出筋"，如图 3-29 所示。其他腰筋伸出形式左右侧均为直接出筋，伸出设置为自定义。

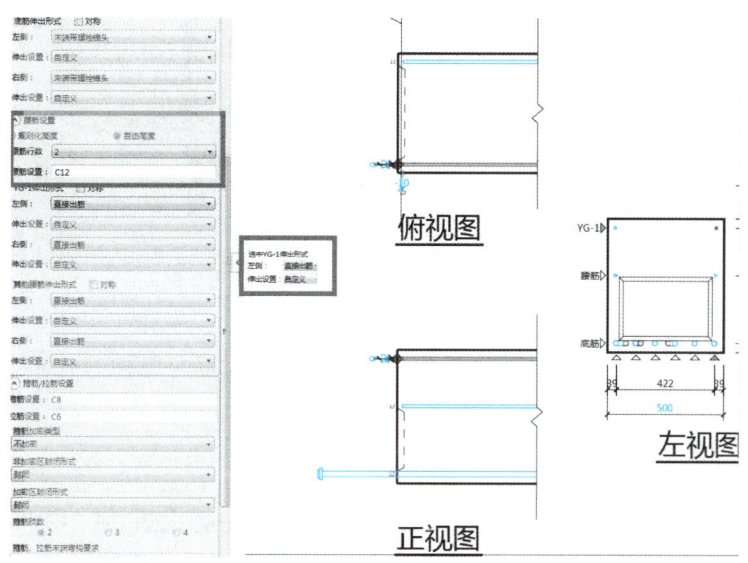

图 3-29　梁腰筋设置

点选参数设置底部的"底筋、腰筋图"，在构件视口区的俯视图中修改钢筋距离搭接边线距离为"−10"，设置第二排腰筋距 YG-1 距离为"200"，如图 3-30 所示。

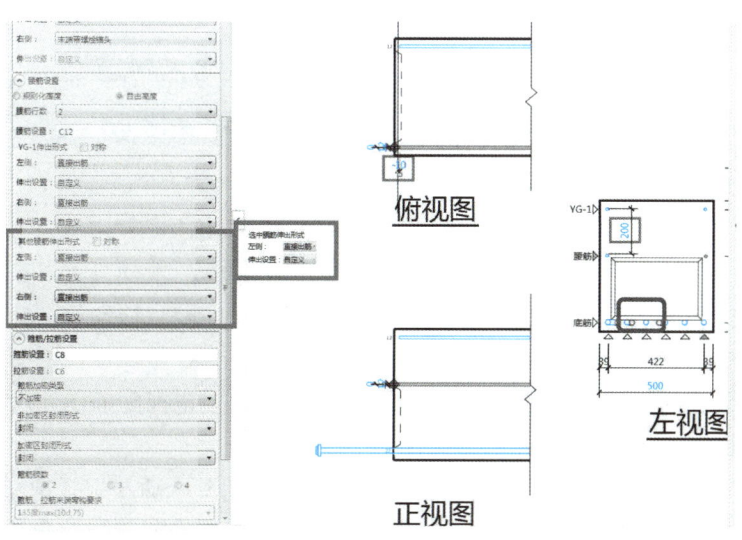

图 3-30　梁腰筋设置

提示： 1. 梁腰筋设置包括腰筋规格（直径、数量、级别）、锚固形式及钢筋避让。

2. 选中某根钢筋时，各视图中同一根钢筋会同时变色显示，以示区分。

3. 在构件视口区修改钢筋相关参数后，若出现提示"是否需要同时修改同一行相同直径的钢筋？"对话框时，选择"确定"按钮，可避免重复相同操作。注意此时同一行相同钢筋均应为解锁状态如图 3-31 所示。

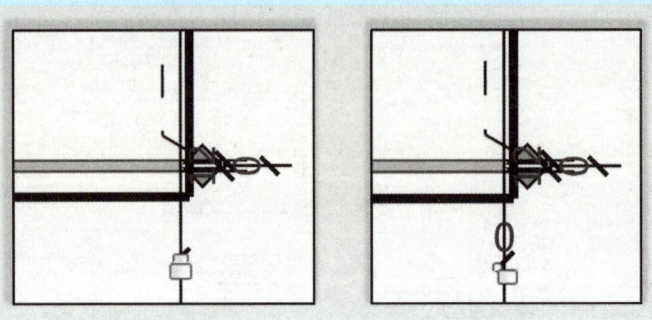

图 3-31　解锁状态

4. 若有两排底筋时，可通过切换左、右视图中的三角形图标进行相应俯视图及正视图的切换，亦可实现腰筋视图切换。

3-7
预制梁
箍筋
设置

（11）梁箍筋、拉筋设置

在参数设置区修改箍筋参数如下：箍筋设置为"C8"，拉筋设置为"C6"，箍筋加密类型选择"不加密"，非加密区及加密区封闭形式均设置为"封闭"，箍筋肢数选择"4"，如图 3-32 所示。

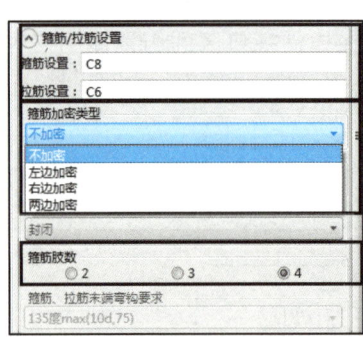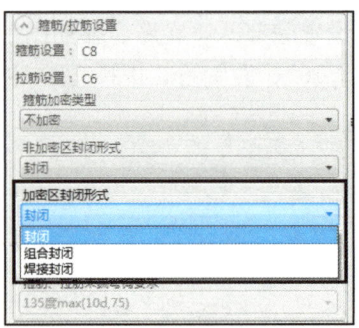

图 3-32　箍筋参数设置

点选参数设置底部的"箍筋图"，则构件视口区出现带四肢箍的梁截面，可通过点击红色三角形按钮对多肢箍的形式进行调整，如图 3-33 所示。

点选参数设置底部的"主体视图"，在构件视口区的"正视配筋图"内输入箍筋间距为"100"，如图 3-34 所示。

（12）点击构件视口区右下角的"布置"按钮，如图 3-35 所示，将预制梁布置到相应的位置，发现显示的梁尺寸与实际输入的尺寸不一致，此时不需理会，布置后的尺寸与实际输入的尺寸将是一致的。

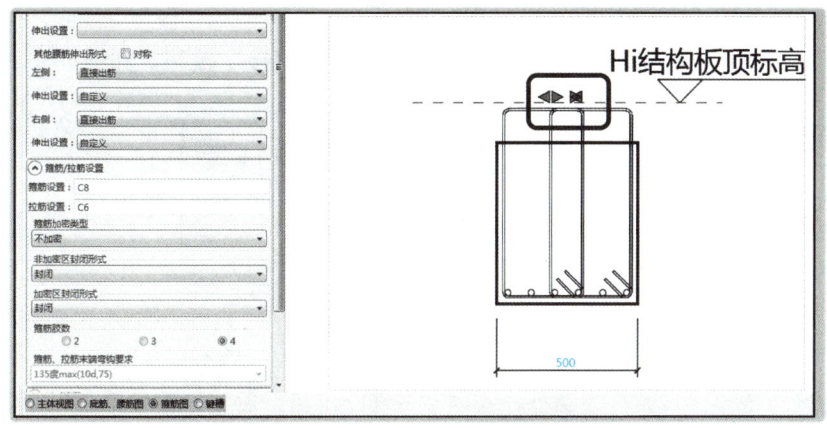

图 3-33　箍筋肢数设置

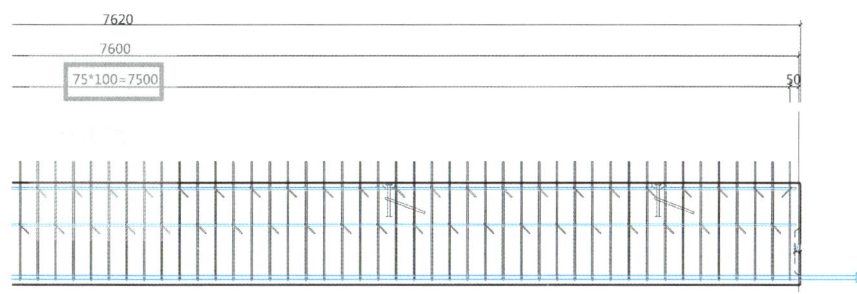

图 3-34　箍筋间距设置

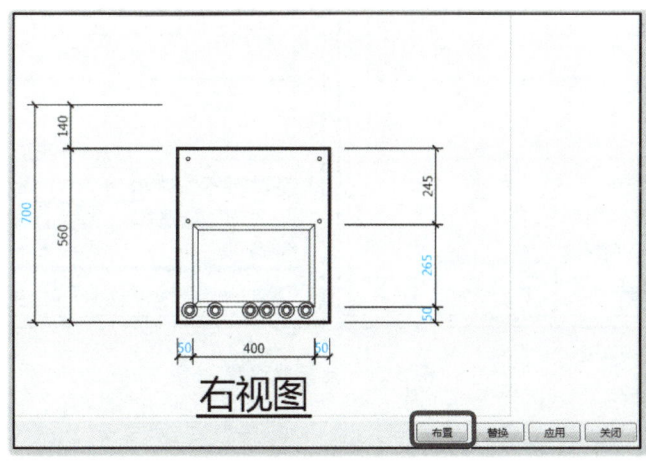

图 3-35　布置预制梁

提示：1. 构件布置完成后，梁类型中会显示相应梁的名称及数量，并可以进行"复制""删除""去除重复""常规排序"等操作。

2. 如预制梁布置错误，可以在 Revit 平面图中双击所布置的梁，进入梁布置模式，点击"替换"或"应用"。

3. 替换和应用的区别在于后者在更改完梁的参数后不需要再到 Revit 平面图中去点选梁，而需要替换。

2. 交接梁设置

（1）点取 BeePC 深化选项卡中的"梁交接"按钮，如图 3-36 所示。

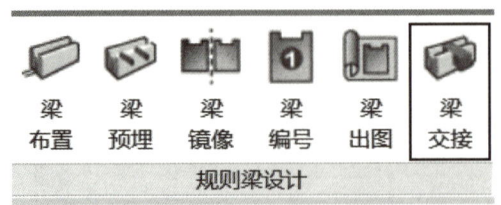

图 3-36　"梁交接"按钮

（2）进入"交接梁设置"对话框，点取"选择交接梁"按钮，在模型视口中先选择预制框架主梁，随后选择预制次梁，选择"被切梁底部预制混凝土相连"，被切处两端各附加箍筋数修改为"3"道，修改单键槽高度为"200"，单键槽距底为"50"，如图 3-37 所示。

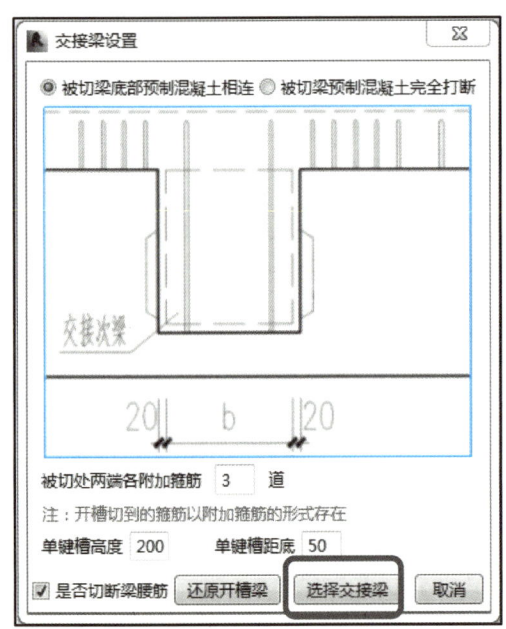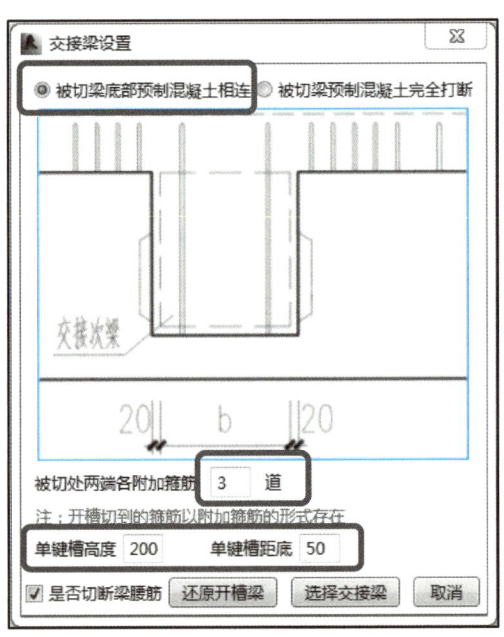

图 3-37　交接梁设置

3. 附属构件布置

（1）点取 BeePC 深化选项卡中的"梁预埋"按钮，如图 3-38 所示。

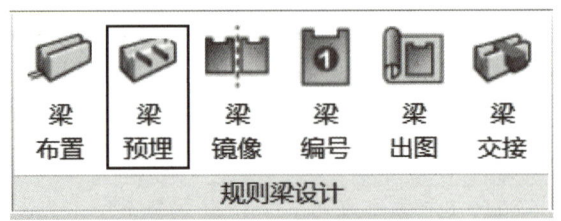

图 3-38　"梁预埋"按钮

（2）进入"梁附属构件"对话框，选中预埋镀锌钢套管，点击"进入画布模式"，选择需要布置套管的预制梁，将套管布置在相应的位置，点击套管，修改相关尺寸，如图 3-39 所示，点击"应用到实例"。

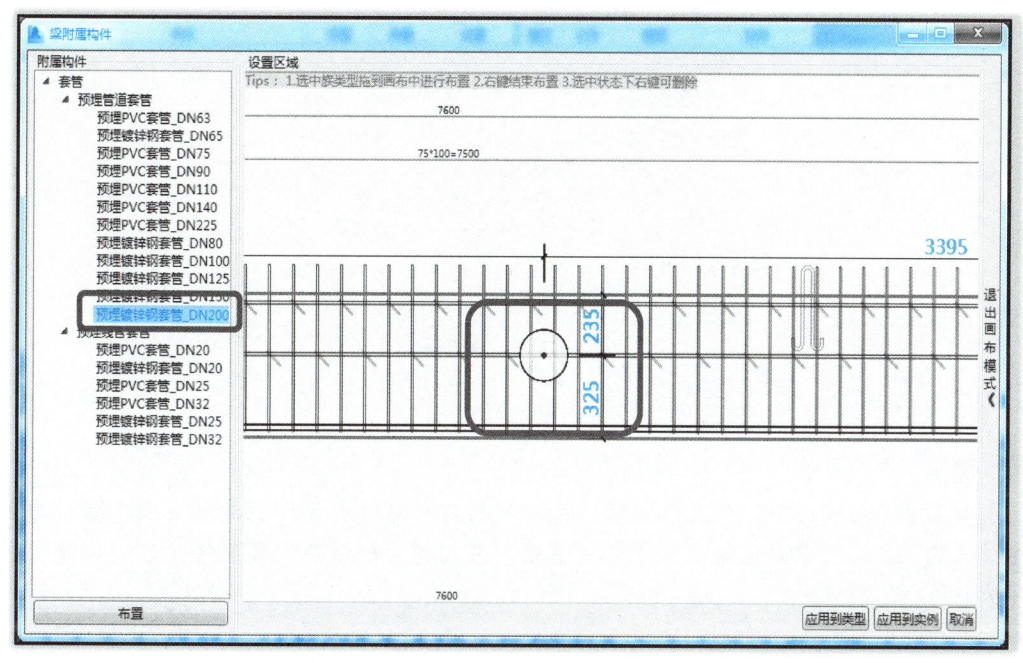

图 3-39　布置套管

提示： 该框架梁未设置预埋线管套管，其他梁若需要，则点击线管套管，其他步骤同管道套管。

4. 预制梁编号

按上述同样的方法将附图中二层的其余预制梁均布置完成后，按层分别进行预制梁的编号。

3-10
预制梁
编号

（1）点取 BeePC 深化选项卡中的"梁编号"按钮，如图 3-40 所示。

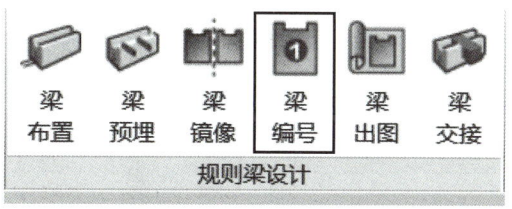

图 3-40　"梁编号"按钮

（2）进入"梁一键编号简"对话框，对编号设置和标记设置进行选择，本工程实例选择如图 3-41 所示。

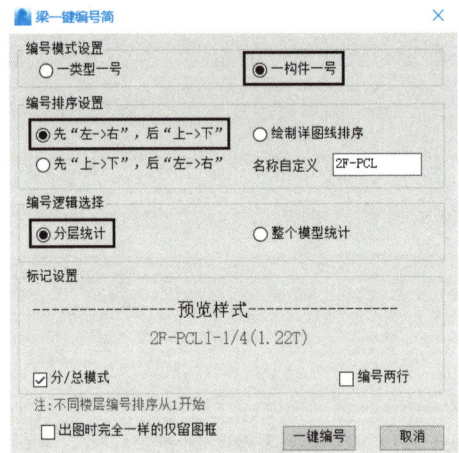

图 3-41　一键编号

（3）点击右下角"一键编号"按钮，梁编号完成。

提示：

　　梁编号是按层进行，故在编号前应先确定已将本层所有的预制梁都准确布置，并且在"名称自定义"中建议输入带层号的前缀，若在编号后对预制梁有修改，则应再次进行编号。

3-11
生成预制
梁BOM报表

5. 规则清单（BOM 报表）

BeePC 软件提供规则清单功能，预制叠合梁的规则清单操作如下：

（1）点取 BeePC 深化选项卡中的"规则清单"按钮，如图 3-42 所示。

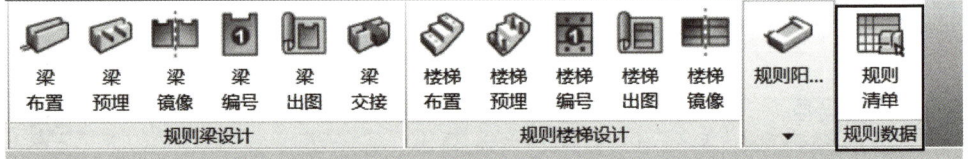

图 3-42　"规则清单"按钮

（2）进入 BOM 报表，左侧为报表名称，右侧为对应的一览表，如图 3-43 所示。

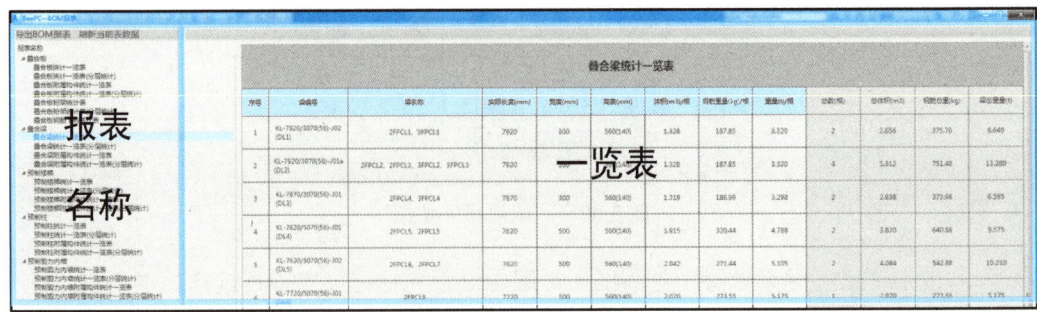

图 3-43　BOM 报表

（3）软件提供 4 类关于叠合梁的 BOM 清单，如图 3-44 所示，根据工程需要选择其中一项，则右边视口会跳出相应数据。

根据需要可导出 BOM 报表，软件支持将生成的 BOM 报表导出 Excel、导出对应视图，如图 3-45 所示。

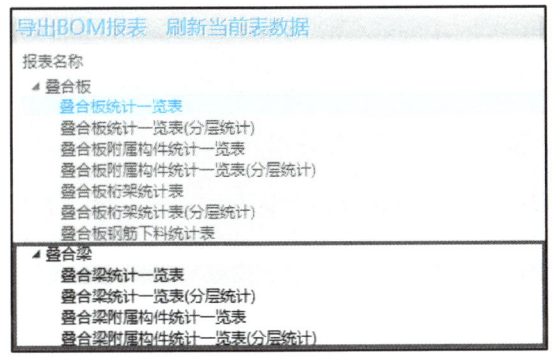

图 3-44　BOM 清单　　　　　　　　图 3-45　BOM 报表导出类型选项

提示：BOM 报表的制作需要在梁编号后进行，若不需要 BOM 报表，则在梁编号后可跳过此项，直接进行梁出图。

6. 梁出图

（1）点取 BeePC 深化选项卡中的"梁出图"按钮，如图 3-46 所示。

3-12
预制梁
出图

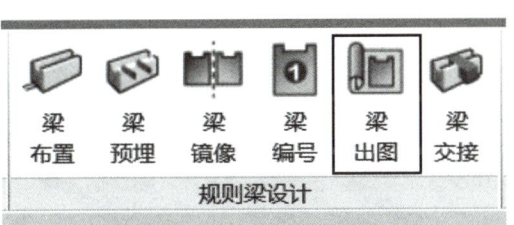

图 3-46　"梁出图"按钮

（2）进入"梁一键出图"对话框，对图框名称、图框尺寸、出图比例、标注文字字体等内容进行点选，对出图布局、明细表等内容可以进行编辑，本工程实例选择如图 3-47 所示。

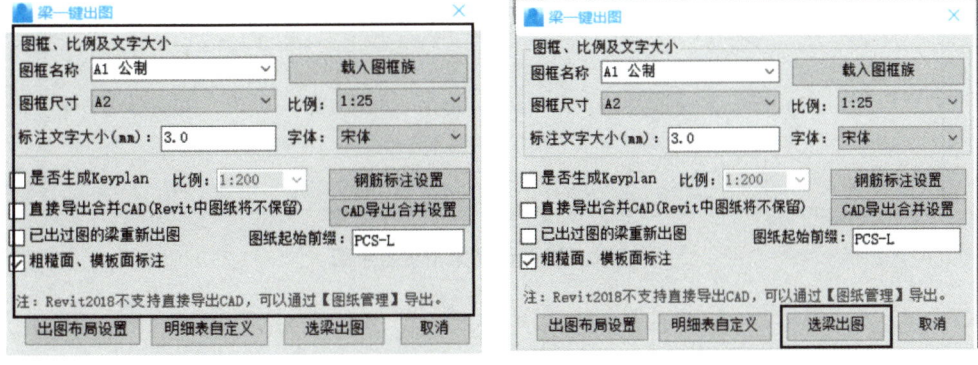

图 3-47　一键出图设置

（3）点击"选梁出图"，如图 3-47 所示，在三维图中选中所有的预制梁，则梁出图完成，生成的图纸在项目浏览器中图纸中可查看。

提示：梁出图是预制梁布置的最后一步，在梁一键出图对话框中可以调整图框名称、图框尺寸以及出图比例等内容，此部分内容简单，设计人员可根据需要自行操作。

小结

本任务主要从叠合梁的基础知识、叠合梁的深化详图识图、叠合梁的拆分设计、叠合梁的深化加工图绘制、叠合梁规则清单的编制等方面详细介绍了叠合梁深化加工图纸的绘制方法，让读者在了解叠合板深化设计相关知识的基础上，能够更加快速、准确地绘制出合格的叠合梁深化加工图纸。

本任务结合工程实例阐述了一根预制梁的布置流程及在布置过程中的注意事项，读者根据上述流程自行完成二层其他预制梁的布置，再统一编号，最后统一出图即完成预制梁的布置。二层预制梁布置后的效果如图 3-48 所示。

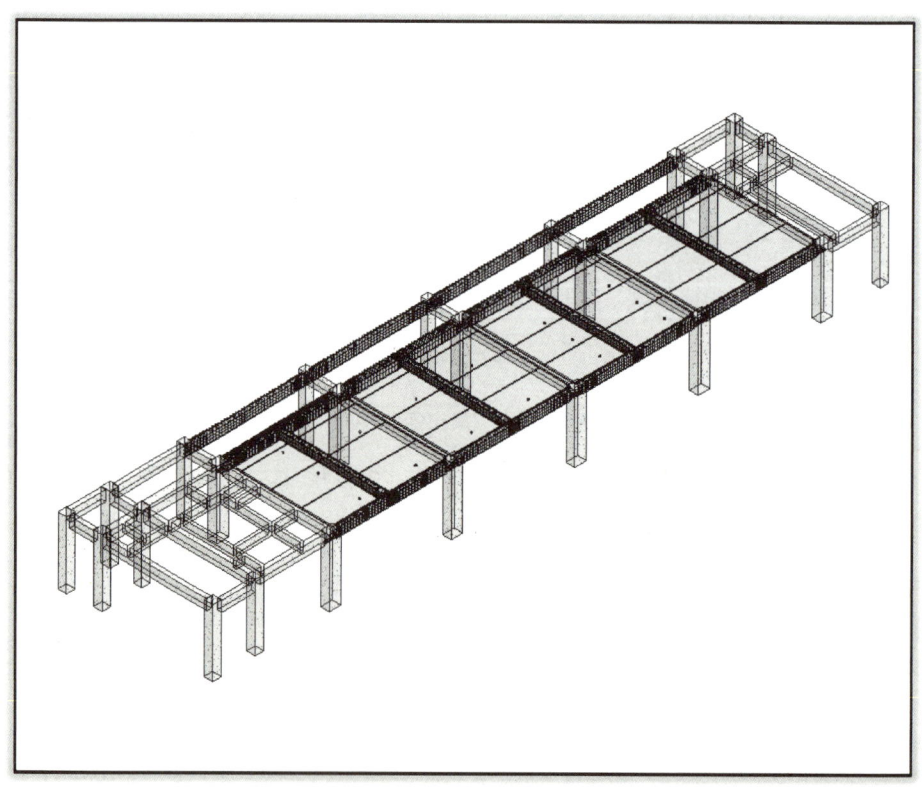

图 3-48　二层预制梁布置效果图

习　题 🔍

1. 选择题

(1) 一般叠合梁（　　）已在工厂完成预制并与混凝土整浇完成。

A. 下部主筋　　　　　B. 上部主筋　　　　　C. 箍筋　　　　　D. 架立筋

(2) 叠合梁作为一种结合了（　　）两者优点的结构，具有很好的应用范围。

A. 整浇式钢筋混凝土梁和整浇式钢筋混凝土板

B. 装配式钢筋混凝土梁和装配式钢筋混凝土板

C. 整浇式钢筋混凝土梁和装配式钢筋混凝土梁

D. 整浇式钢筋混凝土梁和装配式钢筋混凝土板

(3) 在装配整体式框架结构中，当采用叠合梁时，框架梁的后浇混凝土叠合层厚度不宜小于（　　）。

A. 60mm　　　　　　　　　　　　　　B. 100mm

C. 120mm　　　　　　　　　　　　　　D. 150mm

(4) 当采用凹口截面预制梁时，凹口深度不宜小于（　　），凹口边厚度不宜小于（　　）。

A. 50mm，50mm　　　　　　　　　　　B. 40mm，50mm

C. 50mm，60mm　　　　　　　　　　　D. 70mm，100mm

(5) 叠合梁的箍筋在施工条件允许的情况下，宜采用（　　）。

A. 开口箍筋　　　　　　　　　　　　B. 闭口箍筋

C. 组合封闭箍筋　　　　　　　　　　D. 组合开口箍筋

(6) 抗震等级为一、二级的叠合框架梁的梁端箍筋加密区宜采用（　　）。

A. 整体封闭箍筋　　　　　　　　　　B. 整体开口箍筋

C. 整体组合封闭箍筋　　　　　　　　D. 整体组合开口箍筋

(7) 主梁与次梁采用后浇段连接时，在中间节点处，两侧次梁的下部纵向钢筋伸入主梁后浇段内长度不应小于（　　）。

A. 5d　　　　　　B. 10d　　　　　　C. 12d　　　　　　D. 20d

(8) 叠合梁预制部分与后浇混凝土叠合层之间的结合面设置为粗糙面，粗糙面的面积应大于等于结合面的（　　）。

A. 30%　　　　　B. 50%　　　　　C. 60%　　　　　D. 80%

(9) 梁图通常包含（　　），主要用于构件厂制作构件。

A. 梁形状图与梁配筋图　　　　　　　B. 梁形状图与梁开模图

C. 梁形状图与梁模板图　　　　　　　D. 梁配筋图与梁钢筋图

(10) 叠合梁的拆分位置处宜设置在（　　）拆分和依据套筒的种类、结构塑性铰位置来确定外，还应考虑生产能力、道路运输、吊装能力以及方便施工。

A. 构件受力最大的地方　　　　　　　B. 构件受力最小的地方

C. 构件弯矩最大的地方　　　　　　　D. 构件剪力最大的地方

2. 简答题

（1）叠合梁的拆分原则是什么？

（2）为什么不能忽视叠合梁在脱模、翻转、运输、安装等各个环节的设计验算？

（3）梁图中需要表达的内容主要有哪些？

3. 工程实践训练

根据教材配套图纸（扫描附录中二维码下载），对该工程中的梁进行拆分，并进行叠合梁的深化设计。

任务 4

预制楼梯的深化设计

【教学目标】

1. 知识目标

（1）掌握预制楼梯深化设计的基本知识；

（2）掌握预制楼梯深化设计施工图识读的相关知识。

2. 能力目标

（1）能够准确识读与正确理解预制楼梯深化设计加工图；

（2）能够对预制楼梯进行拆分，并能绘制简单的深化设计加工图。

3. 素养目标

（1）培养学生绿色低碳可持续发展的理念；

（2）培养学生精益求精，勇于创新的工匠精神。

课程思政案例

4.1 预制楼梯的基础知识

4.1.1 预制楼梯产生的背景

　　装配式建筑中的滑动楼梯，体现了"以柔克刚"的思想，设计中我们把楼梯设计成滑动支座，保证地震时，楼梯与主体结构之间有足够的变形空间，以减少地震作用对楼梯的破坏，确保地震时逃生通道的畅通。与传统现浇整体楼梯相比，滑动楼梯不是靠楼梯自身的结构刚度来抵抗地震的破坏，是一种既经济又先进的设计理念。特别是 2008 年汶川地震之后，滑动楼梯更是国家规范、图集推广的一种标准做法，而装配式预制楼梯恰恰能完美的实现这一设计理念。装配式预制楼梯能充分发挥工厂制造的优势，解决现场楼梯支模困难和混凝土浇捣质量不宜控制的弊端，且楼梯现场安装速度快，减轻现场劳动强度，提高生产效益。特别是住宅建筑中，标准层较多，楼梯的模具可以通用，预制楼梯是最能体现建筑工业化特点的一个构件产品。混凝土预制楼梯克服了原传统混凝土现浇楼梯施工方法陈旧，施工工艺繁琐，成品观感质量较低，施工精度低，对工人技术要求高，混凝土浇筑时不宜振捣等问题。近年来，随着我国住宅产业化建设进入了一个快速发展时期，伴随着装配式结构施工对安全设计需求的不断提高，预制构件安装施工已经成为加快施工进度、保证施工质量和反映施工文明程度的标志之一。追求一种快速、安全可靠、拆装便捷、施工管理方便的混凝土预制楼梯安装施工技术是建筑施工单位的必然选择。

4.1.2 预制楼梯的概念和类型

　　钢筋混凝土楼梯按施工方式可分为现浇式和预制装配式两类。现浇式楼梯又称为整体式楼梯，是在施工现场支模、绑扎钢筋并浇筑混凝土而成的。这种楼梯整体性好、刚度大、对抗震较有利，但施工速度慢、模板耗费多。预制装配式楼梯是将楼梯分成休息平台板、楼梯梁、楼梯段三个部分。将构件在加工厂或施工现场进行预制，施工时将预制构件进行装配。预制装配式楼梯根据构件尺度不同分为小型构件装配式和大、中型构件装配式两类。

　　预制板式楼梯即将梯斜梁和踏步板整体预制，施工时直接搭接在平台梁上的楼梯。板式楼梯配筋比较简单，只在踏步板下方铺设一层钢筋笼即可，踏步板内部无钢筋。楼梯的重量相对较大，用于 3m 层高的普通民用住宅的预制楼梯，一跑大约重 1.5～2t。预制板式楼梯为目前应用最多的产品，在上述楼梯结构基础上还有很多变种出现，如将楼梯和平台板同时预制的产品，或平台板部分预留钢筋，施工时将钢筋和平台板同时浇筑成型的产品。预制板式楼梯如图 4-1 所示。

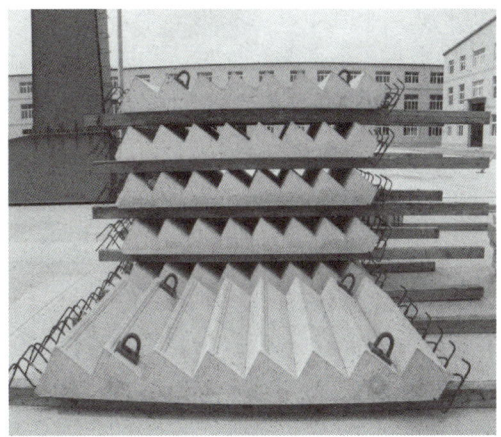

图 4-1　预制板式楼梯

4.2　预制楼梯的深化详图识图

4.2.1　构造要求

预制楼梯按其构造方式可分为梁承式、墙承式和墙悬臂式等类型。

1. 梁承式

预制梁承式楼梯是指梯段由平台梁支承的楼梯构造方式。由于在楼梯平台与斜向梯段交汇处设置了平台梁，避免了构件转折处受力不合理和节点处理的困难，在一般民用建筑中较为常用。预制构件可按梯段（板式或梁板式梯段）、平台梁、平台板三部分进行划分。

（1）梯段

1）梁板式梯段，由梯斜梁和踏步板组成。一般在踏步板两端各设一根梯斜梁，踏步板支承在梯斜梁上。

2）板式梯段，为整块或数块带踏步条板，其上下端直接支承在平台梁上。由于没有梯斜梁，梯段底面平整，结构厚度小，其有效断面厚度可按 $L/30 \sim L/20$ 估算，由于梯段板厚度小，且无梯斜梁，使平台梁位置相应抬高，增大了平台下净空高度。

为了减轻梯段板自重，也可做成空心构件，有横向抽孔和纵向抽孔两种方式。横向抽孔较纵向抽孔合理易行，较为常用。

（2）平台梁

为了便于支承梯斜梁或梯段板，平衡梯段水平分力并减少平台梁所占结构空间，一般将平台梁做成 L 形断面。其构造高度按 $L/12$ 估算（L 为平台梁跨度）。

（3）平台板

平台板可根据需要采用钢筋混凝土空心板、槽板或平板。需要注意的是，在平台上有管道井处，不宜布置空心板。平台板一般平行于平台梁布置，以利于加强楼梯间整体刚度。当垂直于平台梁布置时，常用小平板。预制楼梯平台板如图4-2所示。

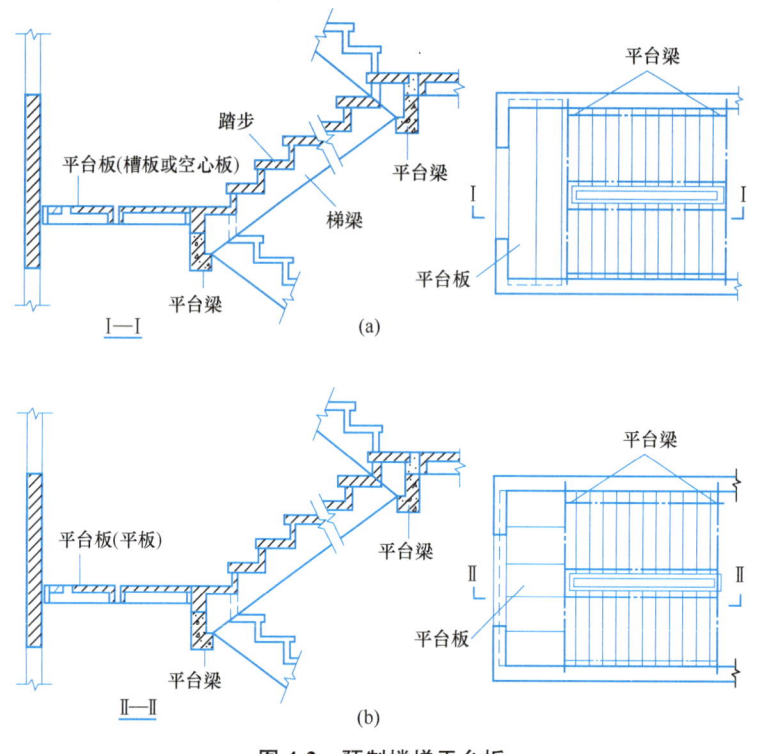

图4-2　预制楼梯平台板

（4）梯段与平台梁节点处理

两梯段之间的关系，一般有梯段齐步和错步两种方式。平台梁与梯段之间的关系，有埋步和不埋步两种方式。

1）梯段齐步布置的节点处理。上下梯段起步和末步踢面对齐，平台完整，可节省梯间进深尺寸。

2）梯段错步布置的节点处理。上下梯段起步和末步踢面相错一步，在平台梁与梯段连接方式相同的情况下，平台梁底标高可比齐步方式抬高，有利于减少结构空间，但错步方式使平台不完整，并且多占楼梯间进深尺寸。当两梯段采用长短跑时，它们之间相错步数不止一步，需将短跑梯段做成折形构件。

3）梯段不埋步的节点处理。此种方式用平台梁代替了一步踏步踢面，可以减少梯段跨度。当楼层平台处外侧墙上有门洞时，可避免平台梁支承在门过梁上，在住宅建筑中尤为实用。但此种方式的平台梁为变截面梁，平台梁底标高也较低，结构占空间较大，减少了平台梁下净空高度。另外，尚需注意不埋步梁板式梯段采用L形踏步板时，其起步处第一踢面需填砖。

4）梯段埋步的节点处理。此种方式梯段跨度较前者大，但平台梁底标高可提高，有利于增加平台下净空高度，平台梁可为等截面梁。此种方式常用于公共建筑。另外尚需注意埋步梁板式梯段采用L形踏步板时，在末步处会产生一字形踏步板，当采用┐形踏步板时，在起步处会产生一字形踏步板。

（5）构件连接

由于楼梯是主要交通部件，要求坚固耐久、安全可靠，特别是在地震区建筑中更需引起重视。梯段为倾斜构件，需加强各构件之间的连接，提高其整体性。

1）踏步板与梯斜梁的连接。一般在梯斜梁支承踏步板处用水泥砂浆坐浆连接。如需加强，可在梯斜梁上预埋插筋，与踏步板支承端预留孔插接，用高强度等级水泥砂浆填实。

2）梯斜梁或梯段板与平台梁连接。在支座处除了用水泥砂浆坐浆外，应在连接端预埋钢板进行焊接。

3）梯斜梁或梯段板与平台梁连接。在楼梯底层起步处，梯斜梁或梯段板下应作梯基，梯基常用砖或混凝土，也可用平台梁代替梯基，但需注意该平台梁无梯段处与地坪的关系。

2. 墙承式

预制墙承式楼梯是指预制钢筋混凝土踏步板直接搁置在墙上的一种楼梯形式。其踏步板一般采用一字形、L 形或冂形断面。

预制墙承式楼梯由于踏步两端均有墙体支承，不需设平台梁和梯斜梁，也不必设栏杆，需要时设靠墙扶手，可节约钢材和混凝土。但由于每块踏步板直接安装入墙体，对墙体砌筑和施工速度影响较大。同时，踏步板入墙端形状、尺寸与墙体砌块模数不易吻合，砌筑质量不易保证，影响砌体强度。

这种楼梯由于在梯段之间有墙，搬运家具不方便，也阻挡视线，上下人流易相撞。通常在中间墙上开设观察口，以使上下人流视线流通，也可将中间墙靠平台部分局部收进，以使空间通透，有利于改善视线和搬运家具物品。但这种方式对抗震不利，施工也较麻烦。

3. 墙悬臂式

预制墙悬臂式楼梯是指预制钢筋混凝土踏步板一端嵌固于楼梯间侧墙上，另一端凌空悬挑的楼梯形式。它无平台梁和梯斜梁，也无中间墙，楼梯间空间轻巧空透，结构占空间少，在住宅建筑中使用较多，但其楼梯间整体刚度较小，不宜用于有抗震设防要求的地区。由于需随着墙体砌筑安装踏步板，并需设临时支撑，施工比较麻烦。这种楼梯用于嵌固踏步板的墙体厚度不应小于 240mm，踏步板悬挑长度一般≤1800mm，以保证嵌固端牢固。踏步板一般采用 L 形或冂形带肋断面形式，其入墙嵌固端一般做成矩形断面，嵌入深度≥240mm，砌墙砖的强度等级≥MU10，砌筑砂浆的强度等级≥M5。为了加强踏步板之间的整体性，在构造上需将单块踏步板互相连接起来。可在踏步板悬臂端留孔，用插筋套接，并用高强度等级的水泥砂浆嵌固。在梯段起步或末步处，根据所采用的踏步断面是 L 形或冂形，需填砖处理。在楼层平台与梯段交接处，由于楼梯间侧墙另一面常有房间楼板支承在该墙上，其入墙位置与踏步板入墙位置冲突。

4.2.2　预制楼梯的表示方法

预制楼梯按梯段截面形式可分为不带平板型、低端带平板型、高端带平板型、高低端均带平板型、中间带平板型 5 类，如图 4-3 所示。

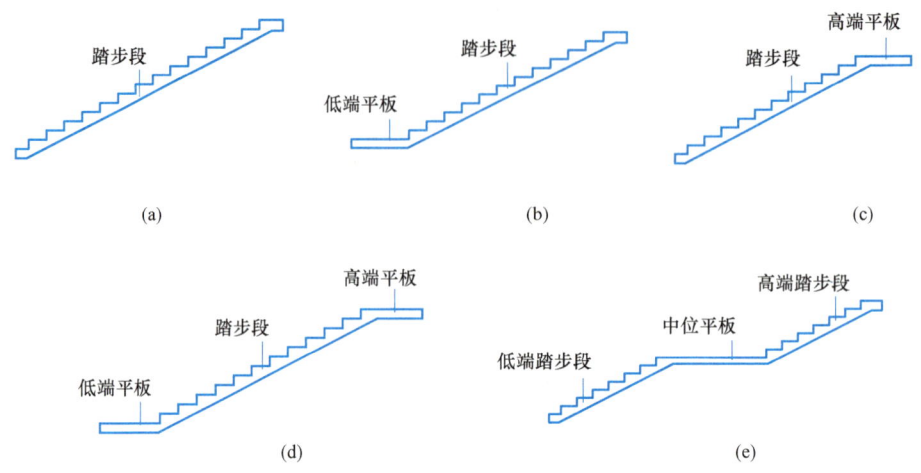

图 4-3　预制楼梯梯段截面形式

（a）不带平板型；（b）低端带平板型；（c）高端带平板型；（d）高低端均带平板型；（e）中间带平板型

1. 楼梯结构形式代号

YTB——板式楼梯

YTL——梁板式楼梯

2. 楼段截面形式代号

A——不带平板型

B——低端带平板型

C——高端带平板型

D——高低端均带平板型

E——中间带平板型

3. 楼梯标记（图 4-4）

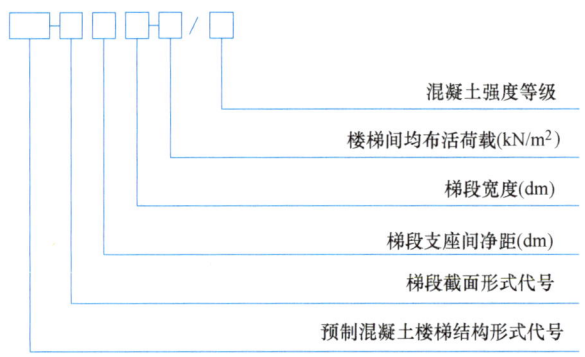

混凝土强度等级

楼梯间均布活荷载(kN/m²)

梯段宽度(dm)

梯段支座间净距(dm)

梯段截面形式代号

预制混凝土楼梯结构形式代号

图 4-4　预制楼梯标记

　　示例 1：低端带平板型板式楼梯，梯段宽度为 1200mm，梯段投影长度为 2500mm，楼梯间均布活荷载 2.5kN/m²，采用 C30 混凝土，标记为：YTB-B1225-2.5/C30。

示例2：不带平板型梁板式楼梯，梯段宽度为1200mm，梯段投影长度为2600mm，楼梯间均布活荷载3.0kN/m^2，采用C40混凝土，标记为：YTL-A1226-3.0/C40。

4.3　预制楼梯的拆分设计

4.3.1　预制楼梯的设计原则

预制楼梯在设计时应遵循以下原则：

（1）预制楼梯的混凝土强度等级应符合设计要求，且不宜低于C30。

（2）预制楼梯的纵向受力钢筋宜采用热轧钢筋HPB300级和HRB400级，其材质和性能应分别符合现行国家标准GB 1499.1、GB 1499.2的规定。

（3）钢筋的加工、连接与安装应符合现行国家标准GB 50666和GB 50204等的有关规定。

（4）吊装用预埋件宜采用内埋式螺母、内埋式吊杆等，且应符合国家现行相关标准的规定。当采用吊钩时，应采用未经冷加工的HPB300级钢筋或Q235圆钢制作。

（5）钢筋、钢丝和预埋件钢材应有出厂质量证明书和进厂试验报告单，并严格按钢号、规格存放，不得混淆，同时应防止污染和腐蚀。

（6）预制楼梯与支承构件之间宜采用简支连接。采用简支连接时，应符合下列规定：

1）预制楼梯宜一端设置固定铰，另一端设置滑动铰，其转动及滑动变形能力应满足结构层间位移的要求，且端部在支承构件上应有一定的搁置长度。

2）预制楼梯设置滑动铰的端部应采取防止滑落的构造措施。

3）滑动铰应从构造及材料上保证其滑动性能。

（7）钢筋保护层厚度应满足现行国家标准GB 50010的有关要求，并不应小于15mm。

（8）预制楼梯宜设置双层双向钢筋。

4.3.2　预制楼梯的拆分依据

预制楼梯的拆分应根据实际工程及构件加工厂的模具模数来进行选择，应尽量选择符合国标模数的标准化楼梯，便于生产线的生产，节约成本。本书以图集《预制钢筋混凝土板式楼梯》15G367-1为例，介绍预制楼梯的拆分选择。

1. 梯段板的选择

（1）双跑楼梯（图集中介绍了6套）

楼梯间净宽：2.4m、2.5m。

对应层高：2.8m、2.9m和3.0m。

梯井宽度：110mm、70mm。

双跑楼梯如图4-5所示。

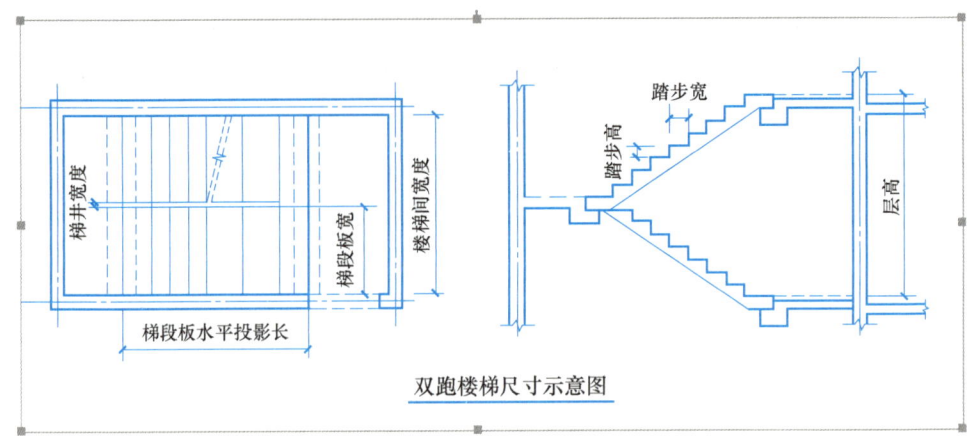

图 4-5　双跑楼梯示意图

（2）剪刀楼梯（图集中介绍了 6 套）

楼梯间净宽：2.5m、2.6m。

对应层高：2.8m、2.9m 和 3.0m。

梯井宽度：140mm。

剪刀楼梯如图 4-6 所示。

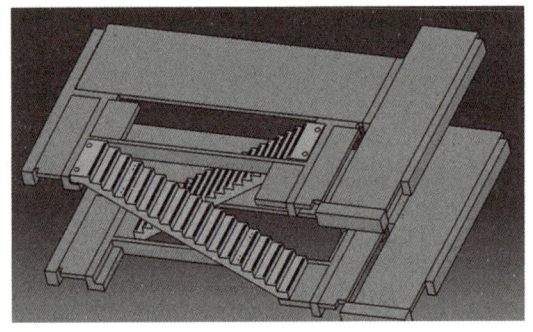

图 4-6　剪刀楼梯示意图

在进行设计时可以根据《预制钢筋混凝土板式楼梯》15G367-1 提供的楼梯选型进行选择，见表 4-1。

楼梯选型表　　　　　　　　　　　　　　　　　　　　表 4-1

楼梯样式	层高 (m)	楼梯间宽度 (净宽 mm)	梯井宽度 (mm)	梯段板水平投影长 (m)	梯段板宽 (mm)	踏步高 (mm)	踏步宽 (mm)	钢筋重量 (kg)	混凝土方量 (m³)	梯段板重 (t)	梯段板型号	构件所在图集页号
双跑楼梯	2.8	2400	110	2620	1125	175	260	72.18	0.6524	1.61	ST-28-24	8～10、26、27
		2500	70	2620	1195	175	260	73.32	0.6931	1.72	ST-28-25	11～13、26、27
	2.9	2400	110	2880	1125	161.1	260	74.15	0.724	1.81	ST-29-24	14～16、26、27
		2500	70	2880	1195	161.1	260	75.29	0.7688	1.92	ST-29-25	17～19、26、27
	3.0	2400	110	2880	1125	166.6	260	74.83	0.7352	1.84	ST-30-24	20～22、26、27
		2500	70	2880	1195	166.6	260	75.97	0.7807	1.95	ST-30-25	23～26、26、27

续表

楼梯样式	层高(m)	楼梯间宽度(净宽mm)	梯井宽度(mm)	梯段板水平投影长(m)	梯段板宽(mm)	踏步高(mm)	踏步宽(mm)	钢筋重量(kg)	混凝土方量(m³)	梯段板重(t)	梯段板型号	构件所在图集页号
剪刀楼梯	2.8	2500	140	4900	1160	175	260	194.35	1.736	4.34	JT-28-25	28～30、46、47
		2600	140	4900	1210	175	260	193.77	1.813	4.5	JT-28-26	31～33、46、47
	2.9	2500	140	5160	1160	170.6	260	206.67	1.856	4.64	JT-29-25	34～36、46、47
		2600	140	5160	1210	170.6	260	208.51	1.930	4.83	JT-29-26	37～39、46、47
	3.0	2500	140	5420	1160	166.7	260	213.26	1.993	4.98	JT-30-25	40～42、46、47
		2600	140	5420	1210	166.7	260	215.20	2.078	5.20	JT-30-26	43～45、46、47

4.4 预制楼梯的深化设计图绘制

预制楼梯的深化设计图，包括安装图、模板图、配筋图以及节点详图四部分，其中安装图表示楼梯安装所需信息，模板图表示模板制作所需信息，配筋图表示梯段板配筋及钢筋排布信息，节点详图分为双跑楼梯节点详图以及剪刀楼梯节点详图。

1. 安装图需要表达的内容

（1）梯段板的平面位置、竖向位置和梯段编号。

（2）楼梯间尺寸、标高，梯段板（包括踏步信息）尺寸及梯板厚度。

（3）梯段板与梯梁连接节点索引。

（4）相关注意事项。

楼梯安装示意图如图 4-7 所示。

2. 模板图需要表达的内容

（1）预制梯段板的平面图、立面图、剖面图及详细尺寸。

（2）预埋件定位及索引号。

（3）预留孔洞尺寸和定位。

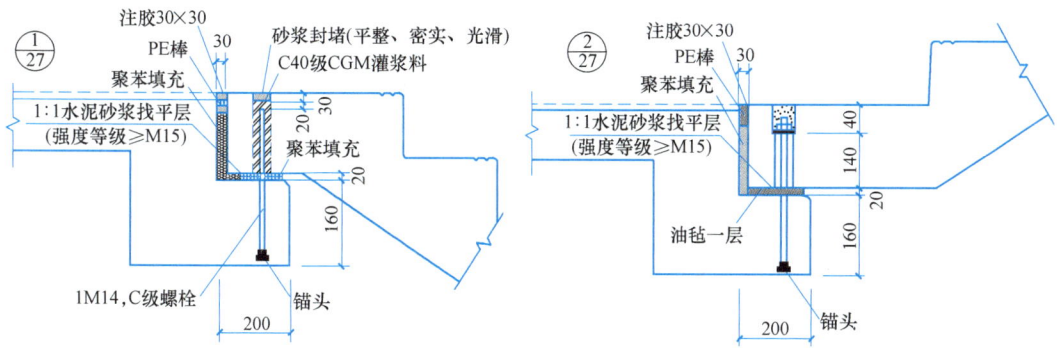

图 4-7 楼梯安装示意图（一）

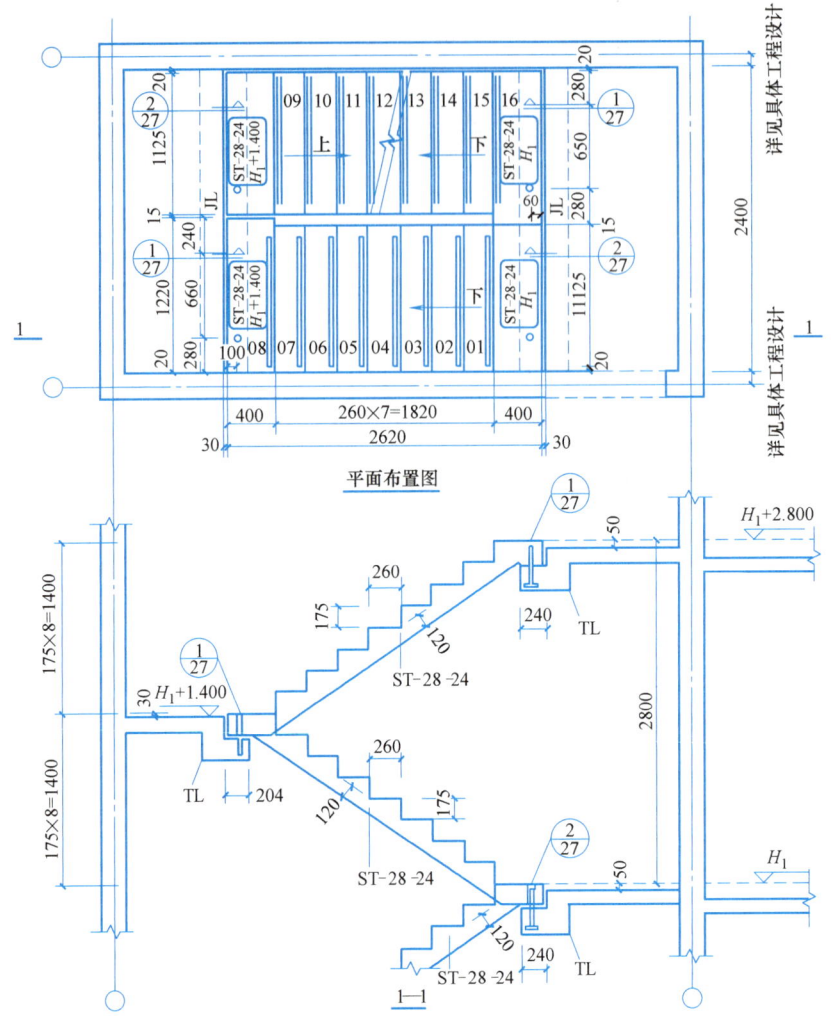

平面布置图

1—1

注：
1. 梯梁截面高度应满足建筑梯段的净高要求(避免碰头)。
2. 本图仅适用于标准层。
3. H_1表示楼层标高;TL详见具体工程设计。

图 4-7　楼梯安装示意图（二）

（4）其他相关注意事项。

楼梯模板图参见图 4-8。

3. 配筋图需要表达的内容

（1）预制梯段板钢筋（包含加强筋）的编号、名称、规格、数量、形状、尺寸、重量等信息。

（2）预制梯段板钢筋（包含加强筋）的排布信息。

楼梯配筋图参见图 4-8（见书后）。

4. 节点详图需要表达的内容

节点详图需要表达的内容包括：防滑槽做法详图，销键洞口加筋做法，梯段上下安装节点，各埋件大样，梯段与梯梁间的空隙处理等信息。楼梯节点详图参见图 4-8 所示（见书后）。

在建筑产业化工程项目中，楼梯是最容易实施标准化的预制构件。建筑设计阶段，在可能的情况下，尽量采用图集中的标准楼梯。图集《预制钢筋混凝土板式楼梯》15G367-1 中，预制梯段板的踏面宽度（260mm）和踢面高度（161.1mm、166.6mm、170.6mm、175mm）满足《民用建筑设计统一标准》GB 50352—2019 楼梯踏步尺寸（对公共建筑楼梯应根据相应规范另行设计）要求。

预制楼梯选用示例：

下面以 2800mm 层高、2500mm 净宽的剪刀梯为例，说明预制楼梯选用方法。

已知条件：

1. 剪刀楼梯，建筑层高 2800mm，楼梯净宽 2500mm，建筑、结构各项参数及荷载使用等均要求满足图集规定。

2. 楼梯建筑面层厚度：入户处为 50mm。

选用结果：查表 4-1（楼梯选型表），选用梯段板编号为 JT-28-25 的预制剪刀楼梯，则各项参数符合图集《预制钢筋混凝土板式楼梯》15G367-1 中的楼梯模板及配筋参数。

4.5　预制楼梯 BOM 报表的编制

预制楼梯 BOM 报表是统计预制楼梯所用物料的统计清单，是指导构件加工厂加工构件的重要依据，可以通过相关拆分软件进行统计，或者人工统计的方法进行编制。本书主要介绍通过 BeePC 软件编制 BOM 报表的方法，人工统计时可以参照此 BOM 报表的内容进行编制。

4.6　工程实例操作

提示： 下面通过工程实例中的一部预制楼梯（即附录 1 教材配套图纸中三层预制构件平面布置图中 A～B 轴交 1～1-1 轴区块的 1 号楼梯的 PCLT1（标高为 8.350～9.850））操作的全过程，使设计人员能够快速了解 BeePC 软件中预制楼梯建模及深化设计出图的操作流程，从而具备正确使用 BeePC 软件进行楼梯深化图设计的基本能力。

4-1
工程实例
简要介绍

1. 楼梯布置

（1）点击"BeePC 深化"选项卡中的"楼梯布置"按钮，如图 4-9 所示。

（2）弹出"楼梯布置"对话框，对话框中包含三项内容，从左至右依次为楼梯名称、参数设置、构件视口区，如图 4-10 所示。

4-2
预制楼梯
界面介绍
及类型
选择

图 4-9　"楼梯布置"按钮

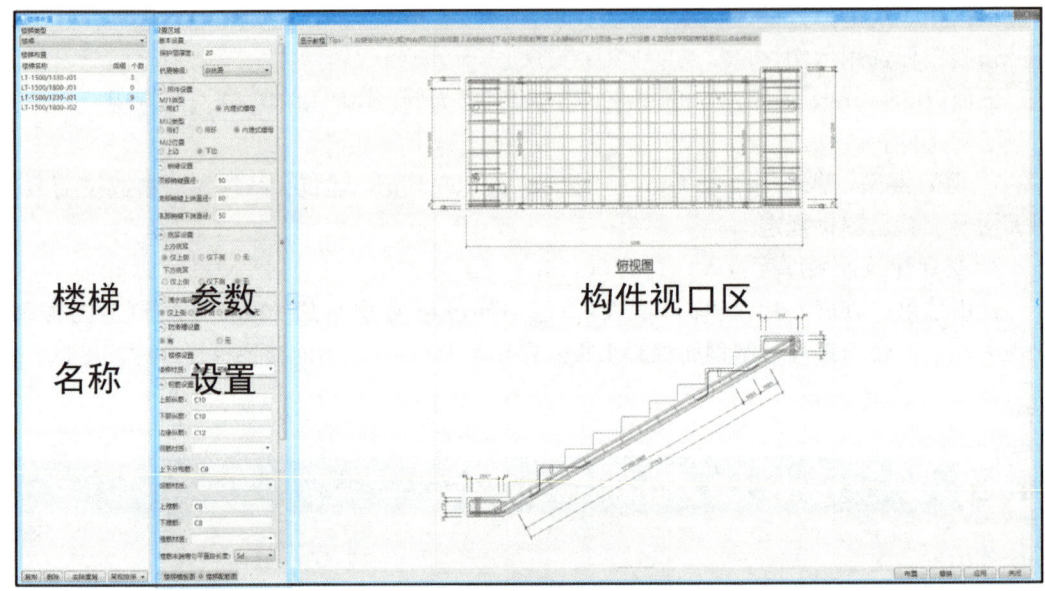

图 4-10　"楼梯布置"对话框

提示： 楼梯名称根据图集《预制钢筋混凝土板式楼梯》15G367-1 中的命名规则进行命名。

（3）设置楼梯基本参数

在参数设置区输入保护层厚度为"20"，在抗震等级下拉菜单中选取"非抗震"，如图 4-11 所示。

4-3
预制楼梯
工程环境
及基本尺
寸的设置

（4）编辑楼梯外部轮廓尺寸

点选参数设置区底部的"楼梯模板图"，如图 4-12 所示。

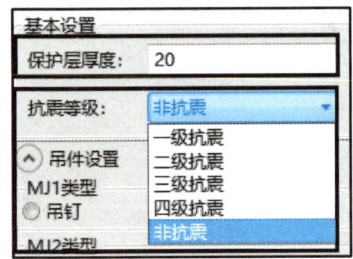

图 4-11　设置楼梯参数

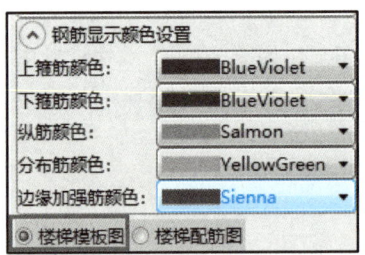

图 4-12　"楼梯模板图"按钮

在构件视口区的"俯视图"中修改楼梯梯段宽度为"1230"，高、低端平台宽度均为"400"，如图 4-13 所示。

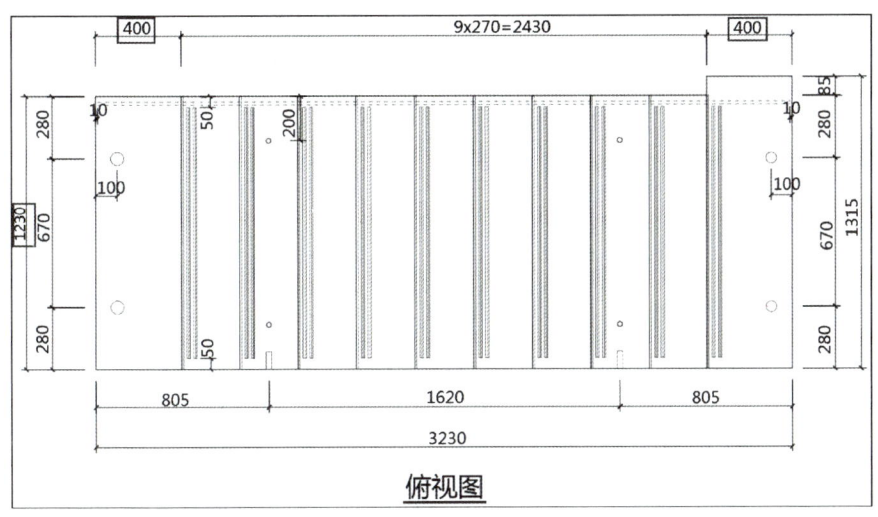

图 4-13　设置梯段和平台尺寸

在构件视口区的"正视图"中，修改楼梯踏步数为"10"，踏步宽度为"270"，踏步总高输入"1500"，高、低端平台高度均为"180"，楼梯厚度为"130"，如图 4-14 所示。

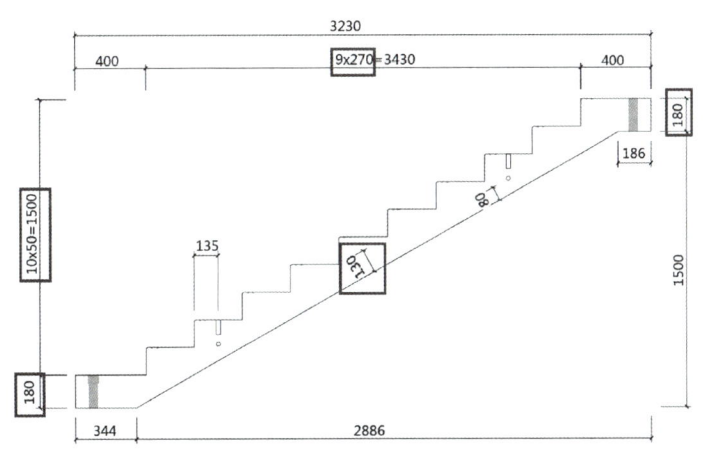

正视图

图 4-14　设置楼梯踏步尺寸

提示： 正视图中左侧踏步高度"150"是根据输入的踏步数及总高由软件计算得出，为不可修改项。

（5）设置吊件

在参数设置区点选 MJ1 类型为"内埋式螺母"，如图 4-15 所示；点选 MJ2 类型为"内埋式螺母"，设置 MJ2 位置为"下边"，如图 4-16 所示。

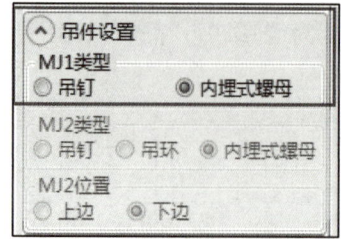

图 4-15　吊件 MJ1 类型设置

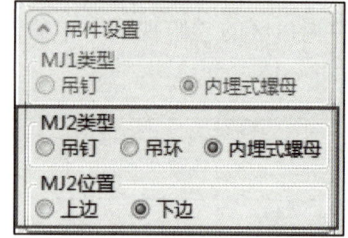

图 4-16　吊件 MJ2 类型设置

　　点选参数设置底部的"楼梯模板图"，在构件视口区的"俯视图"中，修改 MJ1 距离板上、下侧值均为"200"，如图 4-17 所示；在构件视口区的"正视图"中，设置 MJ2 距离梯板边距离为"80"，如图 4-18 所示。

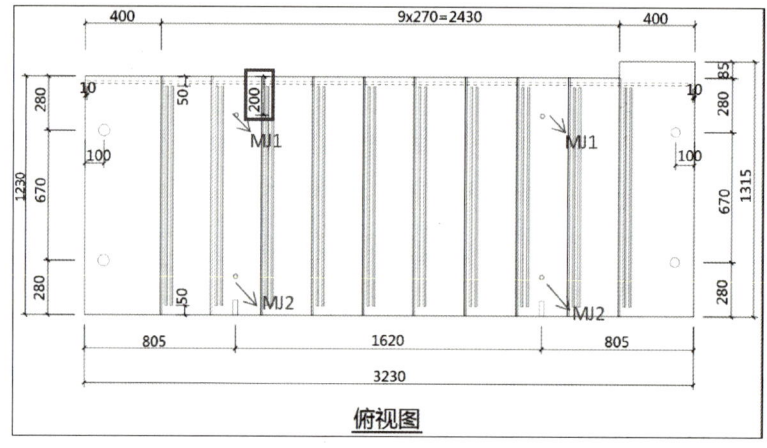

图 4-17　设置吊件 MJ1 位置

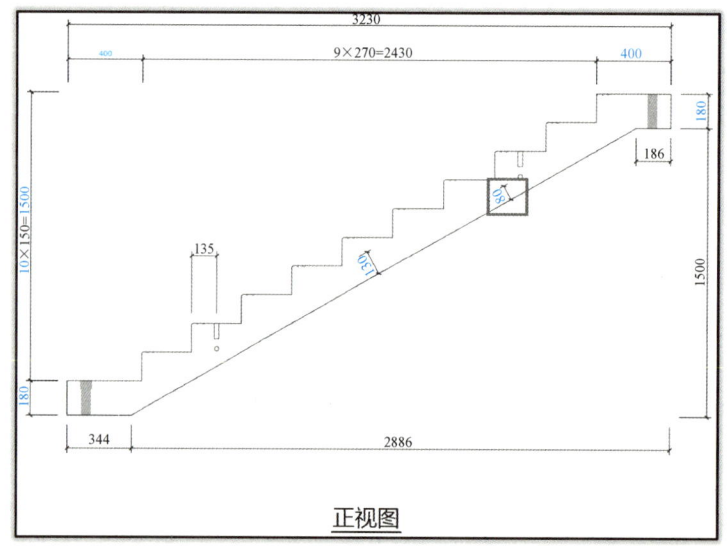

图 4-18　设置吊件 MJ2 位置

（6）设置销键

在参数设置区的销键设置中，输入顶部销键直径为"50"，底部销键上端直径为"60"，底部销键下端直径为"50"，如图 4-19 所示。

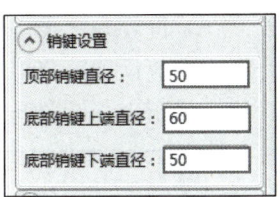

图 4-19　设置销键参数

在构件视口区的"俯视图"中修改高、低端销键预留洞距板上侧、下侧值均为"280"，如图 4-20 所示。

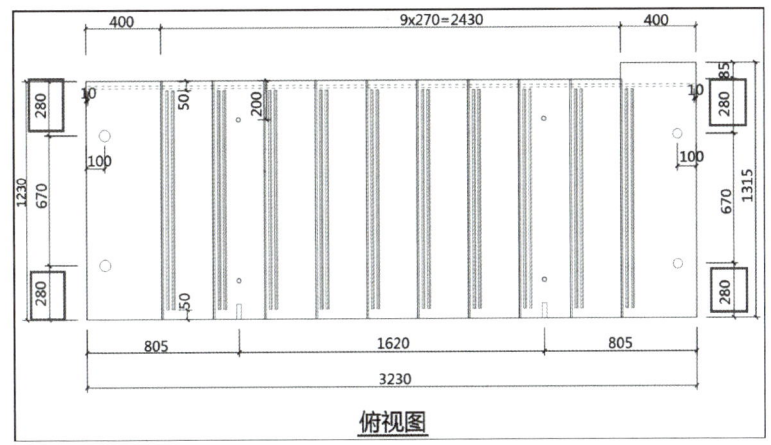

图 4-20　设置销键位置

提示： 销键参数一般可不做修改，用软件默认值即可。

（7）设置挑耳

在参数设置区的挑耳设置中，选取上方挑耳为"仅上侧"，下方挑耳为"无"，在构件视口区的"俯视图"中修改挑向梯井侧宽度为"85"，如图 4-21 所示。

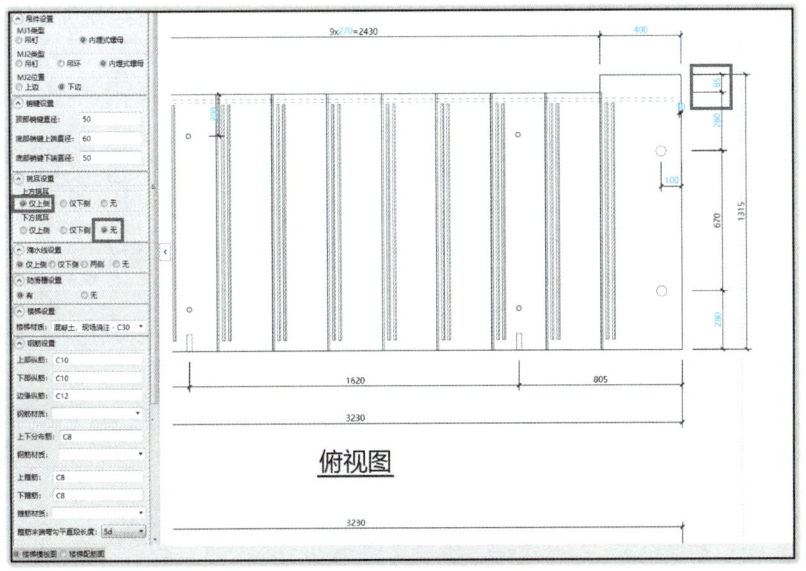

图 4-21　设置挑耳

（8）设置滴水线

在参数设置区的滴水线设置中，选取为"仅上侧"；在构件视口区的"俯视图"中修改滴水线距高、低端混凝土边值为"10"，如图4-22所示。

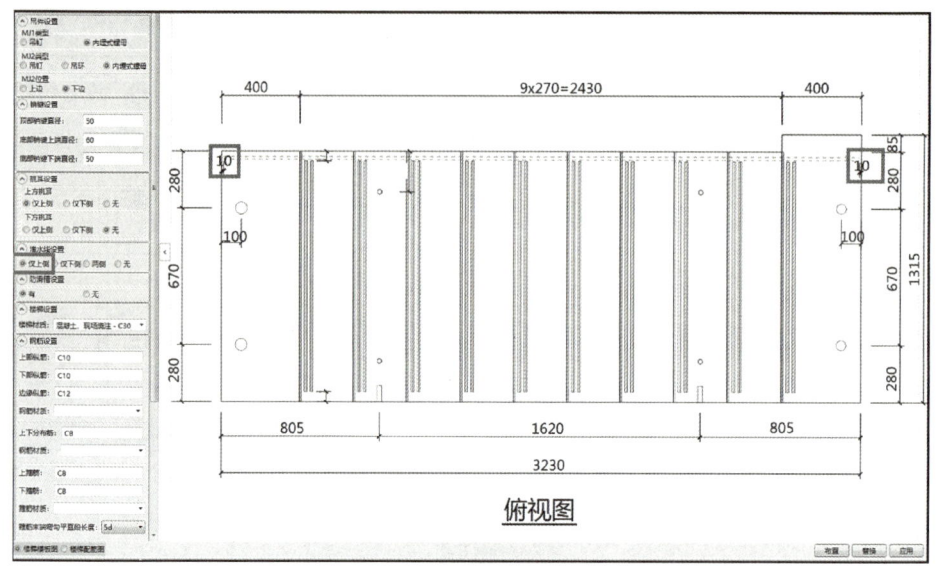

图4-22　设置滴水线

4-4
预制楼梯
细部设置

（9）设置防滑槽

在参数设置区的防滑槽设置中，选取为"有"，在构件视口区的"俯视图"中修改防滑槽距梯边上侧、下侧值均为"50"，如图4-23所示。

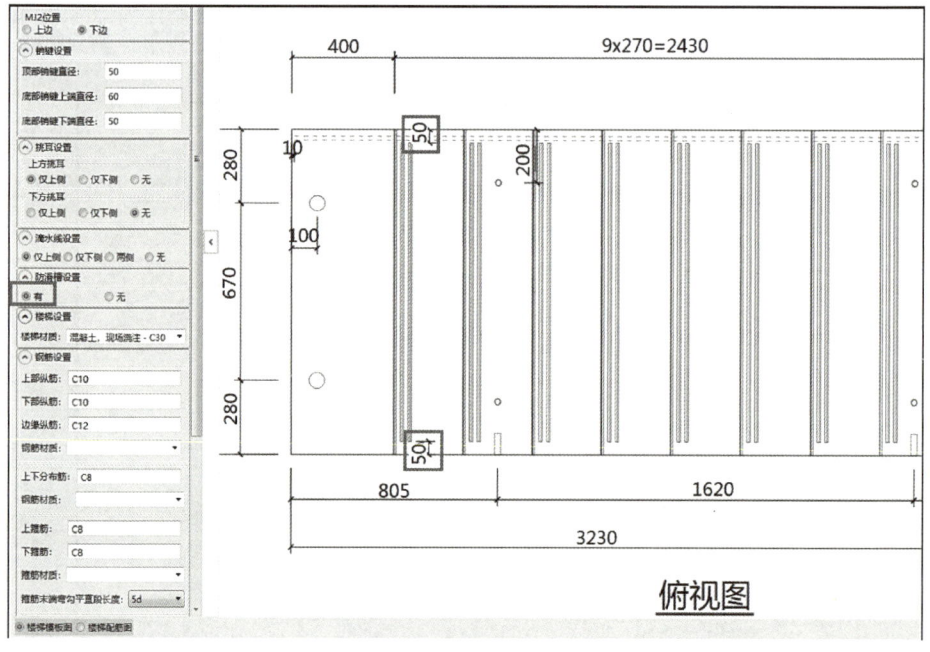

图4-23　设置防滑槽

提示： 一般情况下双跑楼梯应设置滴水线，剪刀梯不需设置滴水线。

（10）设置楼梯钢筋

在参数设置区的钢筋设置中，修改上部纵筋及下部纵筋均为"C10"，边缘纵筋为"C12"，修改上下分布筋为"C8"，如图 4-24 所示；修改上箍筋及下箍筋均为"C8"，设置箍筋末端弯钩平直段长度为 $5d$，如图 4-25 所示；修改销键加强筋为"C10"，吊点弯折加强筋及吊点水平加强筋均为"C8"，边缘加强筋为"C14"，如图 4-26 所示。

点选参数设置区底部的"楼梯配筋图"，如图 4-27 所示。

4-5
预制楼梯
配筋设置

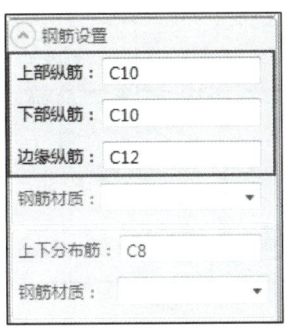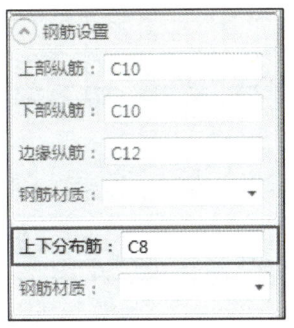

图 4-24　纵筋与分布筋设置

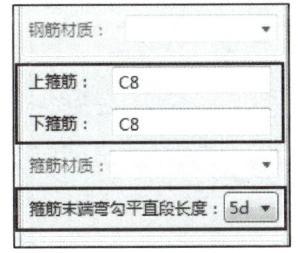

图 4-25　箍筋设置

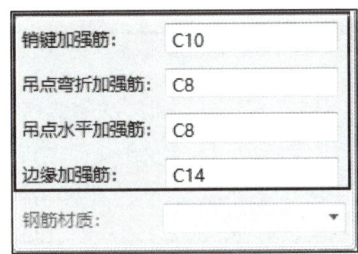

图 4-26　加强筋设置

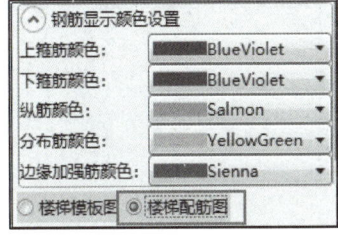

图 4-27　"楼梯配筋图"按钮

在构件视口区的"俯视图"中将高、低端第一根箍筋距边均设置为"25"，高、低端箍筋间距均设置为"150"，将上部纵筋间距及下部纵筋间距均设置为"125"，设置销键加强筋转弯半径为"50"，销键加强筋平直段长度设置为"270"，如图 4-28 所示；在构件视口区的"正视图"中将上下分布筋间距设置为"200"，如图 4-29 所示。

提示： 1. 因预制楼梯钢筋种类较多，可以在参数设置区域对钢筋显示颜色进行设置，有助于在楼梯配筋图中区别各类钢筋，参见图 4-28。

2. 构件视口区蓝色数字均为可修改项，黑色数字为软件自动计算值，不可更改。

（11）楼梯布置

点击构件视口区右下角的"布置"按钮，如图 4-30 所示，将预制楼梯布置到相应的位置。

4-6
预制楼
梯布置

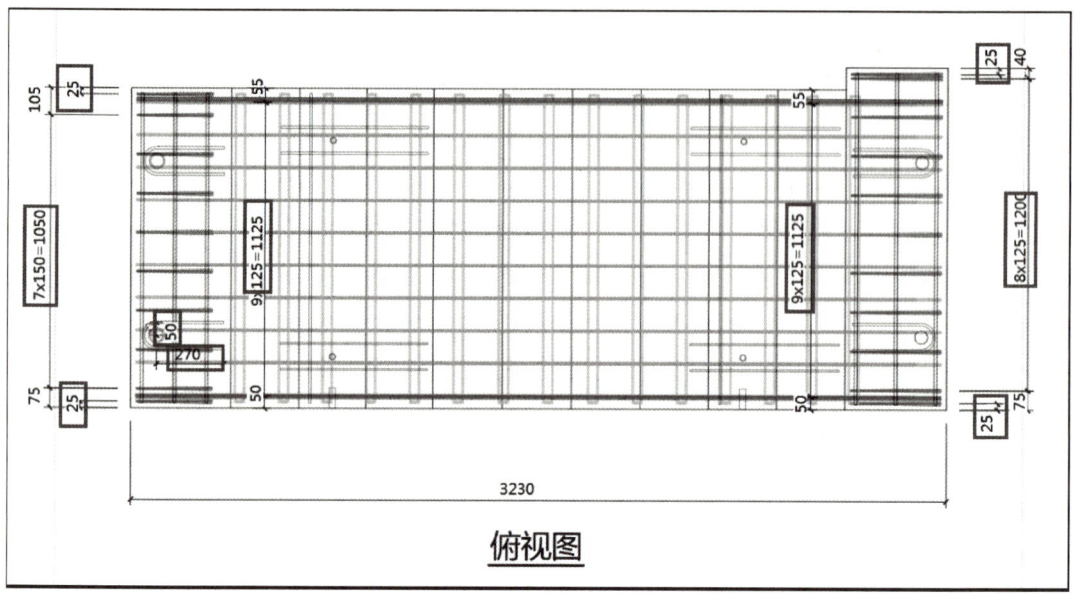

图 4-28　设置箍筋、纵筋间距

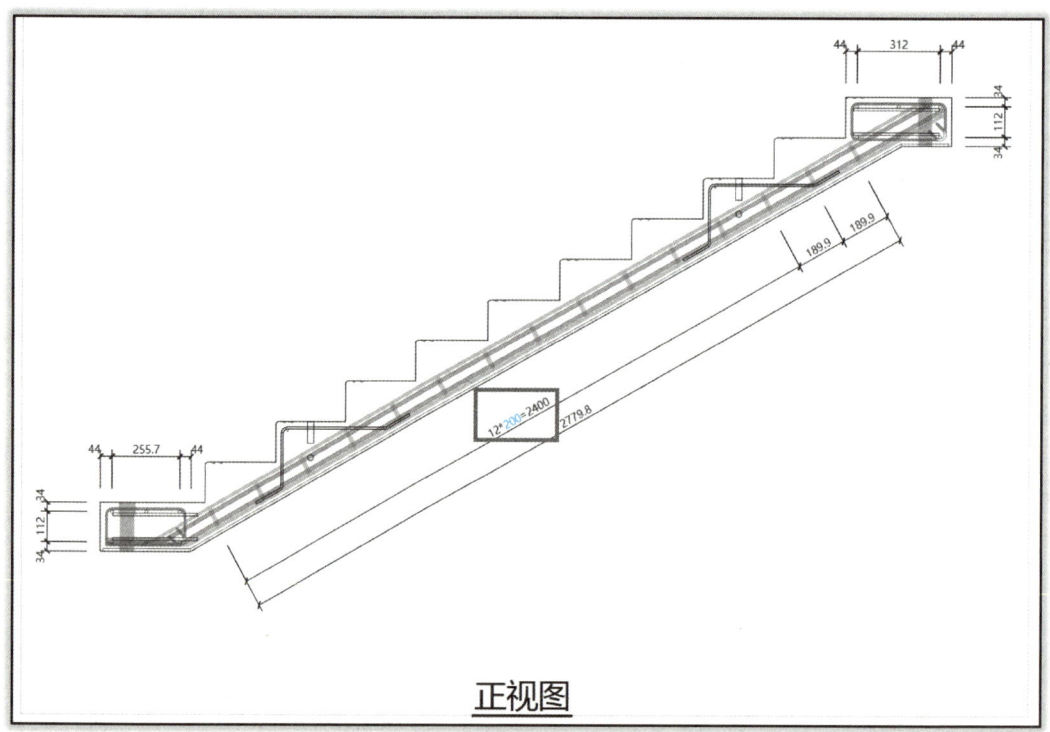

图 4-29　设置分布筋间距

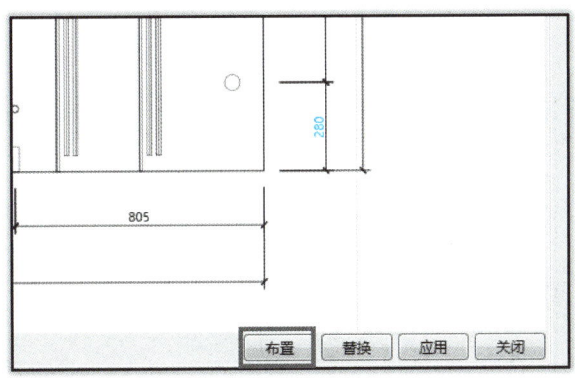

图 4-30 楼梯布置

提示：1. 构件布置完成后，布置界面会生成各楼梯类型的名称，并可以进行"复制""删除""去除重复""常规排序"等操作。

2. 如需要修改该预制楼梯参数，可以在 Revit 平面中双击所布置的楼梯，进入楼梯布置模式，点击"替换"或"应用"。

3. 替换和应用的区别在于后者在更改完楼梯的参数后不需要再到 Revit 平面图中去点选楼梯，而替换需要。

2. 附属构件布置

4-7
预制楼梯
附属构件
的布置

（1）点击"BeePC 深化"选项卡中的"楼梯预埋"按钮，如图 4-31 所示。

（2）点击"进入画布模式"，选中需布置附属构件的预制楼梯，进行附属构件的布置，如图 4-32、图 4-33 所示。

（3）因该楼梯选用 15J403-1，E22 中 M8 型号的预埋件，默认列表中无 M8 型号；因此先选择"M7"顶面预埋件，点击复制命令，将名称修改为"M8"，如图 4-34 所示。

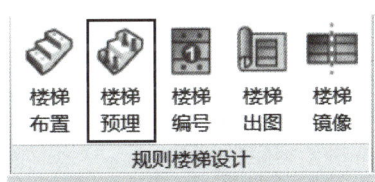

图 4-31 "楼梯预埋"按钮

（4）点击"确定"命令后，右侧出现新增的型号"M8"的顶面预埋件，选中 M8，修改类型参数，$a=270$（为通长即踏步宽度），$b=90$，$c=20$，$d=100$，$t=6$，$A=8$，如图 4-35 所示。

（5）点击"布置"按钮，将鼠标移动到构件视口区进行布置，选中预埋件，修改栏杆预埋件距边分别为"135""50"，按此操作将每一步台阶上均布置栏杆预埋件，如图 4-36 所示。

提示：1. 软件提供的附属构件除本工程案例选取的顶面预埋件外，还包含侧面预埋件、预留洞口，根据工程实际需要自行选择即可。

2. 选中的预埋件可以进行复制、删除、重命名。

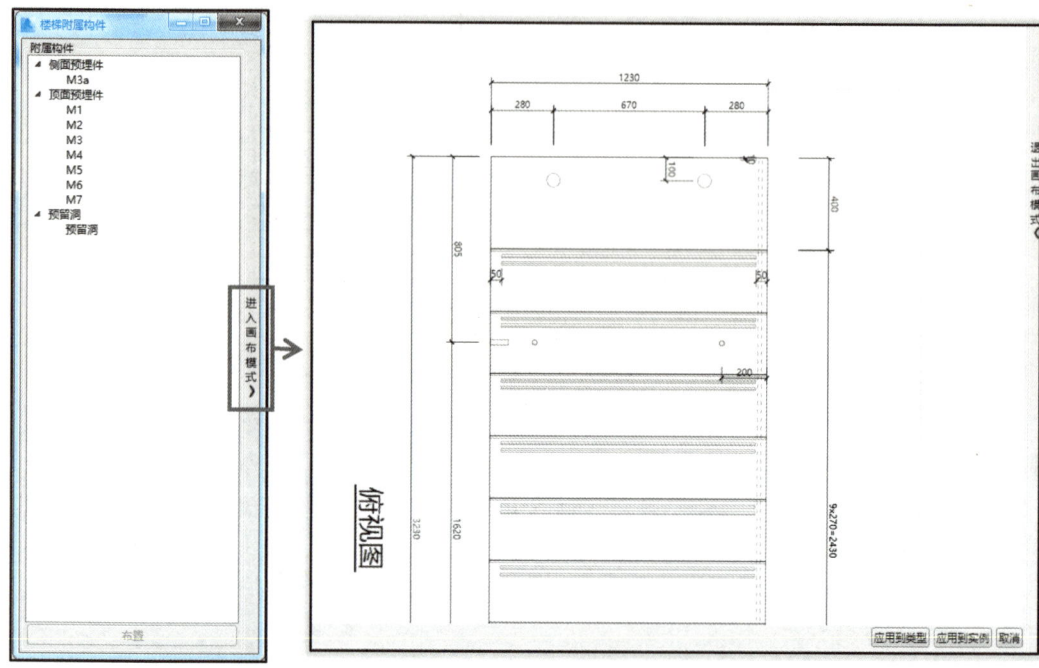

图 4-32　附属构件设置　　　　　图 4-33　画布模式

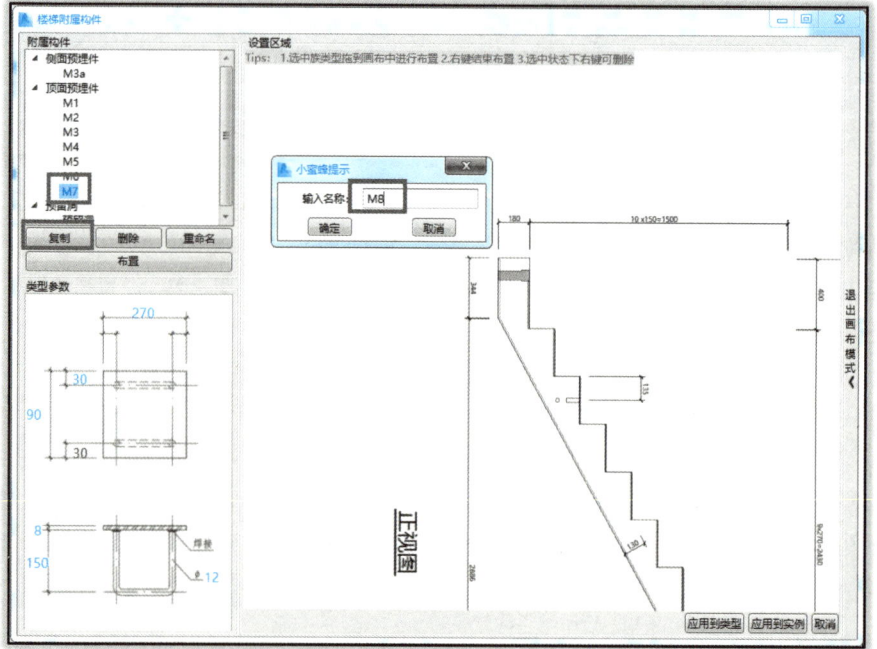

图 4-34　修改埋件类型

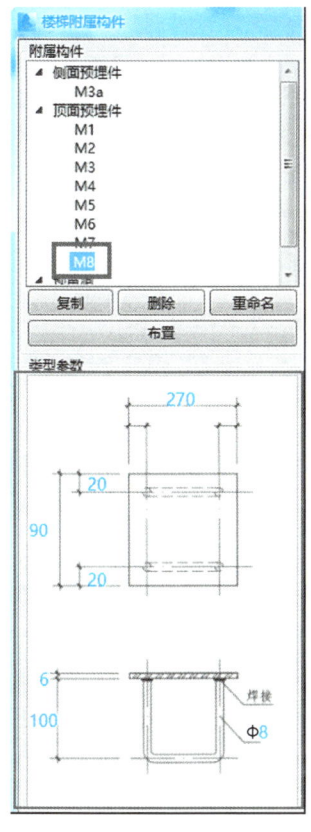

图 4-35　设置埋件参数

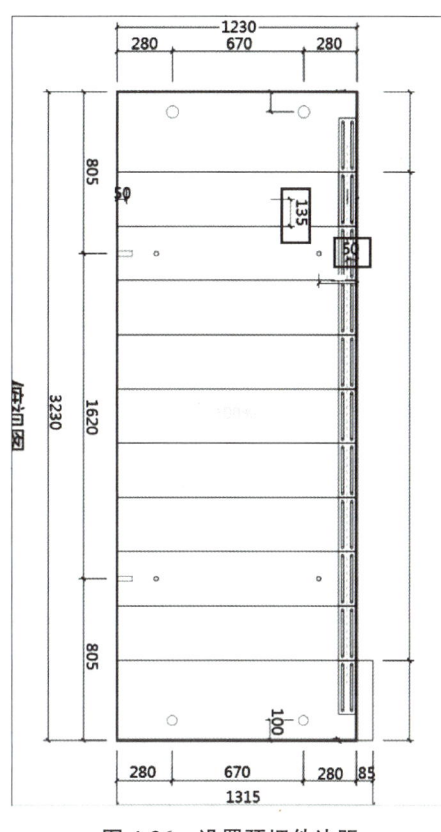

图 4-36　设置预埋件边距

3. 预制楼梯编号

按上述同样的方法将附图中的其余预制楼梯均布置完成后，按层分别进行预制楼梯的编号。

（1）点取 BeePC 深化选项卡中的"楼梯编号"按钮，如图 4-37 所示。

（2）进入"楼梯一键编号简"对话框，对编号顺序及标记样式进行选择，本工程实例选择如图 4-38 所示。

图 4-37　"楼梯编号"按钮

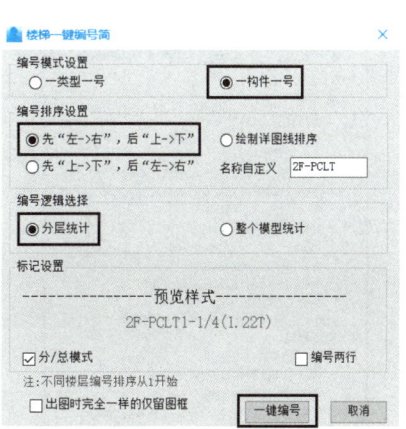

图 4-38　一键编号

4-8
预制楼梯
编号及生
成BOM报表

（3）点击右下角"一键编号"按钮，楼梯编号完成。

> **提示：** 楼梯编号是按层进行，故在编号前应先确定已将本层所有的预制楼梯都准确布置，并且在"名称自定义"中建议输入带层号的前缀，如 3F-PCLT、4F-PCLT，若在编号后对预制楼梯有修改，则应再次进行编号。

4. 规则清单（BOM 报表）

BeePC 软件提供规则清单功能，预制楼梯的规则清单操作如下：

（1）点取 BeePC 深化选项卡下的"规则清单"按钮，如图 4-39 所示。

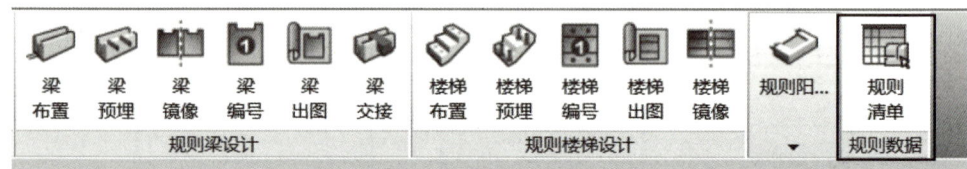

图 4-39　"规则清单"按钮

（2）进入规则清单，左侧为报表名称，右侧为对应的一览表，如图 4-40 所示。

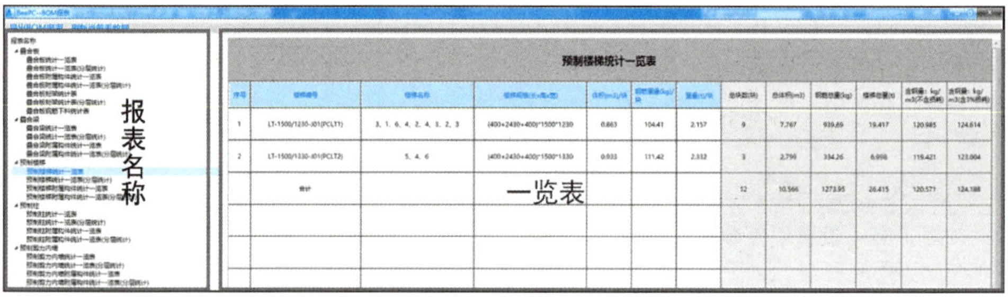

图 4-40　规则清单

（3）软件提供 4 类关于预制楼梯的 BOM 清单，如图 4-41 所示，根据工程需要选择其中一项，则右边视口会跳出相应数据。

（4）根据需要可导出 BOM 报表，软件支持将生成的 BOM 报表导出 Excel、导出对应视图，如图 4-42 所示。

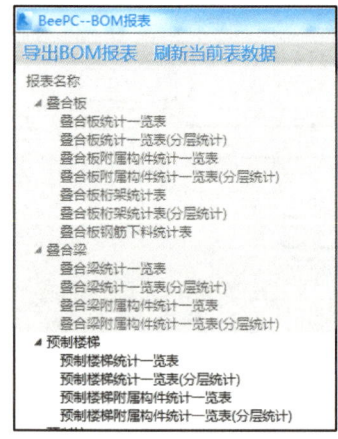

图 4-41　BOM 报表清单选项

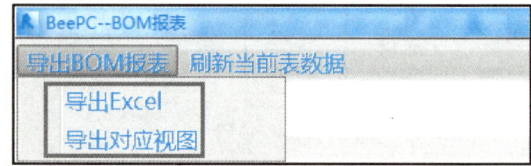

图 4-42　BOM 报表导出类型选项

5. 楼梯出图

（1）点取 BeePC 深化选项卡中的"楼梯出图"按钮，如图 4-43 所示。

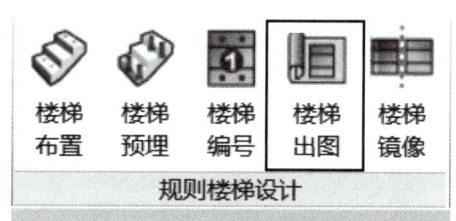

4-9
预制楼
梯出图

图 4-43　"楼梯出图"按钮

（2）进入"楼梯一键出图"对话框，对图框名称、图框尺寸、出图比例、标注文字、字体等内容进行点选，对出图布局、明细表等内容可以进行编辑，本例选择如图 4-44 所示。

（3）点击"选楼梯出图"，选中所有的预制楼梯，点击完成按钮，如图 4-45 所示，则楼梯出图完成，生成的图纸在项目浏览器中的图纸中可查看。

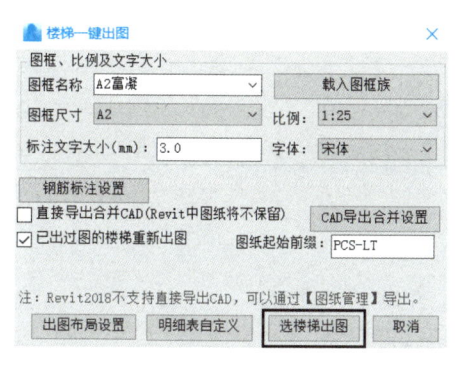

图 4-44　出图设置

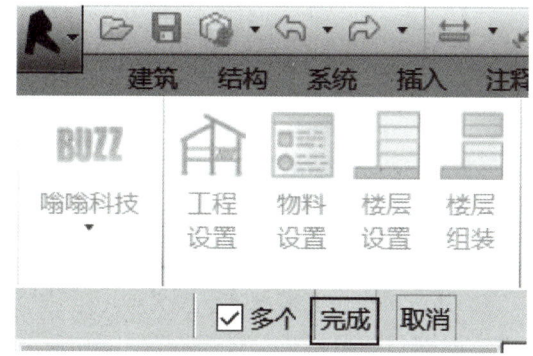

图 4-45　出图完成按钮

> **提示：** 选楼梯出图时，建议切换至三维视图进行框选，以便将整个模型中的预制楼梯全部选中进行出图。

小结

本任务主要从预制楼梯的基础知识、预制楼梯的深化详图识图、预制楼梯的拆分设计、预制楼梯的深化加工图绘制、预制楼梯规则清单的编制等方面详细介绍了预制楼梯深化加工图纸的绘制方法，让读者在了解预制楼梯深化设计相关知识的基础上，能够更加快速、准确地绘制出合格的预制楼梯深化加工图纸。

本任务结合工程实例，简单介绍了一部预制楼梯的布置流程及在布置过程中的注意事项，读者根据上述流程自行完成附图中三～六层其他预制楼梯的布置，再统一编号，最后统一出图即完成预制楼梯的布置。三层 1 号楼梯布置后的效果如图 4-46 所示。

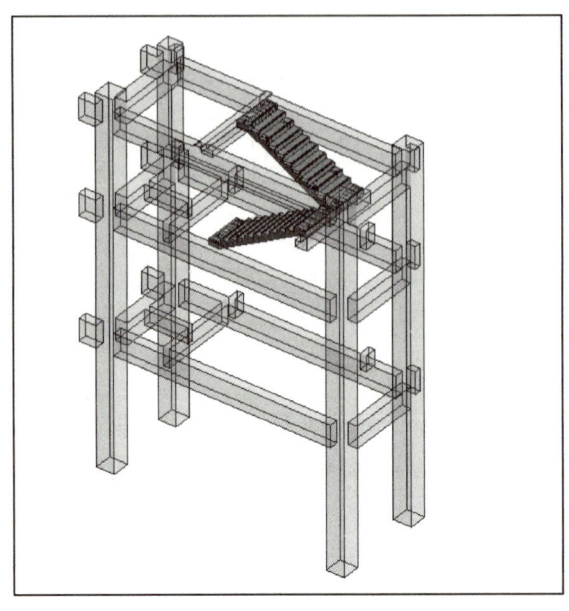

图 4-46　三层 1 号楼梯布置效果图

习　题

1. 选择题

（1）钢筋混凝土楼梯按施工方式可分为（　　）两类。

A. 现浇式和预制装配式　　　　　　　　B. 双跑式和单跑式

C. 双跑式和剪刀式　　　　　　　　　　D. 板式和梁式

（2）预制装配式钢筋混凝土楼梯将楼梯分成（　　）三个部分。

A. 平台板、平台梁、踏步板　　　　　　B. 休息平台、梯段、踏步

C. 平台梁、平台板、梯段板　　　　　　D. 休息板、楼梯梁、楼梯段

（3）板式楼梯其梯段板有效断面厚度可按（　　）估算。

A. $L/20 \sim L/10$　　　　　　　　　　　B. $L/30 \sim L/15$

C. $L/30 \sim L/20$　　　　　　　　　　　D. $L/35 \sim L/30$

（4）预制楼梯吊装用预埋件宜采用（　　）等。

A. 预埋钢板、植入螺栓　　　　　　　　B. 预埋钢筋、预埋螺杆

C. 内埋式螺母、内埋式吊杆　　　　　　D. 预埋吊环、预埋螺栓

（5）预制混凝土楼梯与支承构件之间宜采用（　　）。

A. 简支连接　　　　　　　　　　　　　B. 刚性连接

C. 固定端连接　　　　　　　　　　　　D. 焊接连接

（6）预制混凝土楼梯宜一端设置（　　），另一端设置（　　），其转动及滑动变形能力应满足结构层间位移的要求。

A. 转动铰、滑动铰　　　　　　　　　　B. 固定铰、转动铰

C. 固定端、转动铰　　　　　　　　　D. 固定铰、滑动铰

（7）预制混凝土楼梯宜设置（　　　）钢筋。

A. 单层单向　　　　　　　　　　　　B. 单层双向

C. 双层单向　　　　　　　　　　　　D. 双层双向

（8）楼梯 YTL-A1226-3.0/C40，该楼梯梯段宽度是（　　　）。

A. 1000mm　　　　B. 1200mm　　　　C. 2600mm　　　　D. 3000mm

（9）预制楼梯的安装图是表示（　　　）所需信息。

A. 模板制作　　　B. 楼梯安装　　　C. 钢筋排布　　　D. 梯段板配筋

（10）在建筑产业化工程项目中，（　　　）是最容易实施标准化的预制构件。

A. 外挂墙板　　　B. 剪力墙板　　　C. 楼梯　　　D. 阳台

2. 简答题

（1）预制混凝土楼梯按梯段截面形式可分为哪些类型？

（2）楼段截面形式代号和标记形式是怎样的？

（3）YTB-B1225-2.5/C30 的意思是什么？

3. 工程实践训练

根据教材配套图纸（扫描附录中二维码下载），对该工程中的预制楼梯进行深化设计。

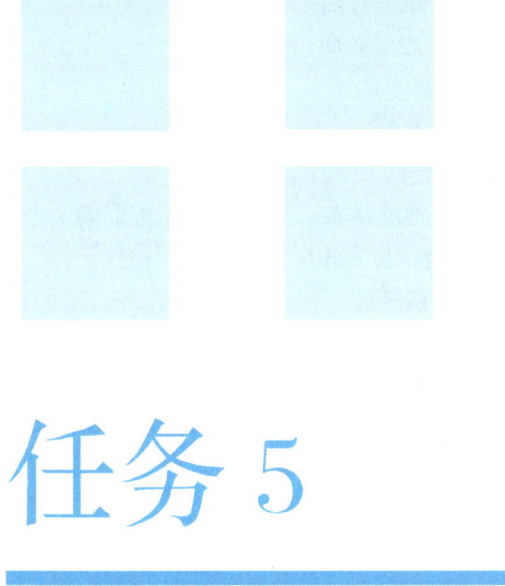

任务 5

预制柱的深化设计

【教学目标】

1. 知识目标

（1）掌握预制柱深化设计的基本知识；

（2）掌握预制柱深化设计施工图识读的相关知识。

2. 能力目标

（1）能够准确识读与正确理解预制柱深化设计加工图；

（2）能够对预制柱进行拆分，并能绘制深化设计加工图。

3. 素养目标

（1）对学生进行工程伦理教育，培养学生良好的职业道德；

（2）培养学生高度的社会责任感。

课程思政案例

5.1 预制柱概述

5.1.1 预制柱产生的背景

从预制柱的技术发展来看，我国在 20 世纪 60 年代至 90 年代，低成本、周期短的装配式建筑发展较快，普遍采用装配式钢筋混凝土结构单层厂房，对应有实腹式预制柱和格构式预制柱。进入 20 世纪 90 年代中后期，基本上由门式刚架钢结构及刚架柱代替。

21 世纪以来，绿色、快捷的装配整体式框架结构重新被关注，主要用于需要开敞大空间的厂房、仓库、商场、停车场、办公楼、教学楼、医务楼、商务楼等建筑，近年来也逐渐应用于居民住宅等民用建筑。装配整体式框架结构，即全部或部分的框架梁、柱采用预制构件和预制叠合板，现场拼装后浇筑叠合层或节点混凝土形成的混凝土结构，简称装配整体式框架结构。其结构传力路径明确，装配效率高，现浇湿作业少，是最适合进行预制装配化的结构形式之一。

5.1.2 预制柱的概念

1. 预制柱的定义

柱是工程结构中主要承受压力，有时也同时承受弯矩的竖向杆件，用以支承梁、桁架、楼板等。柱按截面形式分为方柱、圆柱、管柱、矩形柱、工字形柱、H 形柱、T 形柱、L 形柱、十字形柱、双肢柱、格构柱。预制柱是指预先按设计规定尺寸制作好模板，然后浇筑成型的混凝土柱。

装配整体式框架结构中，一般部位的框架柱采用预制柱，重要或关键部位的框架柱应现浇，如穿层柱、跃层柱、斜柱、高层框架结构中地下室部分及首层柱。

预制柱以工厂化生产，通过现场装配的方式，作为装配式建筑的主要预制承重构件，对保证结构的刚度和整体性具有关键作用。现阶段预制框架柱，通常是通过预埋于柱底内的钢筋灌浆套筒注入无收缩灌浆料拌合物，通过拌合物硬化形成整体并实现传力，使得上下层主筋对接连接，改善了其整体性和抗震性能。按照截面形式分为普通柱和带袖板柱（柱子两侧伸出的翼缘称为袖板，用于围成窗洞）。预制框架柱如图 5-1 所示。

2. 预制柱的优点

预制柱依据其解决的技术问题划分，主要有三大优点。

（1）提升施工效率。设置榫槽结构快速定位，钢骨架或内置钢结构伸出柱体以便采用螺栓连接等，能够更方便、快速地与相邻构件组装连接；其中借鉴现浇混凝土柱的钢筋布置，通过设连接钢筋和预留灌浆通道的方式提高连接强度，同时避免现场支模，施工更加方便快捷。灌浆套筒预制柱试验如图 5-2 所示。

（2）改善受力性能。通过用型钢代替柱体中的钢筋，使用高强混凝土替代普通混凝土，

(a)

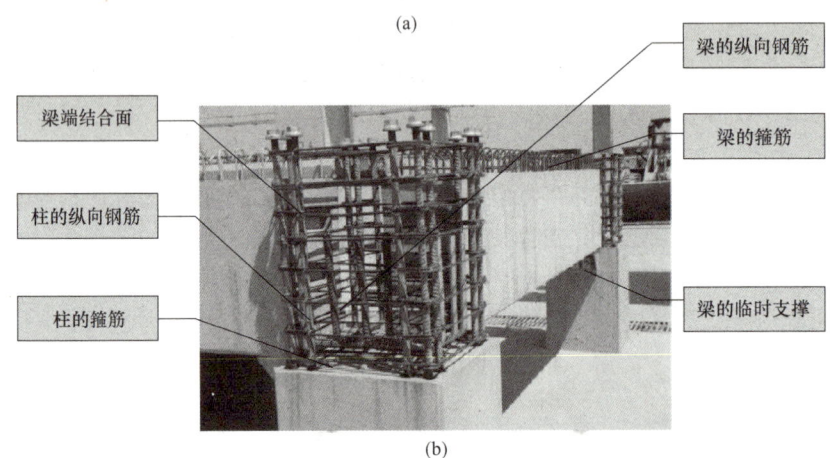

(b)

图 5-1　预制框架柱

（a）预制柱；（b）预制柱与预制梁的连接

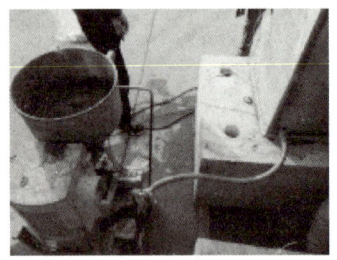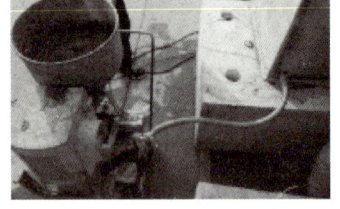

图 5-2　灌浆套筒预制柱试验

改变关键截面的形状以提高惯性矩，加强连接部位的强度等，在空间结构不变的情况下提高承载力或提高主体受力的整体性。

（3）提高经济效益。优化结构设计节约材料，采用成本更低或更环保的材料替代骨架材料等，在保证施工要求和受力安全的情况下，降低生产成本、安装成本或节约原材料等。

5.2 预制柱的深化详图识图

5.2.1 构造要求

1. 预制柱的构造要求

预制柱的设计除应符合现行国家标准《混凝土结构设计规范》GB 50010—2010（2015年版）、《建筑抗震设计规范》GB 50011—2010（2016年版）的要求，还应符合《装配式混凝土结构技术规程》JGJ 1—2014 中的规定。

（1）采用普通复合箍筋柱时，柱纵向受力钢筋可沿截面四周均匀布置，可集中于四角对称配置。柱纵向受力钢筋直径不宜小于 20mm，间距如大于国家规范的有关规定，可增设直径不小于 $s/10$（300 级钢筋），$s/15$（400、500 级钢筋）且不小于 12mm 的构造钢筋，其中 s 为箍筋间距。构造钢筋仅位于预制柱内，可不外伸于梁柱接头内，并在预制构件端部锚固。预制柱的纵筋分布如图 5-3 所示。

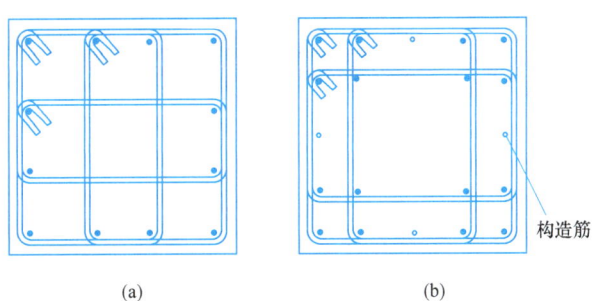

（a）　　　　　　　（b）

图 5-3　预制柱的纵向受力钢筋分布示意图

（a）纵向受力钢筋均匀布置；（b）纵向受力钢筋集中布置

（2）预制柱截面形状一般为正方形或矩形，矩形柱截面宽度或圆柱直径不宜小于 400mm，且不宜小于同向梁宽的 1.5 倍；预制柱四角集中配筋时，截面宽度通常取 600mm 以上。

（3）柱纵向受力钢筋在柱底采用灌浆套筒连接时，连接区域的钢筋保护层厚度不得小于 15mm，相邻套筒之间的净距不宜小于 25mm；柱箍筋加密区长度不应小于纵向受力钢筋连接区域长度或 500mm；套筒上端第一道箍筋距离套筒顶部不应大于 50mm。钢筋采用套筒灌浆连接时，柱底箍筋加密区域构造如图 5-4 所示。

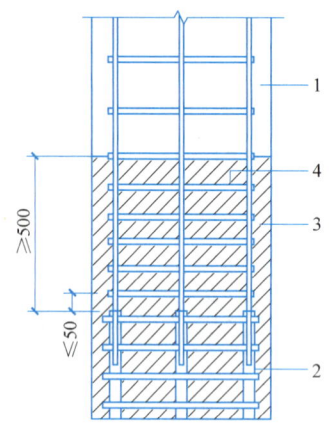

图 5-4　钢筋采用套筒灌浆连接时柱底箍筋加密区域构造示意图
1—预制柱；2—套筒灌浆连接接头；3—箍筋加密区（阴影区域）；4—加密区箍筋

2. 预制柱的纵向钢筋连接形式

预制混凝土结构的抗震性能取决于预制构件之间的连接方式，其连接的关键是受力钢筋的连接。在装配整体式框架结构中，预制柱的纵向钢筋连接应符合下列规定：①当房屋高度不大于 12m 或层数不超过 3 层时，可采用套筒灌浆、浆锚搭接连接方式（图 5-5）；②当房屋高度大于 12m 或层数超过 3 层时，宜采用套筒灌浆连接。

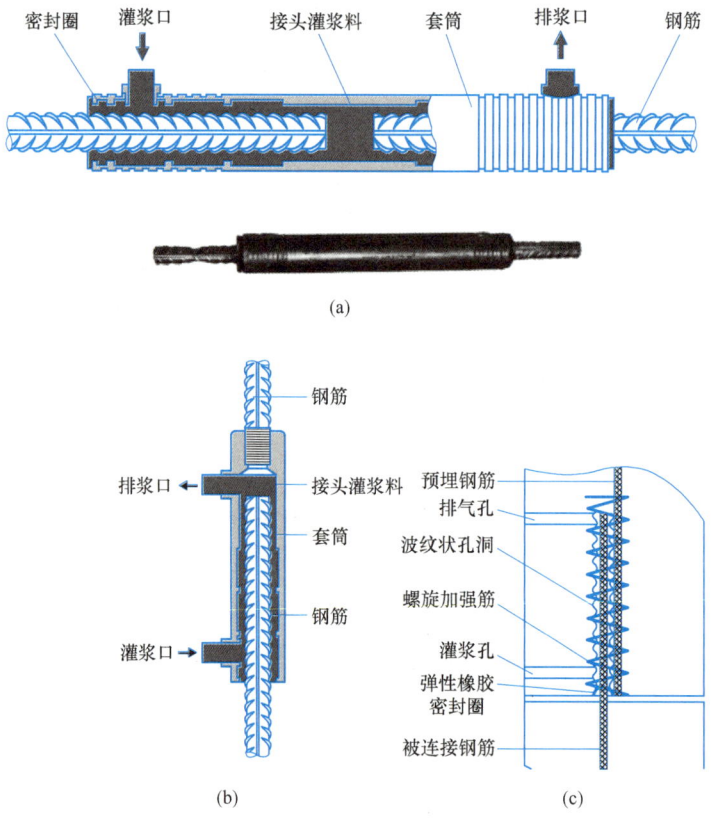

图 5-5　套筒灌浆连接、浆锚搭接
（a）全灌浆套筒连接纵剖切面；（b）半灌浆套筒连接纵剖切面；（c）约束浆锚搭接连接纵剖切面

装配整体式框架结构中，因为拉力对接缝抗剪不利，影响整体性，故预制柱水平接缝处不宜出现拉力，一般可通过合理的结构方案及高宽比控制。

3. 预制柱与预制柱、现浇柱连接形式

柱的截面在高度范围内宜相同，需要变截面时，应单侧收进；柱筋宜大直径、大间距，配筋统一；同截面变直径、不变根数，模具标准化；纵筋根据实际情况，尽量布置在四角。预制柱的连接如图 5-6～图 5-8 所示。

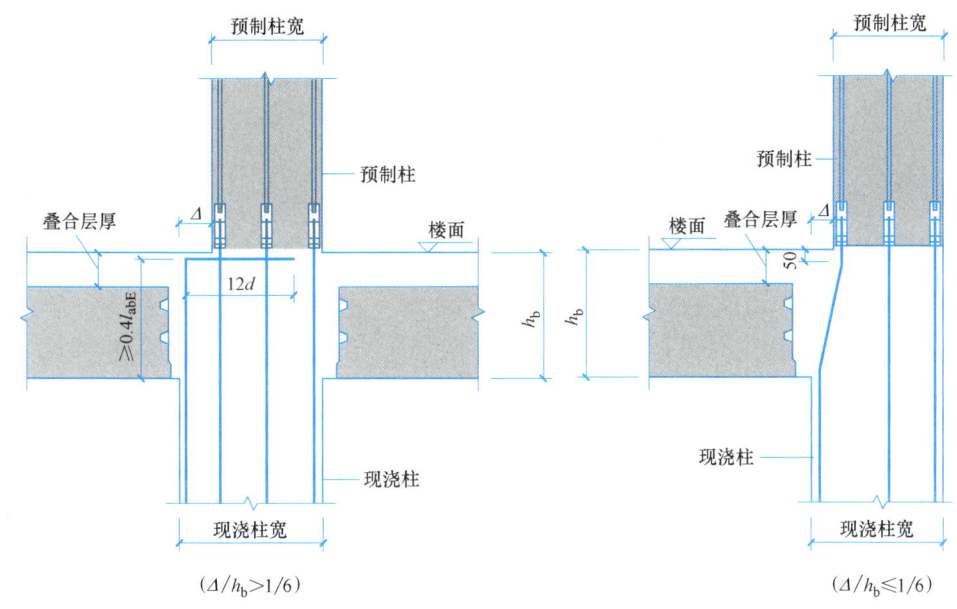

（$\Delta/h_b > 1/6$）　　　　　　　　　　（$\Delta/h_b \leqslant 1/6$）

图 5-6　预制柱与现浇柱变截面间连接

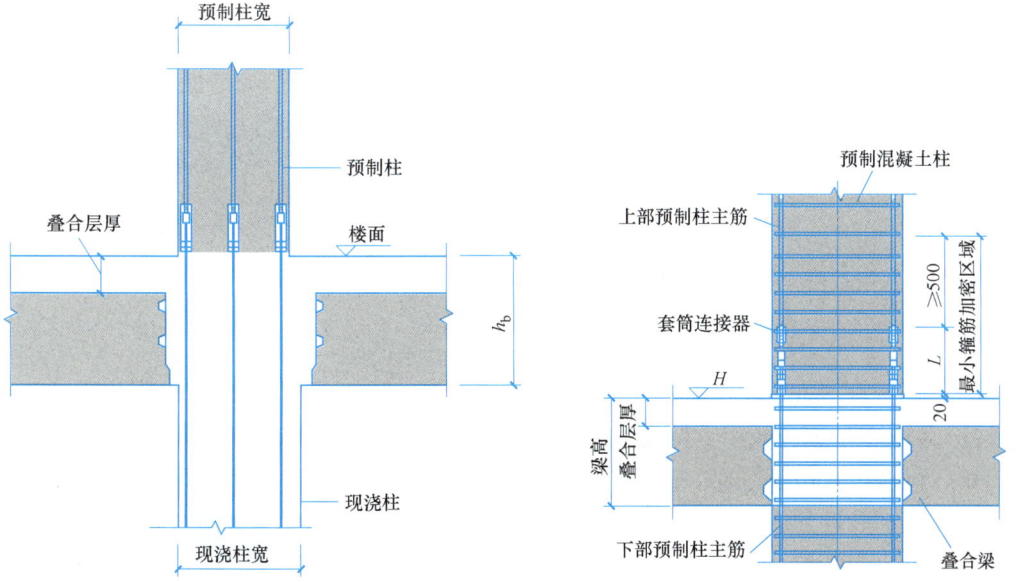

图 5-7　等截面预制柱与现浇柱间连接　　**图 5-8　等截面预制柱间连接（灌浆套筒连接）**

L—纵向受力钢筋连接区域长度

4. 预制柱与后浇混凝土、灌浆料、坐浆材料的结合面

预制柱的底部应设置键槽且宜设置粗糙面，键槽应均匀布置，键槽深度不宜小于 30mm，键槽端部斜面倾角不宜大于 30°，柱顶应设置粗糙面。结合面构造如图 5-9 所示。

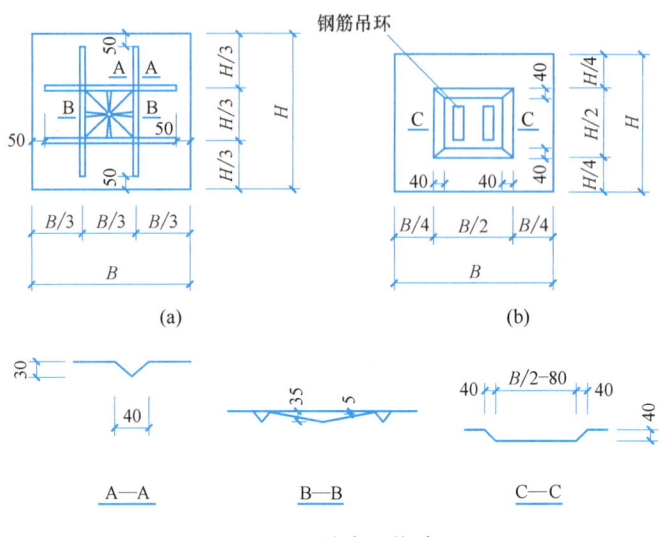

图 5-9　结合面构造

（a）预制柱底键槽构造；（b）预制柱顶键槽构造

5.2.2　预制柱的表示方法

由于目前国家没有出预制柱图集，预制柱表示方法一般以设计单位或深化设计单位习惯为主，主要是方便表达和理解。读者可参考本任务工程实例部分的表示方法。

5.3　预制柱的拆分设计

5.3.1　预制柱的拆分规定

柱一般按层高进行拆分。根据《预制预应力混凝土装配整体式框架结构技术规程》JGJ 224—2010 中的相关规定，柱也可以拆分为多节柱。由于多节柱的脱膜、运输、吊装、支撑都比较困难，且吊装过程中钢筋连接部位易变形，从而使构件的垂直度难以控制。设计中柱一般按层高拆分为单节柱，以保证柱垂直度的控制调节，简化预制柱的制作、运输及吊装，保证工程质量。

高层装配整体式框架结构，首层剪切变形远大于其他各层。地震作用下，首层柱出现塑性铰，破坏形态严重。试验研究表明，预制柱破坏模式是柱纵向钢筋先屈服，而后柱

顶、柱底出现塑性铰，柱脚处混凝土被压碎。应力应变在柱脚处较大，柱脚处首先出现水平裂缝，属于大偏心受压破坏，且预制柱在构件连接区存在应力集中。现阶段高层建筑框架结构的首层柱宜采用现浇柱。

当框架结构的首层柱采用预制柱时，应采用可靠的技术措施，提高连接接头性能、优化结构布置和构造措施、提高柱底接缝的承载能力、控制塑性铰的发展、严格控制构件加工和安装质量。

5.3.2 预制柱拆分的原则

实现标准化的关键点是体现在对构件的科学拆分上。预制构件科学拆分对建筑功能、建筑平立面、结构受力状况、预制构件承载能力、工程造价等都会产生影响。预制构件拆分以做到安全适用、经济合理、保证质量、方便施工为原则。

(1) 预制柱拆分部位宜设置在构件受力较小处。

(2) 预制柱拆分要考虑构件生产与安装可实现性和便利性，如预制柱拆分点设置在层高处。

(3) 预制柱拆分要考虑生产能力，例如工厂台模尺寸、起重机的吨位和厂房高度等是否满足构件生产要求。

(4) 预制柱拆分要考虑运输工具和道路限制。

(5) 预制柱拆分尺寸尽量标准化，要考虑到模具种类及复杂程度，做到规格少、减少开模数量、构件外形简洁，节约成本。

5.4 预制柱的深化设计图绘制

5.4.1 预制柱深化设计的内容

预制柱深化设计的深度应满足建筑、结构和机电设备等各专业以及构件制作、运输、安装等各环节的综合要求。在预制柱加工制作阶段，应将各专业、各工种所需的预留洞、预埋件等一并完成，避免在施工现场进行剔凿、切割，伤及预制构件，影响质量或观感。因此，在一般情况下，装配式结构的施工图完成后，还需要进行预制构件的深化设计，以便于预制构件的加工制作。

预制柱的深化设计主要分为验算和图纸两个部分，具体包括：

(1) 预制柱的模板图、配筋图、预埋吊件及预埋件的细部构造详图等；

(2) 设备专业留洞图；

(3) 带饰面砖或饰面板预制柱的排砖图或排板图；

(4) 复合保温板的连接件布置图及保温板排板图；

(5) 预制柱脱模、翻转过程中混凝土强度、构件承载力、构件变形以及吊具、预埋吊件的承载力验算。

5.4.2 预制柱深化设计图的要求

（1）图中绘制预制柱正视图、左视图、右视图、背视图、正视配筋图、俯视图、底视图、3D 正视钢筋骨架图、3D 正视图、3D 背视图；

（2）钢筋用双线图表示，带肋钢筋要用满外值表示（按照钢筋加工最大正误差）；

（3）套筒连接的钢筋，钢筋表要有加工误差要求，要与套筒对接钢筋的误差要求相匹配；

（4）预制柱参数表；

（5）预埋件明细表。

预制柱深化设计图如图 5-10 所示（见书后）。

5.5 预制柱 BOM 报表的编制

预制柱 BOM 报表是统计预制柱所用物料的统计清单，是指导构件加工厂加工构件的重要依据，可以通过相关拆分软件进行统计，或者人工统计的方法进行编制。本书主要介绍通过 BeePC 软件编制 BOM 报表的方法，人工统计时可以参照此 BOM 报表的内容进行编制。

5.6 工程实例操作

5-1
工程实例
简要介绍

> **提示：** 下面通过工程实例中标高为 4.400～8.300 的一根预制柱（即附录 1 教材配套图纸中二层预制构件平面布置图中 B 轴交 2 轴区块的 2F-PCZ1：YZ1）操作的全过程，使读者能够快速了解 BeePC 软件中预制柱建模及深化设计出图的操作流程，从而具备正确使用 BeePC 软件进行柱深化图设计的基本能力。

1. 灌浆套筒选型

（1）点击"BeePC 深化"选项卡中的"柱布置"按钮，在弹出选项卡中选择"设置灌浆套筒选型"，如图 5-11 所示。

（2）弹出对话框

1）选择"WW 钢筋半灌浆连接套筒"；

2）勾选"GT20"和"GT22"两种套筒型号；

3）点击"确定"按钮，完成灌浆套筒的选型，如图 5-12 所示。

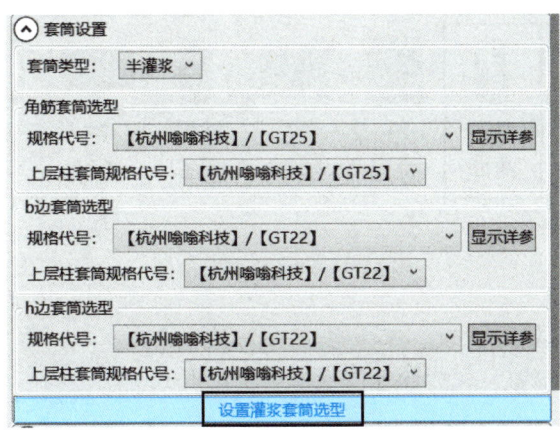

图 5-11　套筒设置

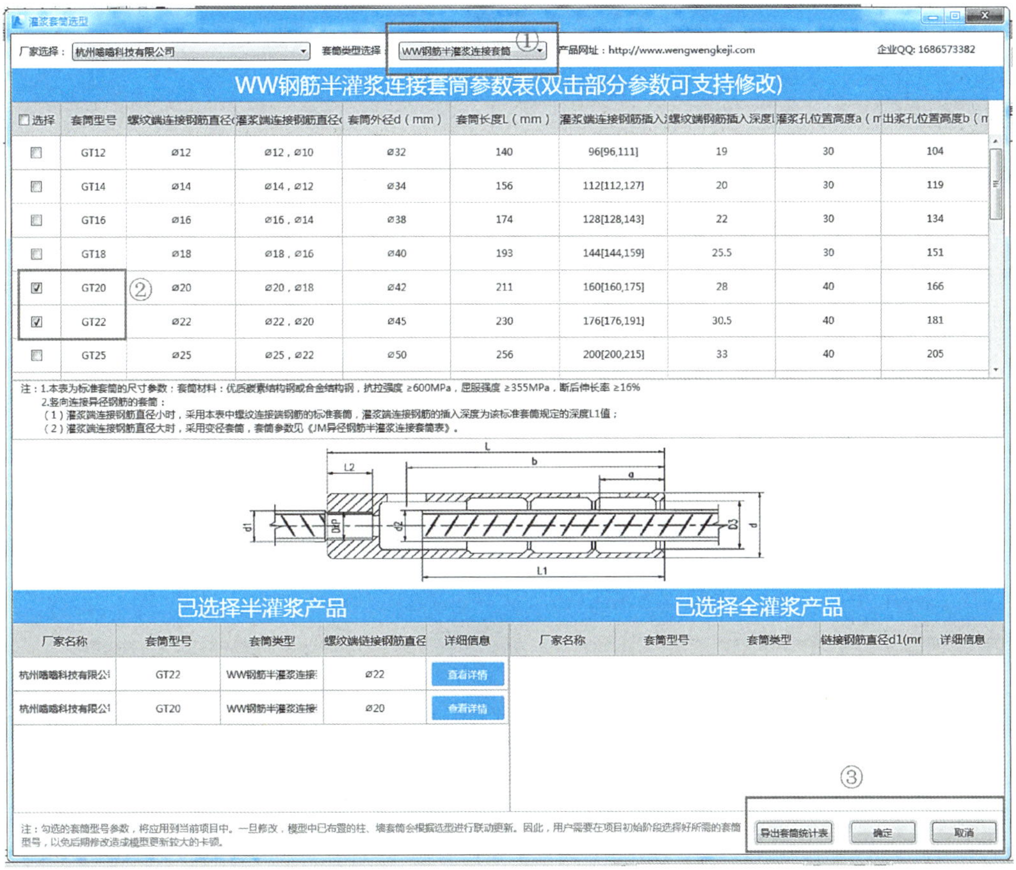

图 5-12　灌浆套筒设置

2. 预埋件选型

（1）点击"BeePC 深化"选项卡中的"柱预埋"按钮，如图 5-13 所示。

（2）弹出对话框

1）选择"WWE 型内埋式螺母"；

5-2
灌浆套筒
及预埋件
的加载

图 5-13　"柱预埋"按钮

2）勾选所有螺母型号；

3）点击"确定"按钮，完成预埋件选型，如图 5-14 所示。

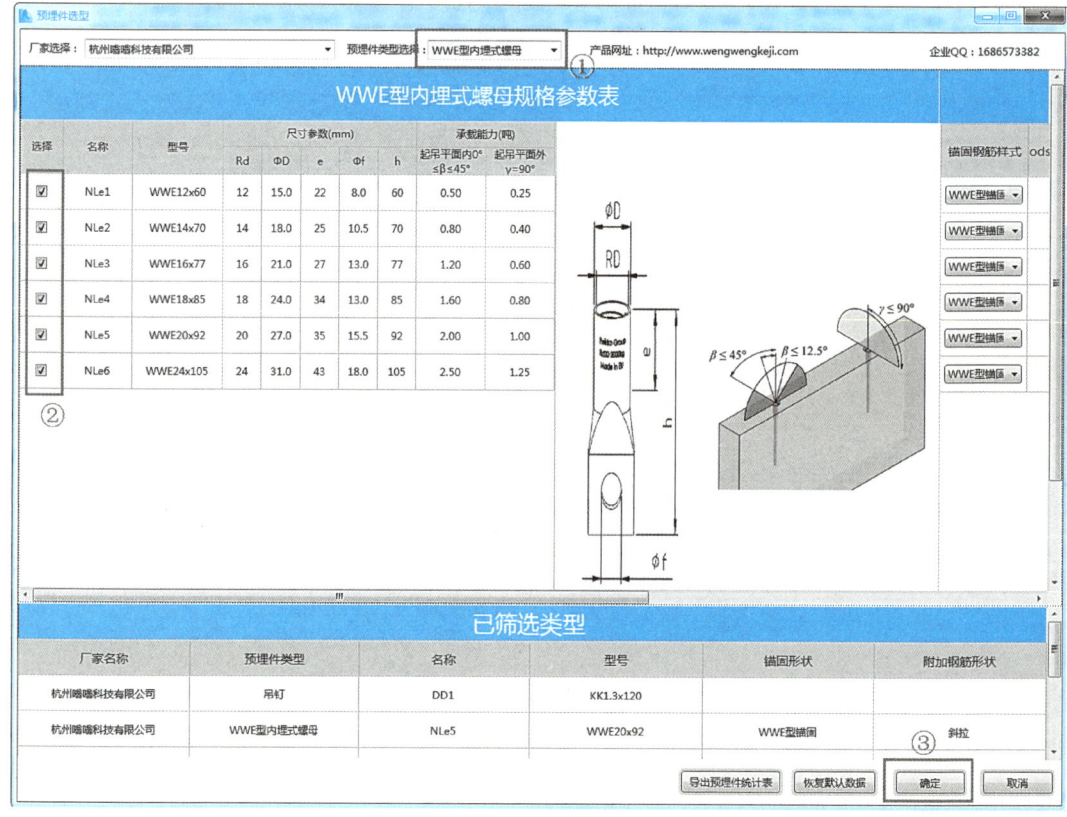

图 5-14　预埋件设置

提示： 软件在"柱布置设置区域"和"附属构件"对话框中，只显示有勾选的灌浆套筒和预埋件类型，读者在柱布置前可将所有相关型号全部勾选，后期再根据柱子的钢筋规格、柱子的吨位进行正确点选。

5-3
预制柱界
面介绍

3. 柱布置

（1）点击"BeePC 深化"选项卡中的"柱布置"按钮，如图 5-15 所示。

（2）弹出"柱布置"对话框，对话框中包含三项内容，从左至右依次为柱类型、参数设置、构件视口区，如图 5-16 所示。构件视口区分为柱模板图视口区、柱配筋图视口区和出浆口布局视口区，可在参数设置底部进行点选，如图 5-17 所示。

图 5-15　"柱布置"按钮

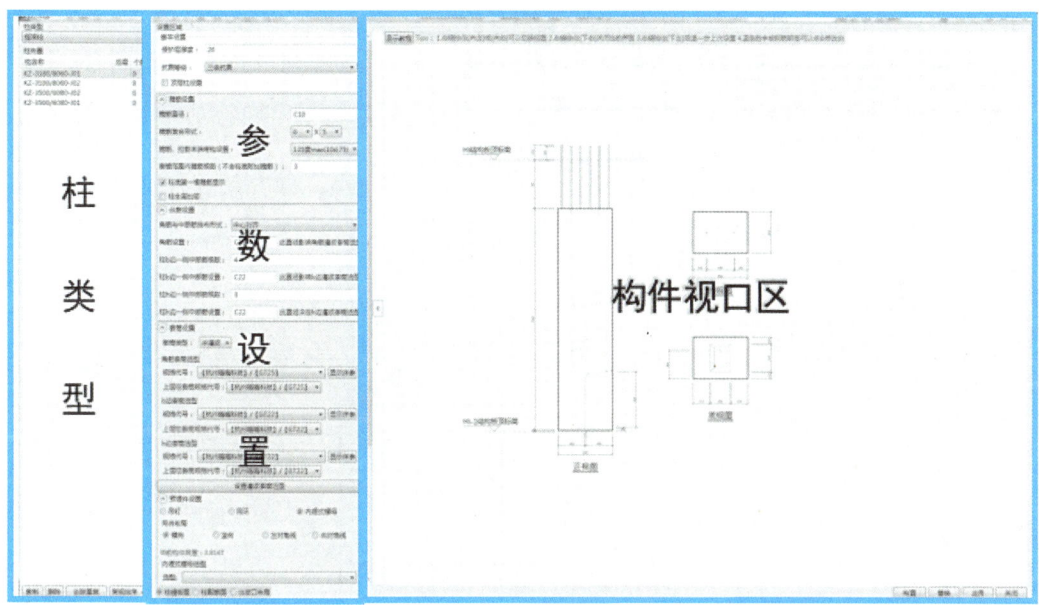

图 5-16　"柱布置"对话框

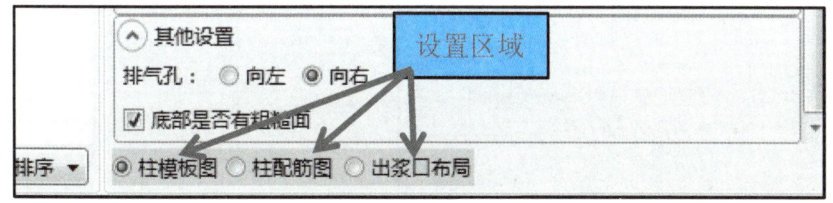

图 5-17　设置区域

（3）在参数设置区"基本设置"模块中输入保护层厚度为"20"，在抗震等级下拉菜单中选取"三级抗震"，如图 5-18 所示。

（4）预制柱基本尺寸设置。点击参数设置底部的"柱模板图"，则构件视口区跳出相应视图，如图 5-19 所示。

在柱模板图的"正视图"中修改预制柱

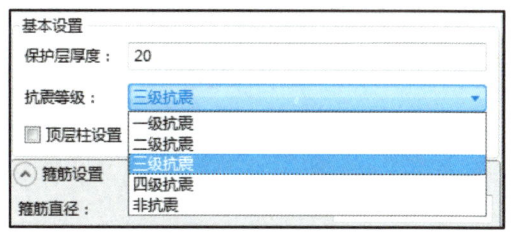

图 5-18　参数设置

高度为"3180"，预制柱柱顶距离上一层结构层高线为"700"，预制柱柱底距离当前层结构层高线为"20"，键槽深度为"30"，如图 5-20 所示；在"俯视图"中修改预制柱 b 边为"800"，h 边为"600"，在"底视图"中修改键槽 b 边为"370"，h 边为"310"，如图 5-21 所示。

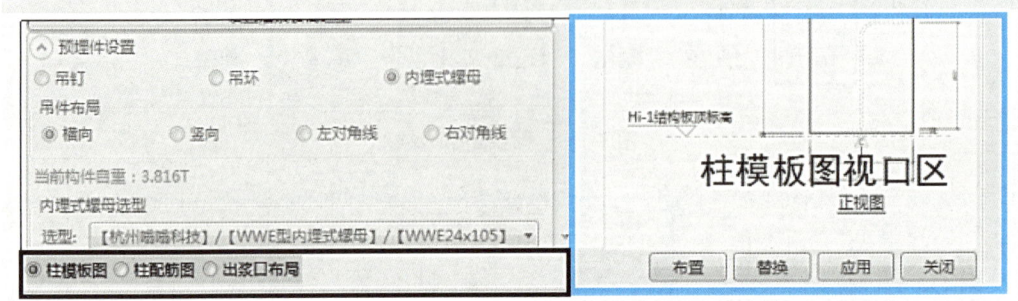

图 5-19　柱模板图视口区

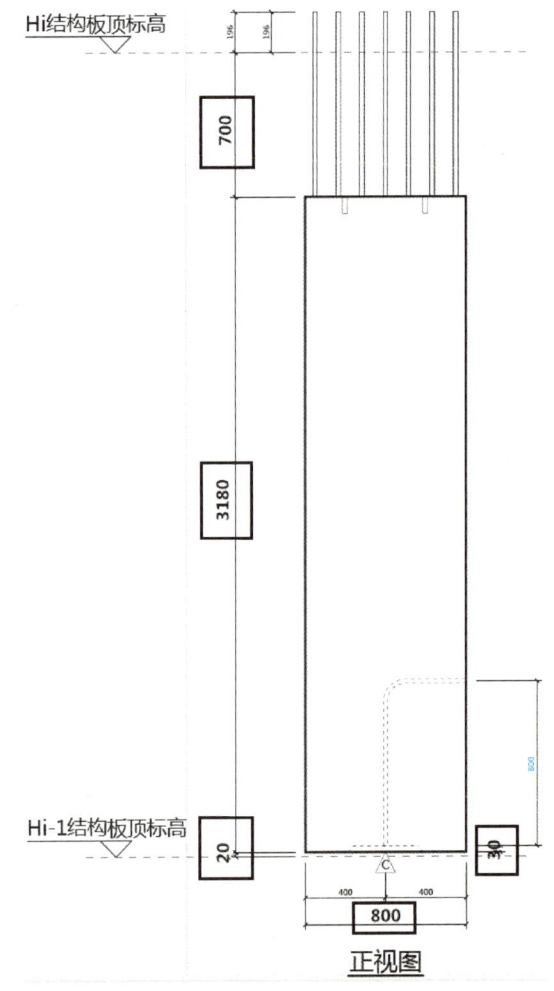

正视图

图 5-20　设置柱高等参数

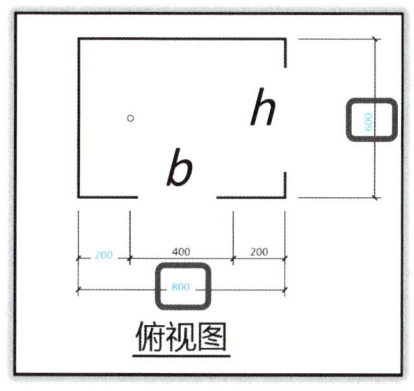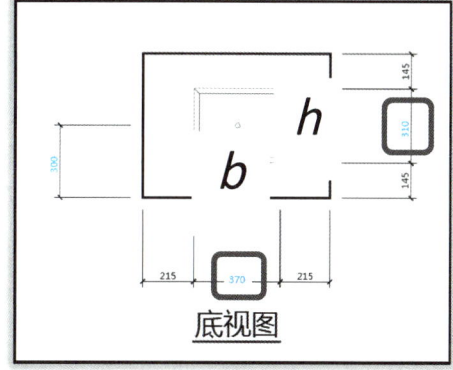

图 5-21　设置柱截面参数

（5）吊装埋件设置。点击参数设置区中"预埋件设置"模块，选取"内埋式螺母"，吊件布局选取"横向"，内埋式螺母选取"【WWE 型内埋式螺母】/【WWE24x105】"，吊装工况调整系数输入"1.2"，如图 5-22 所示；在柱模板图的俯视图中修改吊装埋件距离柱边为"200"，如图 5-23 所示。

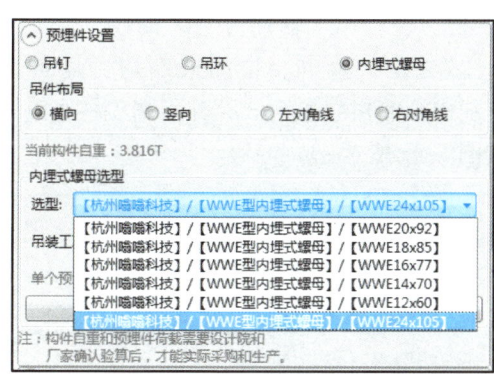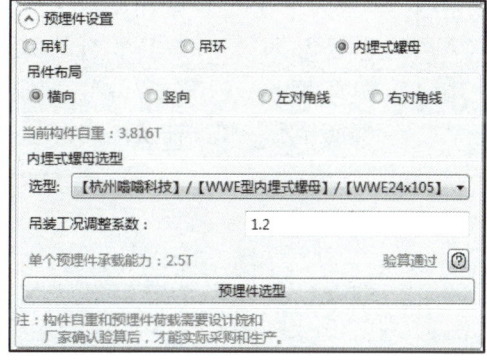

图 5-22　吊装埋件设置

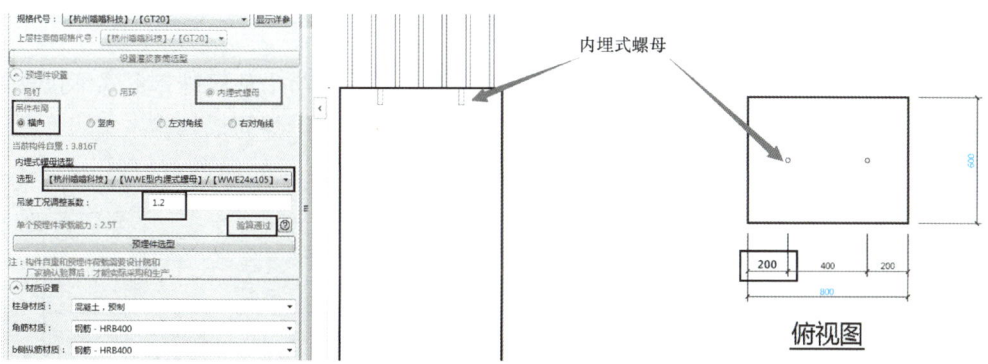

图 5-23　吊装埋件位置设置

提示： 根据选择的吊装内埋件型号规格，软件会自动计算此埋件是否满足当前构件的吊装要求，若满足要求，则显示为"验算通过"，否则显示为"验算不通过"。

（6）排气孔设置。点击参数设置区中"其他设置"模块，勾选排气孔方向为"向右"，勾选"底部是否有粗糙面"，在柱模板图的"正视图"中修改排气孔高度为"800"，在"俯视图"中修改通气孔距离柱边为"300"，如图 5-24 所示。

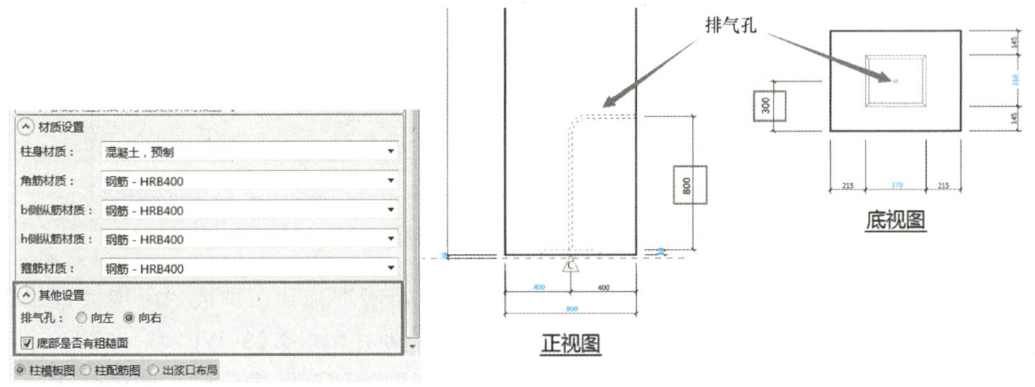

图 5-24　排气孔设置

（7）预制柱配筋设置。点击参数设置区中"箍筋设置"模块，输入箍筋直径为"C8"，箍筋复合形式为"7×5"，箍筋、拉筋末端弯钩设置选取"135 度 max(10d，75)"，套筒范围内箍筋根数输入"2"，勾选"柱底第一根箍筋显示"和"柱全高加密"，如图 5-25 所示。

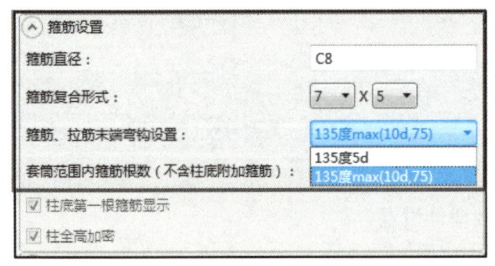
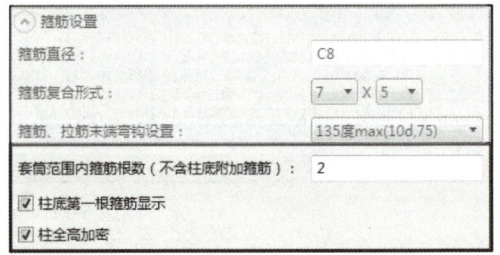

图 5-25　箍筋设置

点击参数设置区中"纵筋设置"模块，角筋与中部筋排布形式下拉菜单选取"中心对齐"，角筋输入"C22"，柱 b 边一侧中部筋根数输入"5"，直径输入"C22"，柱 h 边一侧中部筋根数输入"3"，直径输入"C20"，如图 5-26 所示。

图 5-26　纵筋设置

　　点击参数设置区中"材质设置"模块，柱身材质选取"混凝土，预制"，角筋材质、b侧纵筋材质、h侧纵筋材质和箍筋材质均选用"HRB400"，如图 5-27 所示。

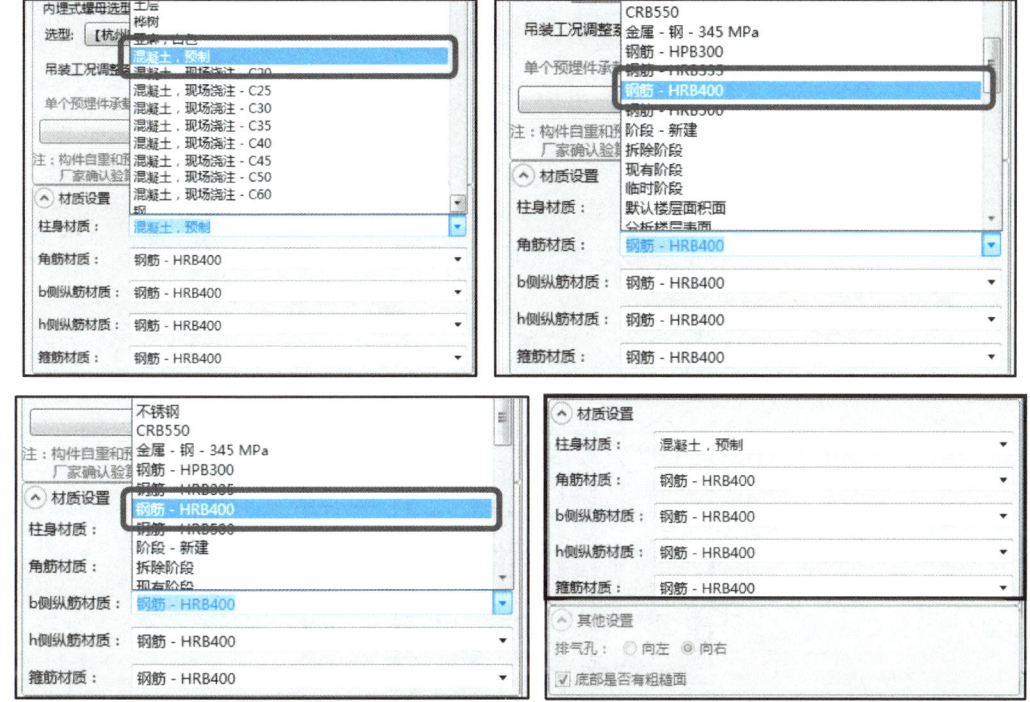

图 5-27　材质设置

　　提示：若钢筋材质相同，可复制粘贴相同材质的钢筋到其余项，例如，此预制柱四种钢筋材质均为"HRB400"，在角筋材质选择完毕后，可将"钢筋-HRB400"复制粘贴到后面三项，节省下拉菜单查找材质的时间。

　　点击参数设置底部的"柱配筋图"，则构件视口区跳出相应视图，如图 5-28 所示。

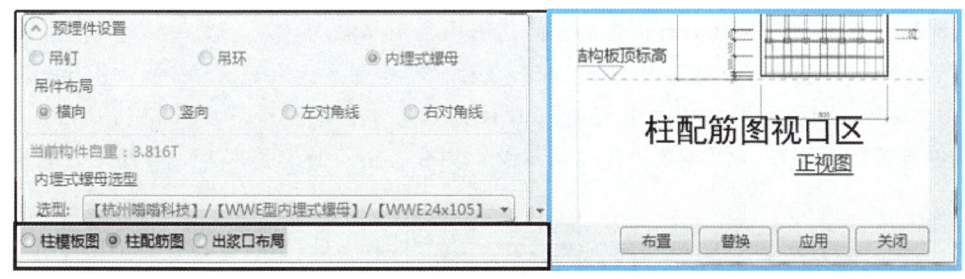

图 5-28　柱配筋图视口区

　　在柱配筋图的"正视图"中修改预制柱柱底第一道箍筋与第二道箍筋间距为"100"，由结构施工图可知，该预制柱箍筋全高加密，故其余箍筋间距均修改为"100"，修改套筒上端第一道箍筋距离套筒顶部的距离为"50"，右视图根据正视图会联动变化，如图 5-29所示；纵筋图中纵筋间距按软件默认值即可，如图 5-30 所示。

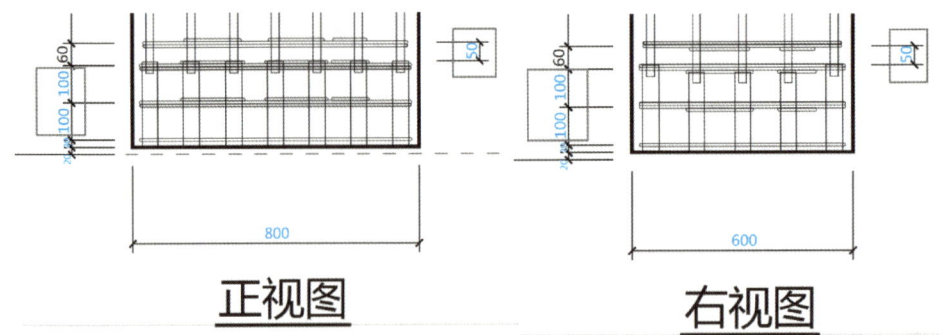

图 5-29 箍筋间距设置

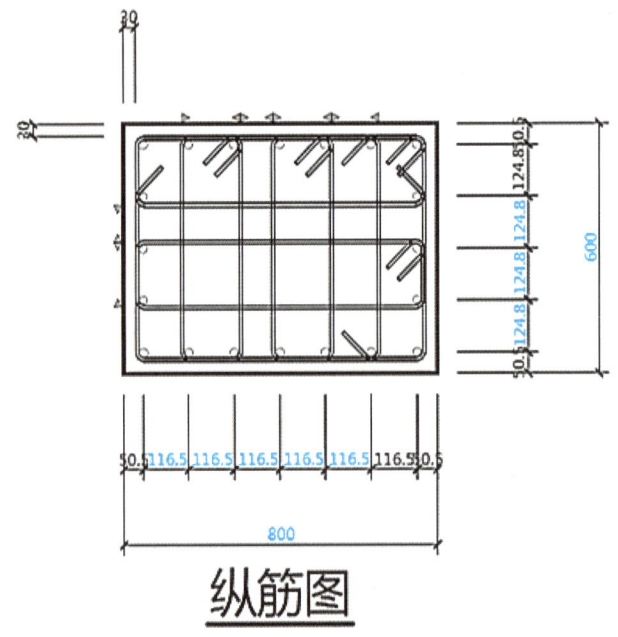

图 5-30 纵筋间距

提示：1. 根据预制柱参数设置中套筒范围内箍筋根数为"2"，图 5-28 套筒范围内箍筋显示为两根，若输入套筒范围内箍筋根数值为"3"，则显示为三根，如图 5-31 所示。

2. 纵筋图和套筒图中软件根据输入的柱截面尺寸、保护层厚度及钢筋直径，对钢筋的排布为钢筋间距（钢筋直径圆心到圆心）均分，若有特殊要求时，可修改。

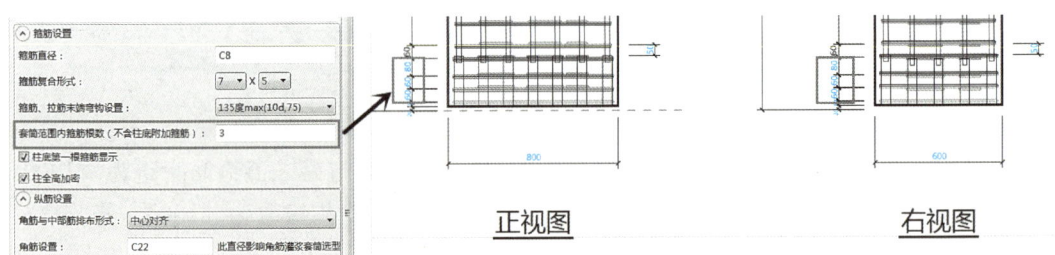

图 5-31 套筒范围内箍筋根数修改

（8）预制柱灌浆套筒设置。点击参数设置区中"套筒设置"模块，套筒类型下拉菜单选取"半灌浆"，角筋套筒规格代号和上层柱套筒规格选取"GT22"，b 边套筒规格代号和上层柱套筒规格选取"GT22"，h 边套筒规格代号和上层柱套筒规格选取"GT20"，如图 5-32 所示。

5-8
预制柱套
筒设置

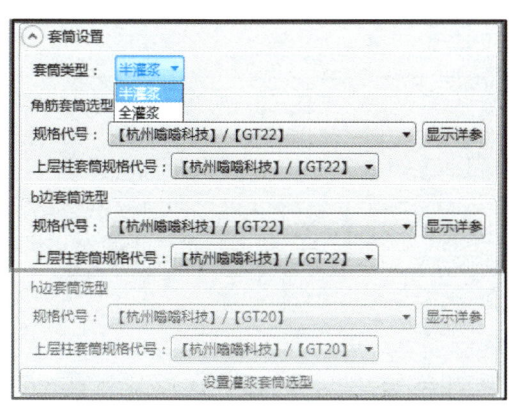
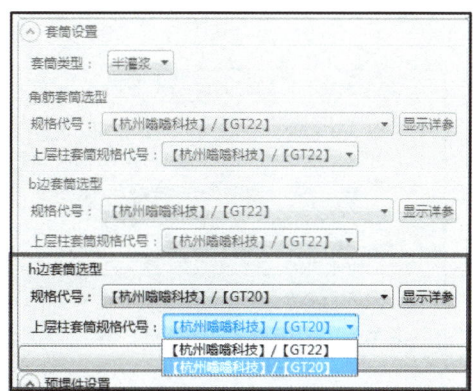

图 5-32 套筒设置

柱配筋图中"套筒图"按软件默认取值即可。

提示：1. 软件会根据纵筋设置匹配相应型号的灌浆套筒，若在"套筒选型"设置中未勾选匹配的套筒规格，则套筒选型下拉菜单显示为空白，如图 5-33 所示。若角筋布置为 C22，对应的半灌浆套筒规格为【GT22】，由于在操作 1 中未勾选【GT25】规格的半灌浆套筒，则角筋套筒选型显示为空白。

2. 若未执行操作 1 或需新增加灌浆套筒类型，点击"设置灌浆套筒选型"也可，此操作同操作 1，如图 5-34 所示。

3. 预制柱纵筋伸出上层结构标高长度由软件根据所选灌浆套筒类型自动计算所得，若需修改其伸出长度，需点击进去"套筒选型"界面，调整灌浆套筒基本信息。

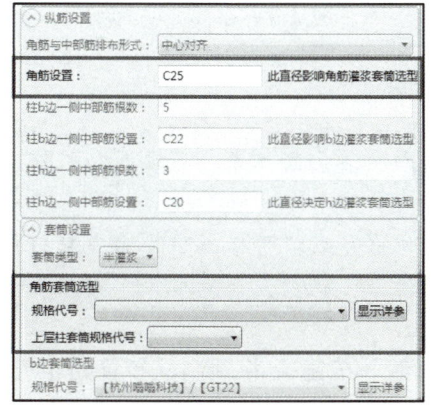

图 5-33 套筒选型下拉菜单显示

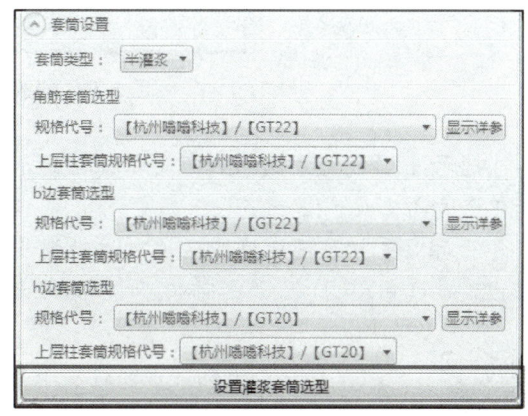

图 5-34 设置套筒选型

（9）预制柱出浆口设置。点击参数设置底部的"出浆口布局"，则构件视口区跳出相应视图，如图5-35所示。

根据结构施工要求，该预制柱灌浆料出浆口方向设置在"北面"和"西面"两个方向，点击左上角的"布局"按钮，修改出浆口方向，其余布局按软件默认值即可，如图5-36所示。

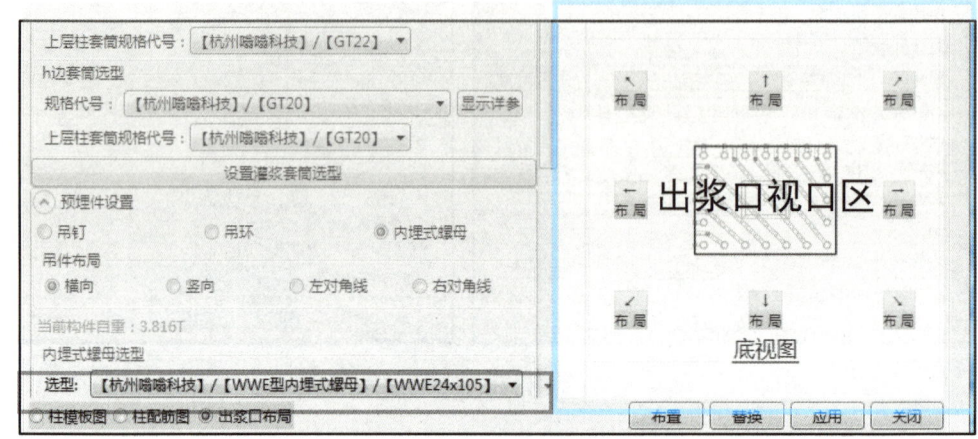

图5-35　出浆口视口区

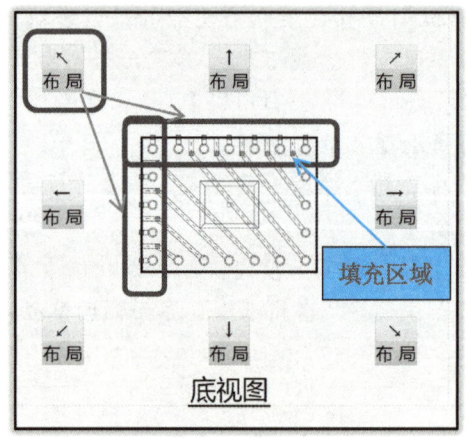

图5-36　修改出浆口方向

提示： 1. 斜角方向的"布局"按钮表示相邻的两个方向都出浆，其余布局按钮表示单个方向出浆。

2. 用鼠标按住图中填充区域可拖动调节出浆口位置，读者可根据项目需要自行调整出浆口位置。

（10）点击构件视口区右下角的"布置"按钮，将预制柱布置到相应的位置。在平面中选中该预制柱，点击"属性"按钮，将菜单栏中偏移量修改为"3900"，如图5-37所示。

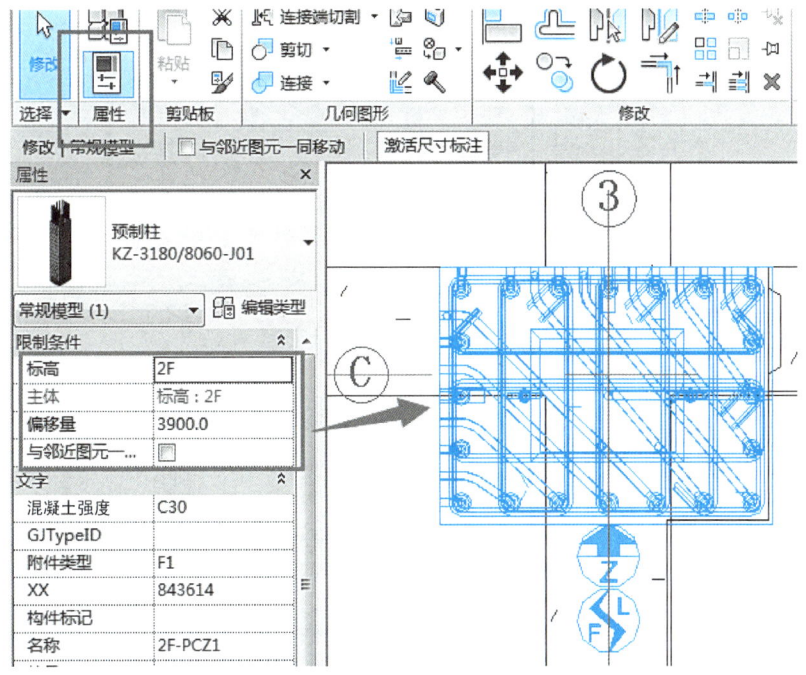

图 5-37　布置柱

提示：BeePC 软件在预制柱布置时，注意限制条件中的标高及偏移量的正确输入。如：标高选择 2F（4.400）、偏移量输入 0.0 时，表示预制柱从二层标高向下偏移；标高选择 2F（4.400）、偏移量设置为 3900 时，表示预制柱从本标高向上偏移，如图 5-38所示。

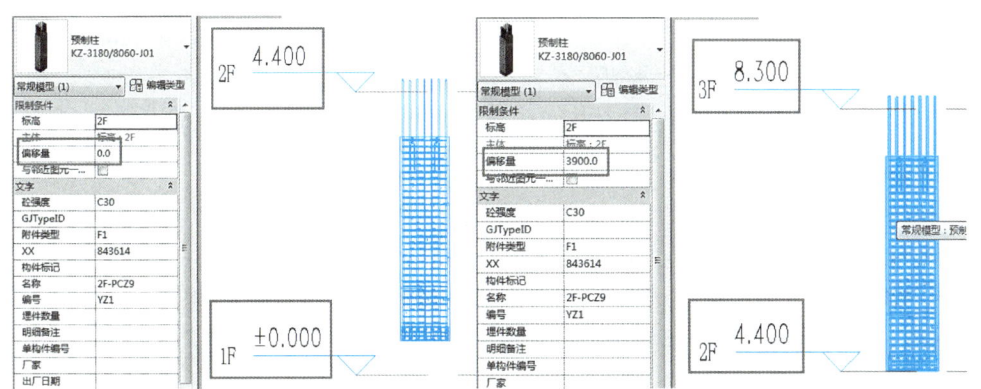

图 5-38　柱标高及偏移量设置

4. 附属构件布置

（1）点取 BeePC 深化选项卡中的"柱预埋"按钮，如图 5-39 所示。

（2）进入预制柱附属构件对话框，点击"进入画布模式"，选取需要布置的预制柱，如图 5-40 所示。

5-11
预制柱附
属构件的
布置

图 5-39　"柱预埋"按钮

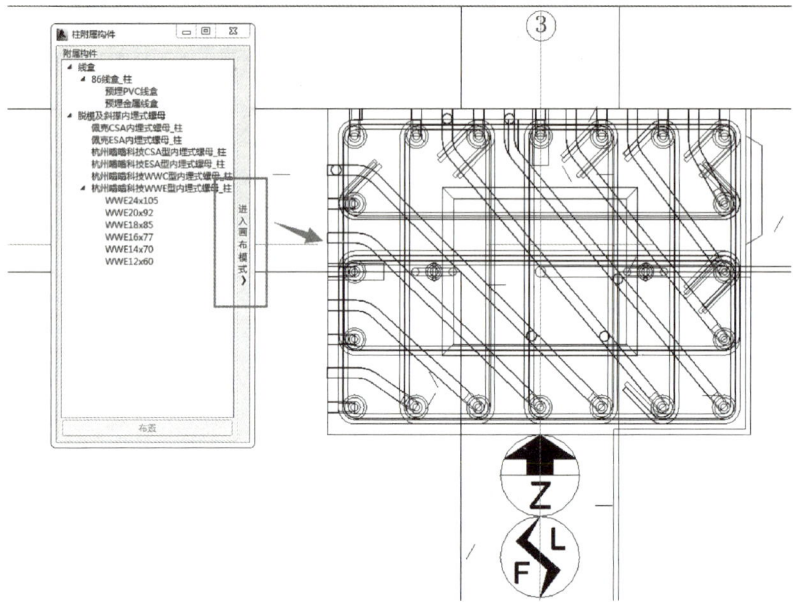

图 5-40　预制柱附属构件对话框

（3）根据结构施工要求，该预制柱脱模及斜撑预埋件需布置在柱截面的"上侧"和"左侧"。

1）点击顶视图中"上侧三角形"按钮，将柱立面切换到背视图；

2）点击附属构件中 WWE 型内埋式螺母-柱下拉菜单，选择"WWE24×105"，点击"布置"按钮；

3）在背视图中放置 2 个内埋件，修改上方内埋件蓝色数字分别为"400"和"1050"，下方内埋件蓝色数字分别为"400"和"650"，如图 5-41 所示。

再用相同方式布置左侧脱模及斜撑内埋件，修改上方内埋件蓝色数字分别为"300"和"1050"，下方内埋件蓝色数字分别为"300"和"650"，布置完成后，点击"应用到实例"，完成预制柱附属构件布置。

提示：1. 布置内埋件时软件会显示定位对齐虚线，读者可根据对齐虚线布置内埋件，不需重复输入每个内埋件的定位数值。

2. 对已布置的预埋件进行修改时，应点击预埋件圆孔中心，选中后会有定位尺寸标识。

3. 在操作 2 中未勾选的预埋件类型在附属构件一栏中不显示。

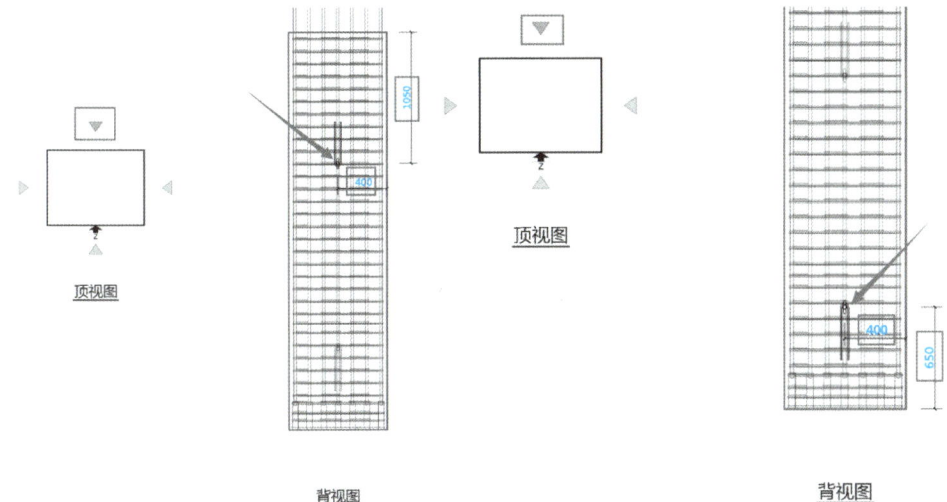

图 5-41　预制柱附属构件布置

5. 预制柱防雷布置

点取 BeePC 深化选项卡中的"防雷标识"按钮，如图 5-42 所示。选取需要设置防雷的预制柱，点击左上角"完成"按钮，防雷柱布置完成。（本预制柱为电气专业需防雷接地柱，不防雷时不需执行此操作。）

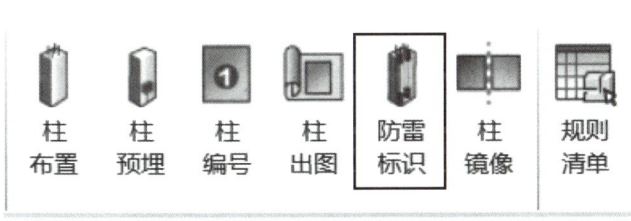

图 5-42　"防雷标识"按钮

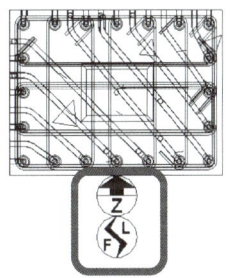

图 5-43　预制柱防雷标识显示

> **提示**：若想显示预制柱的防雷标识，则需将 Revit 视图详细程度调整为精细模式，如图 5-43 所示。

6. 预制柱编号

按上述同样的方法将附图中二层的其余预制柱布置完成后，按层进行预制柱的编号。

（1）点取 BeePC 深化选项卡中的"柱编号"按钮，如图 5-44 所示。

（2）进入"柱一键编号简"对话框，对编号模式、编号顺序及标记样式进行选择，如图 5-45 所示。

（3）点击右下角"一键编号"按钮，柱编号完成。

7. 规则清单（BOM 报表）

BeePC 软件提供规则清单功能，预制柱的规则清单操作如下：

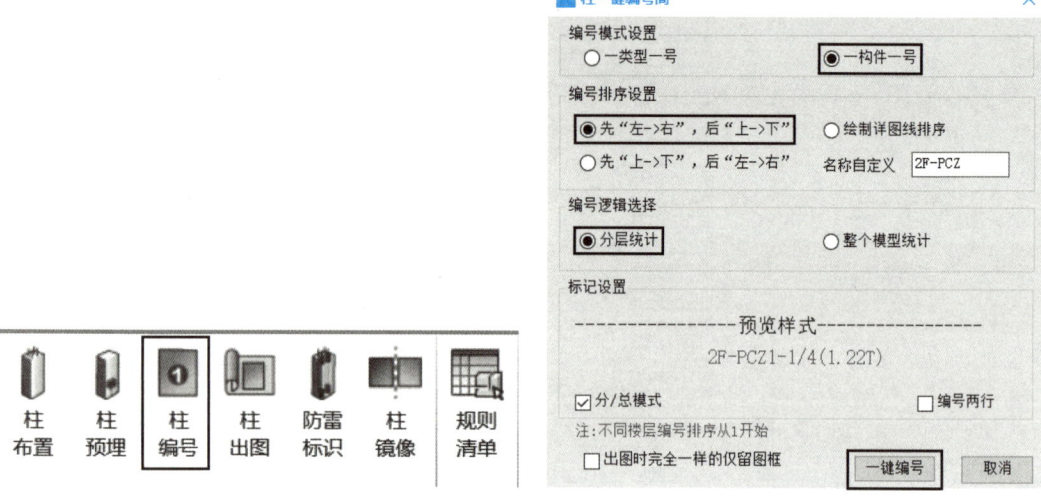

图 5-44 "柱编号"按钮

图 5-45 一键编号

（1）点取 BeePC 深化选项卡下的"规则清单"按钮，如图 5-46 所示。

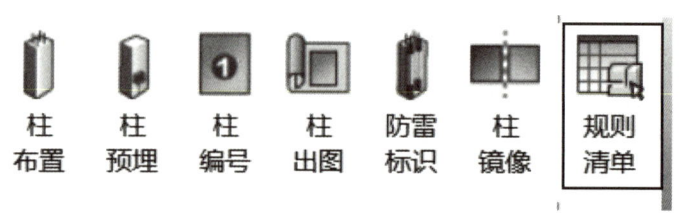

图 5-46 "规则清单"按钮

（2）进入"BOM 报表"对话框，左侧为报表名称，右侧为对应的一览表，如图 5-47 所示。

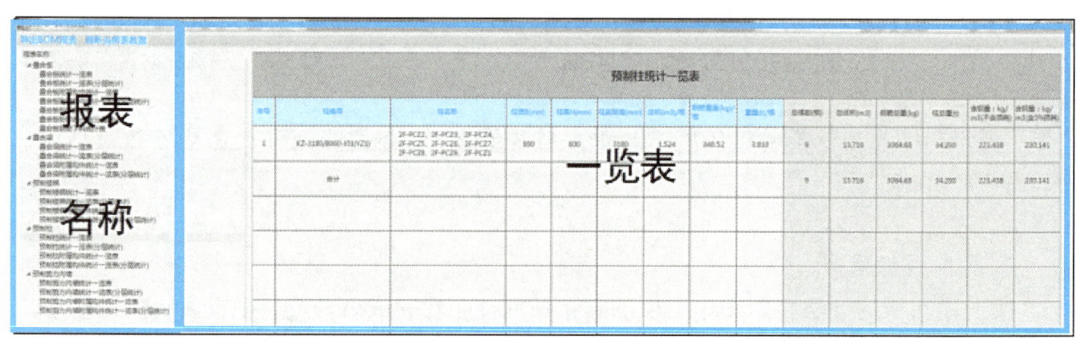

图 5-47 "BOM 报表"对话框

（3）软件提供 4 类关于预制柱的 BOM 报表清单，如图 5-48 所示，根据工程需要选择其中一项，则右边视口会跳出相应数据。

（4）根据需要可导出 BOM 报表，软件支持将生成的 BOM 报表导出 Excel、导出对应视图，如图 5-49 所示。

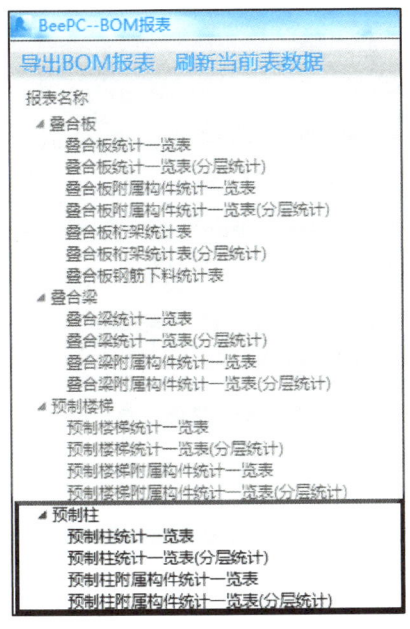

图 5-48 预制柱 BOM 报表
清单选项

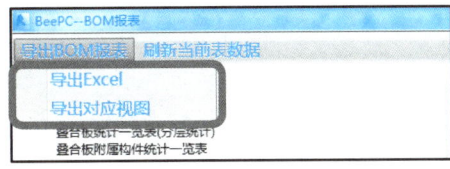

图 5-49 BOM 报表导出
类型

提示： BOM 报表的制作需要在柱编号后进行，若不需要 BOM 报表，则在预制柱编号后可跳过此项，直接进行柱出图。

8. 柱出图

（1）点取 BeePC 深化选项卡中的"柱出图"按钮，如图 5-50 所示。

5-14
预制柱
出图

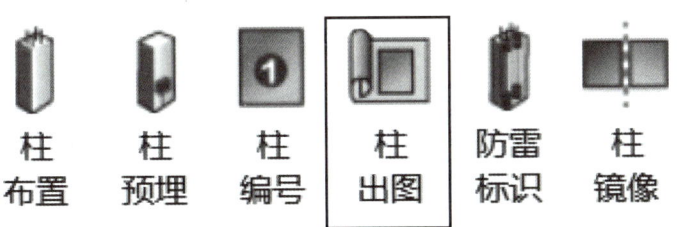

柱	柱	柱	柱	防雷	柱
布置	预埋	编号	出图	标识	镜像

图 5-50 "柱出图"按钮

（2）进入"柱一键出图"对话框，对图框名称、图框尺寸、出图比例、标注文字字体等内容进行点选，对出图布局、明细表等内容可以进行编辑，本工程实例选择如图 5-51 所示。

（3）点击"选柱出图"，如图 5-52 所示。在三维图中选中所有的预制柱，则柱出图完成，生成的图纸在项目浏览器中可查看。

提示： 柱出图是预制柱布置的最后一步，在"柱一键出图"对话框中可以调整图框名称、尺寸以及出图比例等内容，此部分内容简单，读者可根据需要自行操作。

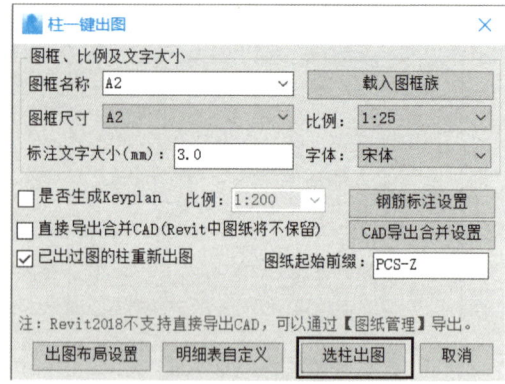

图 5-51　一键出图设置　　　　　　图 5-52　选柱出图

小结

本任务主要从预制柱的基础知识、预制柱的深化详图识图、预制柱的拆分设计、预制柱的深化加工图绘制、预制柱规则清单的编制等方面详细介绍了预制柱深化加工图纸的绘制方法，让读者在了解预制柱深化设计相关知识的基础上，能够更加快速、准确地绘制出合格的预制柱深化加工图纸。

本任务结合工程实例，简单介绍了一根预制柱的布置流程及在布置过程中的注意事项，读者根据上述流程自行完成附图中其他层预制柱的布置，再统一编号，最后统一出图，即完成预制柱的布置，二层预制柱布置后的效果如图 5-53 所示。

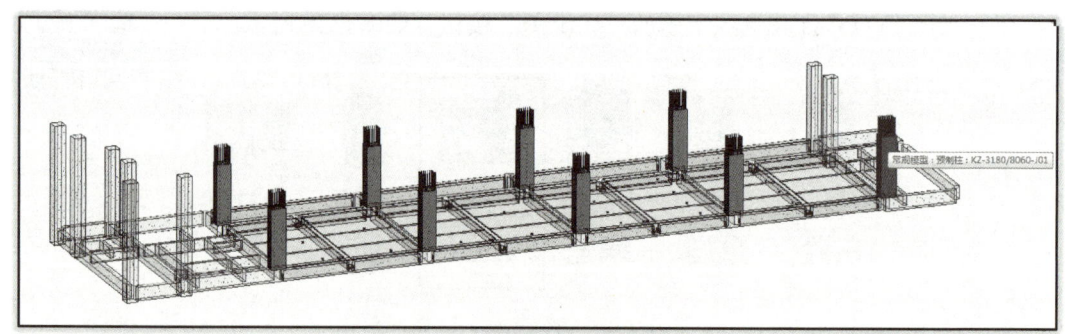

图 5-53　二层预制柱布置效果图

习　题

1. 选择题

（1）装配整体式结构重要或关键部位的框架柱应（　　）。

A. 现浇　　　　　　B. 预制　　　　　　C. 装配　　　　　　D. 二次浇筑

（2）装配整体式结构中一般部位的框架柱应采用（　　）。

A. 现浇柱　　　　B. 预制柱　　　　C. 钢柱　　　　D. 混凝土柱

（3）带袖板柱的袖板作用是用于（　　）。

A. 形成梁的端模　　　　　　　B. 形成短肢剪力墙

C. 围成门洞　　　　　　　　　D. 围成窗洞

（4）预制柱的纵向受力钢筋直径不宜小于（　　）。

A. 12mm　　　　B. 18mm　　　　C. 20mm　　　　D. 25mm

（5）预制柱中的（　　）可不外伸于梁柱接头内。

A. 主受力钢筋　　B. 构造钢筋　　C. 纵向钢筋　　D. 箍筋

（6）预制柱四角集中配筋时，截面宽度通常取（　　）以上。

A. 300mm　　　　B. 400mm　　　　C. 500mm　　　　D. 600mm

（7）预制柱纵向受力钢筋在柱底采用钢筋灌浆套筒连接时，相邻灌浆套筒之间的净距不宜小于（　　）。

A. 5mm　　　　B. 10mm　　　　C. 15mm　　　　D. 25mm

（8）预制柱中钢筋灌浆套筒上端第一道箍筋距离灌浆套筒顶部不应大于（　　）。

A. 50mm　　　　B. 100mm　　　　C. 150mm　　　　D. 500mm

（9）当房屋高度大于 12m 或层数超过 3 层时，预制柱的纵向钢筋连接宜采用（　　）。

A. 机械连接　　B. 焊接连接　　C. 绑扎连接　　D. 套筒灌浆连接

（10）预制柱的截面在高度范围内宜相同，需要变截面时，应（　　）。

A. 单侧收进　　B. 两侧收进　　C. 三侧收进　　D. 四侧收进

2. 简答题

（1）预制柱的优点是什么？

（2）装配整体式框架结构中，预制柱的纵向钢筋连接的要求是什么？

（3）预制柱的拆分设计图纸包括哪些内容？

3. 工程实践训练

根据教材配套图纸（扫描附录中二维码下载），对该工程中的柱进行拆分并对预制柱进行深化设计。

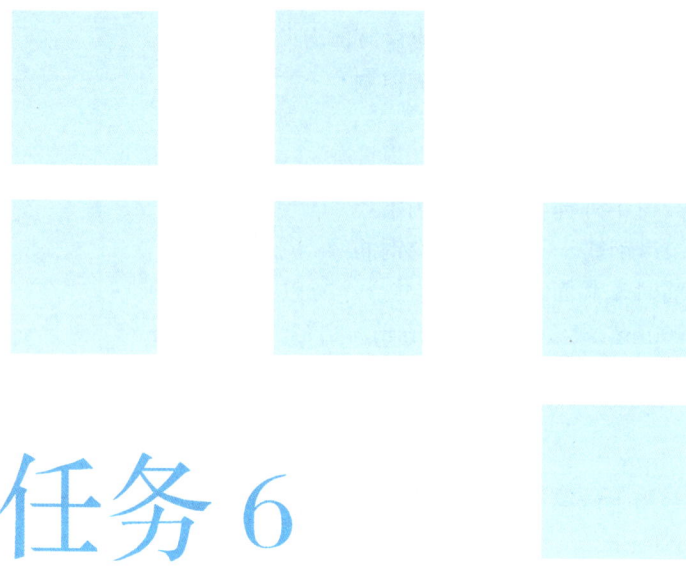

任务 6

预制剪力墙的深化设计

【教学目标】

1. 知识目标

（1）掌握预制剪力墙深化设计的基本知识；

（2）掌握预制剪力墙深化设计施工图识读的相关知识。

2. 能力目标

（1）能够准确识读与正确理解预制剪力墙深化设计加工图；

（2）能够对预制剪力墙进行拆分，并能绘制简单的深化设计加工图。

3. 素养目标

（1）培养学生恭谦礼让的精神品格；

（2）培养学生守正创新的意识。

课程思政案例

6.1　预制剪力墙的基础知识

6.1.1　预制剪力墙的概念

1. 预制剪力墙的定义

（1）预制剪力墙外墙板

预制剪力墙外墙板，是指在工厂预制完成的，内叶板为预制混凝土剪力墙、中间夹有保温层、外叶板为钢筋混凝土保护层的预制混凝土夹心保温剪力墙墙板。内外两层混凝土板采用拉结件可靠连接，内叶板侧面在施工现场通过预留钢筋与现浇剪力墙边缘构件连接，底部通过钢筋灌浆套筒与下层预制剪力墙预留钢筋相连，如图 6-1 所示。

（2）预制剪力墙内墙板

预制剪力墙内墙板，是指在工厂预制完成的混凝土剪力墙构件。预制剪力墙内墙板侧面在施工现场通过预留钢筋与现浇剪力墙边缘构件连接，底部通过钢筋灌浆套筒与下层预制剪力墙预留钢筋相连，如图 6-2 所示。

图 6-1　预制剪力墙外墙板

图 6-2　预制剪力墙内墙板

2. 预制剪力墙的优缺点

预制剪力墙的优缺点等见表 6-1。

预制剪力墙的优缺点　　　　　表 6-1

类型		优缺点	技术成熟度	主体结构工业程度	国内应用情况	适用范围
装配整体式剪力墙结构	竖向钢筋套筒灌浆连接	连接可靠；成本高、施工繁琐；不便质量检验	成熟，有规范依据	一般～较高	较多	住宅高层建筑
	竖向钢筋浆锚搭接连接	成本较低；不宜用于动载、一级抗震结构；加工较难、不便质量检验	较成熟，规范依据尚不足	一般～较高	较多	

类型		优缺点	技术成熟度	主体结构工业程度	国内应用情况	适用范围
装配整体式剪力墙结构	底部预留后浇区竖向分布钢筋连接	连接可靠，检验方便，后浇混凝土量增加；构件制作难度增加	较成熟度，无规范依据	一般～较高	试点	住宅高层建筑
	竖向钢筋在水平后浇带内采用环套搭接连接和机械连接等方式	钢筋连接性能研究不充分；施工较方便；质量检验方便	研发阶段，相关规范正在编制中	一般～较高	试点	
内浇外挂体系		安全可靠；施工难度较低，便于检验	较成熟，有规范依据	一般	较多	住宅高层建筑
叠合板剪力墙结构		适用建筑物高度低；生产、施工效率高；成本较低，检验方便	较成熟，有规范依据	较高	较少	住宅多层及高层建筑

3. 预制剪力墙结合面的连接

预制剪力墙节点的连接分为干式连接和湿式连接。采用干式连接法，可能实现承载力及刚度与现浇结构类似，但是其延性及恢复力性能难以与现浇节点等同，因此不能应用于等同现浇的预制剪力墙结构中；采用湿式连接，即节点区主筋及构造加强钢筋全部连接，节点区采用后浇混凝土及灌浆材料将预制构件连为整体，才可能实现与现浇节点性能的等同，"等同现浇"的原则，关键在于混凝土的连接接近现浇的结构构造。在进行合理准确的设计计算的前提下，湿式连接（用于装配整体式混凝土结构）和干式连接（用于全装配式混凝土结构）方式并没有受力性能包括抗震性能的优劣之分。实际工程中，需要根据设计要求、加工及安装的可行性和便捷性、成本、施工周期等方面综合考虑选用；结构中也可以根据需要，两种连接方式结合使用，见表6-2。

连 接 设 计   表 6-2

构件相互关系	连接形式
PC 构件之间	干式连接—通过预埋件焊接或螺栓连接、搁置、销栓等方式
	湿式连接—钢筋连接、后浇混凝土或灌浆结合为整体
PC 构件与现浇或后浇混凝土之间	钢筋连接或锚固、混凝土结合面粗糙面或键槽

预制剪力墙的顶部和底部与后浇混凝土的结合面应设置粗糙面，侧面与后浇混凝土的结合面应设置粗糙面、槽键。粗糙面的面积不宜小于结合面的80%，粗糙面凹凸深度不应小于6mm。槽键深度不宜小于20mm，宽度不应小于深度的3倍，且不宜大于深度的10倍，槽键间距宜等于宽度，如图6-3所示。

6.1.2 预制剪力墙的应用

装配整体式剪力墙结构，全部或部分剪力墙采用预制墙板构建成的装配整体式混凝土结构。该体系具有较高的装配率，是我国装配式建筑应用量最大的技术体系。预制剪力墙的应用见表6-3。

(a)

(b)

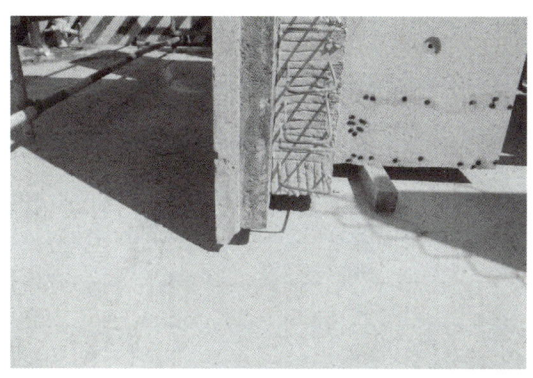
(c)

图 6-3　槽键、粗糙面

（a）槽键；（b）露骨料粗糙面；（c）拉毛粗糙面

预制剪力墙的应用　　　　　　　　　　　　　　　　　　　　　　表 6-3

结构竖向受力构件现浇	结构竖向受力构件全部或部分预制
叠合剪力墙（PCF）体系 预制外墙（含外饰面、外墙叠合）＋现浇剪力墙	装配整体式框架体系 装配整体式框架-剪力墙体系 装配整体式剪力墙体系
现浇外挂体系 竖向受力构件（柱、墙）现浇，外挂围护墙板，外墙板不叠合	

本书主要讲述装配整体式剪力墙体系中的预制剪力墙内外墙板的深化设计。

6.2　预制剪力墙的深化详图识图

6.2.1　构造要求

1. 预制剪力墙构造要求

（1）预制剪力墙洞口两侧墙肢宽度不应小于 200mm。

（2）预制剪力墙开有边长小于 800mm 的洞口，且在结构整体中不考虑其影响时，应沿洞口周边配置补强钢筋。

（3）当采用套筒灌浆连接时，自套筒底部至套筒顶部并向上延伸 300mm 范围内，水平筋应加密。如图 6-4 所示。

（4）端部无边缘构件的预制剪力墙，宜在端部配置 2 根直径不小于 12mm 的竖向构造钢筋；沿该钢筋竖向应配置拉筋，拉筋直径不宜小于 6mm、间距不宜大于 250mm。

（5）当预制剪力墙外墙采用夹芯墙板时，应满足下列要求：

1）外叶墙板厚度不应小于 50mm，且外叶墙板应与内叶墙板可靠连接；

2）夹芯外墙板的夹层厚度不宜大于 120mm；

3）当作为承重墙时，内叶墙板应按剪力墙进行设计。

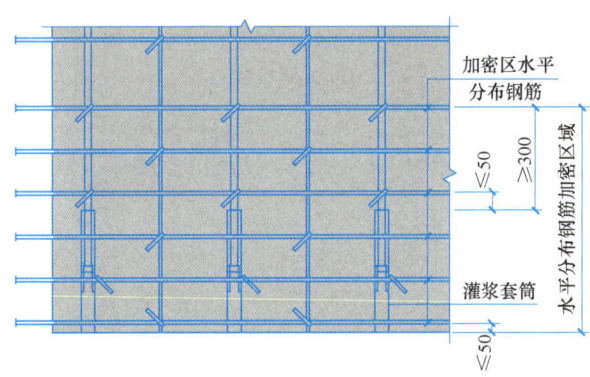

图 6-4　预制剪力墙钢筋套筒灌浆连接部位水平分布钢筋加密构造

（6）非组合式承重预制混凝土夹芯保温外墙板，外叶墙板作为荷载通过拉结件与承重内叶墙板相连。内叶墙板为预制混凝土剪力墙、中间夹有保温层、外叶墙板为钢筋混凝土保护层。内叶墙板侧面在施工现场通过预留钢筋与现浇剪力墙边缘构件连接，底部通过钢筋灌浆套筒与下层预制剪力墙预留钢筋相连。

预制剪力墙外墙板适用于抗震设防烈度为 6～8 度地区抗震设计的高层装配整体式剪力墙结构住宅，结构应具有较好的规则性，剪力墙为构造配筋。不适用于地下室、底部加强部位及相邻上一层、顶层剪力墙。

预制剪力墙外墙板的钢筋连接形式为上下层预制外墙的竖向钢筋采用套筒灌浆相连；相邻预制外墙板之间的水平钢筋采用整体式接缝连接。

预制剪力墙外墙板相关尺寸要求：

① 适用层高分别为 2.8m、2.9m 和 3.0m；

② 门窗洞口宽度尺寸采用的模数分别为 3M；

③ 预制剪力墙外墙板中承重内叶墙板厚度为 200mm，外叶墙板厚度为 60mm，中间夹芯保温层厚度为 30～100mm。

预制剪力墙外墙板材料要求：

（1）结构材料

1）混凝土强度等级不应低于 C30；

2）外叶墙板中钢筋采用冷轧带肋钢筋，其他钢筋采用 HRB400；

3）钢材采用 Q235-B 级钢材；

4）灌浆套筒和套筒灌浆料应符合《钢筋连接用灌浆套筒》JG/T 398—2019 和《钢筋连接用套筒灌浆料》JG/T 408—2019 的规定；

5）构件吊装用吊件、临时支撑用预埋螺母等其他预埋件应符合《钢筋混凝土结构预埋件》16G362、《建筑施工临时支撑结构技术规范》JGJ 300—2013 等有关标准、规范的规定。

（2）非结构材料

1）预制外墙板中保温材料采用挤塑聚苯板（XPS），且满足国家现行的有关标准的要求；

2）构件中的窗下墙轻质填充材料采用横塑聚苯板（EPS），容量不小于 12kg/m³；

3）构件中门窗安装固定预埋件采用防腐木砖；

4）外墙板密封材料等应满足国家现行有关标准要求；

5）预制剪力墙内墙除不设保温层外，同外墙构造。

2. 预制剪力墙连接

预制承重构件的纵向受力钢筋连接是装配整体混凝土结构中最为关键的技术，装配整体混凝土结构正是在连接技术的进步与革新的基础上得到应用和发展的。目前国内外比较成熟的竖向预制承重构件的钢筋连接技术（竖向钢筋在构件内连接）主要有套筒灌浆连接和浆锚搭接连接两种方式，见表 6-4。

竖向预制承重构件的钢筋连接技术　　　　　　　　　　　　　　　表 6-4

竖向连接类型（水平缝）	名称		水平连接（竖缝）
灌浆连接	套筒灌浆连接		后浇筑混凝土
	浆锚搭接连接	约束螺旋筋	后浇筑混凝土
		波纹管	后浇筑混凝土

（1）套筒灌浆连接

连接套筒包括全灌浆套筒和半灌浆套筒两种形式，如图 6-5 所示。

1）全灌浆套筒，两端均采用灌浆方式与钢筋连接。

2）半灌浆套筒，一端采用灌浆方式与钢筋连接，而另一端采用非灌浆方式与钢筋连接（通常采用螺纹连接）。

（2）浆锚搭接连接是指在预制混凝土构件中采用特殊工艺制成的孔道中插入需搭接的钢筋，并灌注水泥基灌浆料而实现的钢筋搭接连接方式。目前主要采用的是在预制构件中有螺旋箍筋约束的孔道中进行搭接的技术，称为钢筋约束浆锚搭接连接，如图 6-6 所示。纵向钢筋采用浆锚搭接连接时，对预留孔程控工艺、孔道形状和长度、构造要求、灌浆料和被连接钢筋，应进行力学性能以及适用性的试验验证。直径大于 20mm 的钢筋不宜采用浆锚搭接连接，直接承受动力荷载构件的纵向钢筋不应采用浆锚搭接连接。

3. 《装配式混凝土建筑技术标准》GB/T 51231—2016 规定楼层内相邻预制剪力墙之间应采用整体式接缝连接，且应符合下列要求：

（1）当接缝位于纵横墙交接处的约束边缘构件区域时，约束边缘构件的阴影区宜全部采用后浇混凝土，并应在后浇段内设置封闭箍筋，如图 6-7 所示。

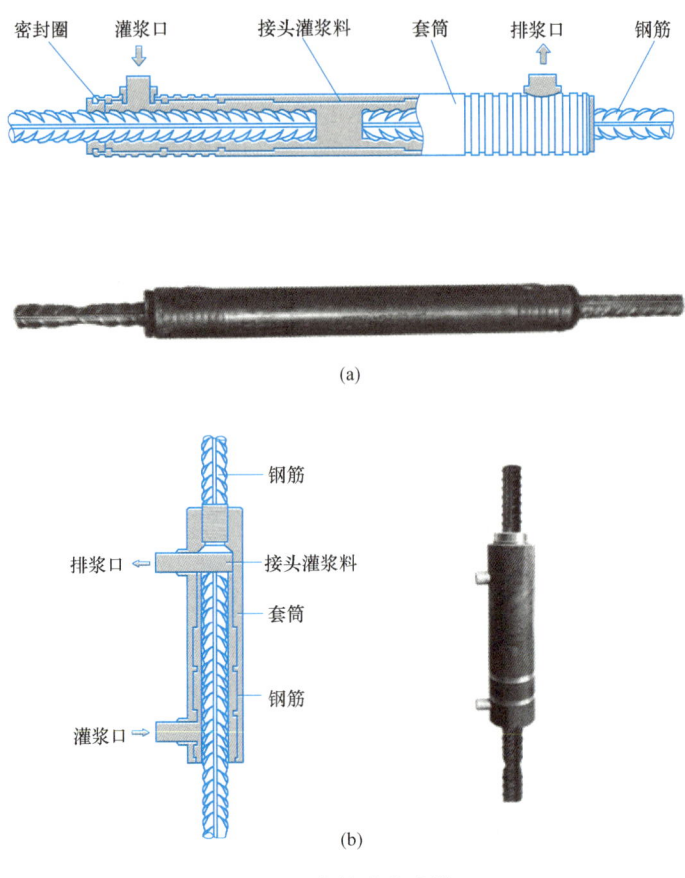

图 6-5　套筒灌浆连接

（a）全灌浆套筒；（b）半灌浆套筒

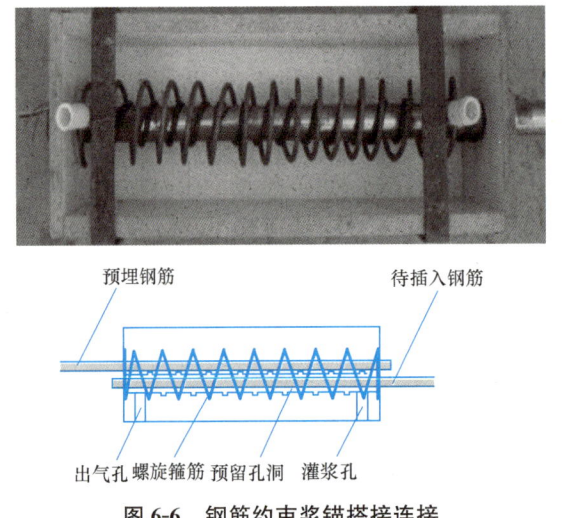

图 6-6　钢筋约束浆锚搭接连接

（2）当接缝位于纵横墙交接处的构造边缘构件区域时，构造边缘构件宜全部采用后浇混凝土，当仅在一面墙上设置后浇段时，后浇段的长度不宜小于 300mm，如图 6-8、

图 6-9 所示。

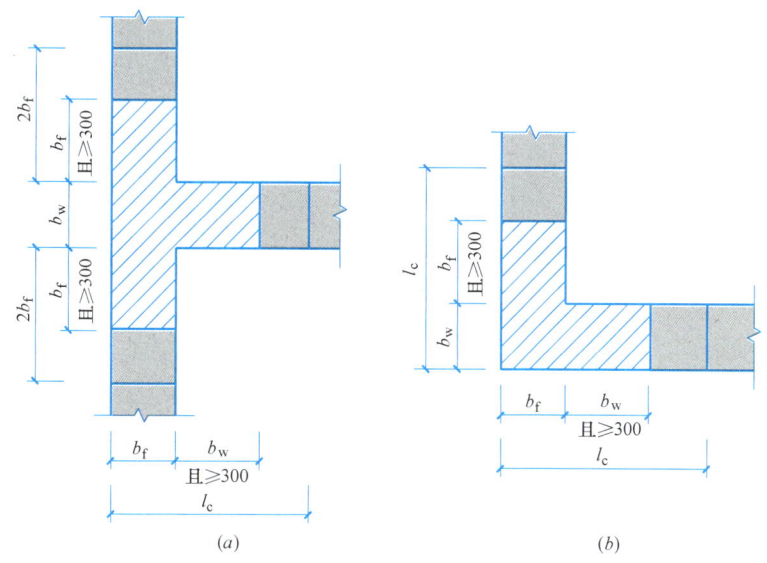

图 6-7　约束边缘构件阴影区域全部后浇构造示意

（a）有翼墙；（b）转角墙

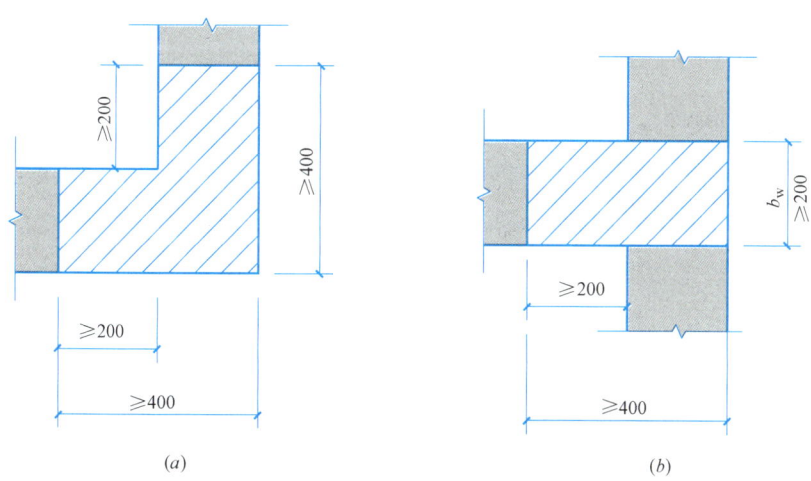

图 6-8　构造边缘构件全部后浇构造示意（阴影区域为构造边缘构件范围）

（a）转角墙；（b）有翼墙

（3）剪力墙水平连接以后浇混凝土连接为整体，其水平钢筋采用附加钢筋搭接的连接方式，如图 6-10 所示。

4.《装配式混凝土建筑技术标准》GB/T 51231—2016 规定上下层预制剪力墙的竖向钢筋连接应符合下列要求：

（1）边缘构件的竖向钢筋应逐根连接。

（2）预制剪力墙的竖向分布钢筋宜采用双排连接，当采用"梅花形"部分连接时，连接钢筋的配筋率不应小于现行国家标准《建筑抗震设计规范》GB 50011—2010（2016 年

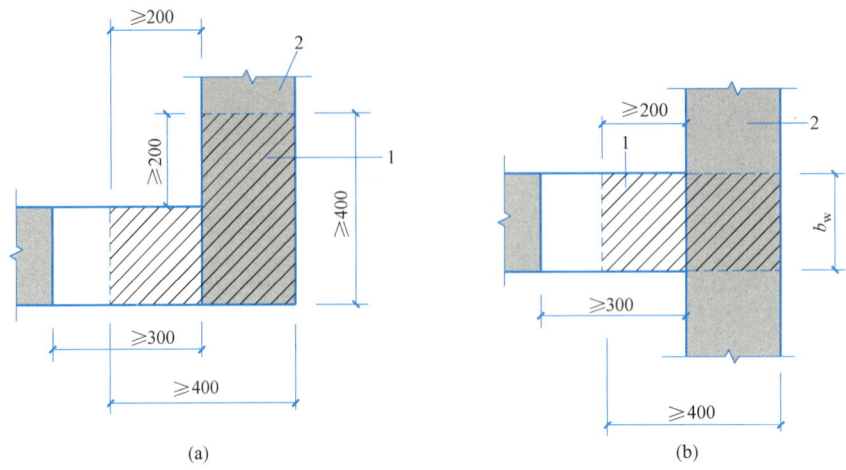

图 6-9　造边缘构件部分现浇构造示意（阴影区域为构造边缘构件范围）

（a）转角墙；（b）有翼墙

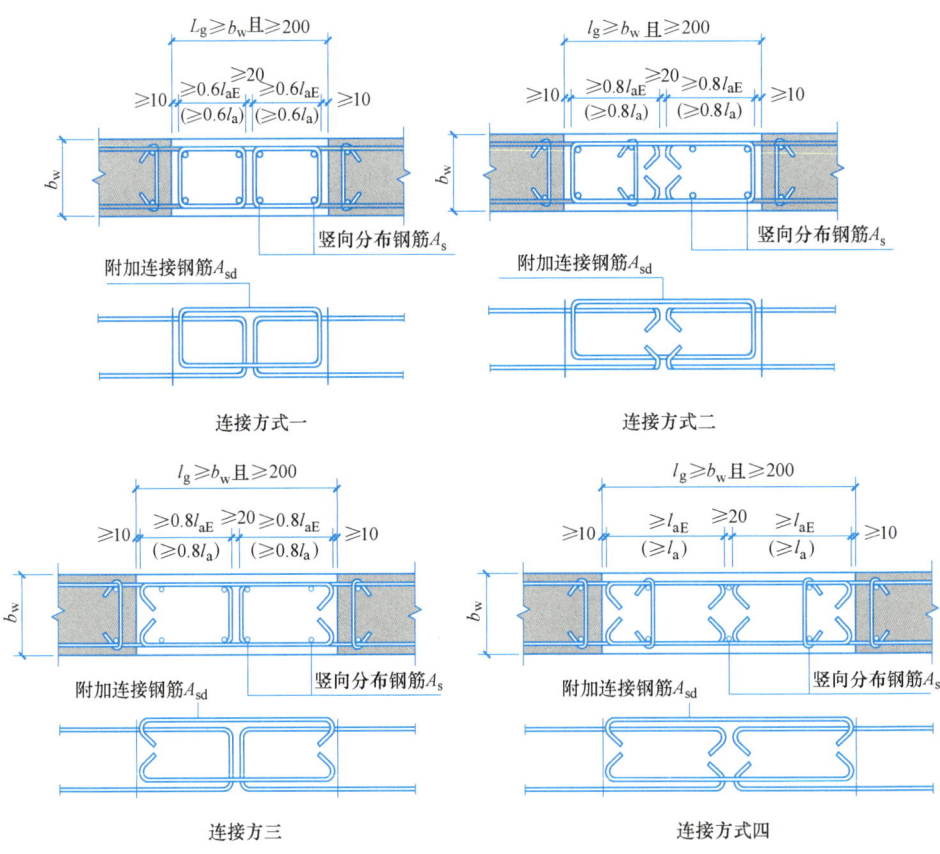

图 6-10　剪力墙水平连接方式

版）规定的剪力墙竖向分布钢筋最小配筋率要求，连接钢筋的直径不应小于 12mm，同侧间距不应大于 600mm，且在剪力墙构件承载力设计和分布钢筋配筋率计算中不得计入未连接的分布钢筋；未连接的竖向分布钢筋直径不应小于 6mm；"梅花形"套筒灌浆连接构造如图 6-11（a）所示，竖向分布钢筋连接构造如图 6-11（b）所示。

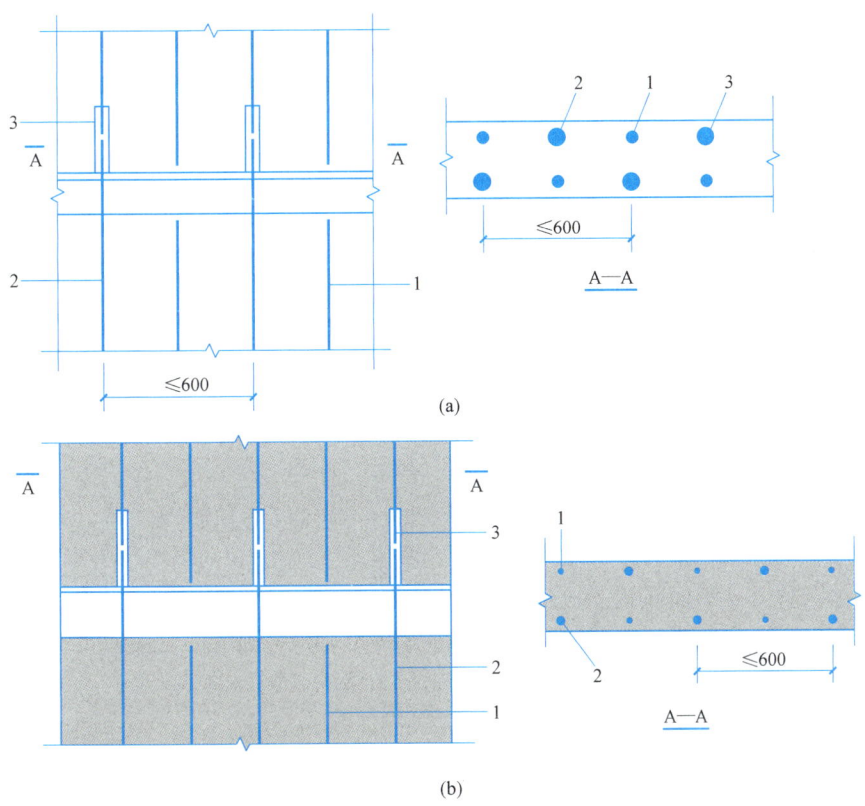

图 6-11　"梅花形"套筒灌浆连接构造、竖向分布钢筋连接构造示意
（a）"梅花形"套筒灌浆连接
1—未连接的竖向分布钢筋；2—连接的竖向分布钢筋；3—灌浆套筒
（b）竖向分布钢筋连接
1—不连接的竖向分布钢筋；2—连接的竖向分布钢筋；3—连接接头

（3）抗震等级为一级的剪力墙，轴压比大于 0.3 的抗震等级为二、三、四级的剪力墙，一侧无楼板的剪力墙，一字形剪力墙、一端有翼墙连接但剪力墙非边缘构件区长度大于 3m 的剪力墙以及两端有翼墙连接但剪力墙非边缘构件区长度大于 6m 的剪力墙，以上情况其竖向分布钢筋应采用双排连接。

墙体厚度不大于 200mm 的丙类建筑预制剪力墙的竖向分布钢筋可采用单排连接。当采用单排连接时，剪力墙两侧竖向分布钢筋与配置于墙体厚度中部的连接钢筋搭接连接，连接钢筋位于内、外侧被连接钢筋的中间；连接钢筋受拉承载力不应小于上下层被连接钢筋受拉承载力较大值的 1.1 倍，间距不宜大于 300mm。下层剪力墙连接钢筋自下层预制墙顶算起的埋置长度不应小于 $1.2l_{aE}+b_w/2$（b_w 为墙体厚度），上层剪力墙连接钢筋自套筒顶面算起的埋置长度不应小于 l_{aE}，上层连接钢筋顶部至套筒底部的长度尚不应小于 $1.2l_{aE}+b_w/2$，l_{aE} 按连接钢筋直径计算。钢筋连接长度范围内应配置拉筋，同一连接接头内的拉筋配筋面积不应小于连接钢筋的面积；拉筋沿竖向的间距不应大于水平分布钢筋间距，且不宜大于 150mm；拉筋沿水平方向的间距不应大于竖向分布钢筋间距，直径不应小于 6mm；拉筋应紧靠连接钢筋，并钩住最外层分布钢筋，且在计算分析时不应考虑剪力墙平面外刚度及承载力。

（4）抗震等级为一级的剪力墙以及二、三级底部加强部位的剪力墙，剪力墙的边缘构件竖向钢筋宜采用套筒灌浆连接。

6.2.2 预制剪力墙的表示方法

装配式剪力墙结构施工图设计适用于平面表示方法，施工图纸编排为平面（＋索引）＋节点＋详图。在配套标准图集中，给出了各类型预制构件编号的方法和规则，构件编号反映构件信息，工程编号反映构件的工程信息。在结构平面布置图中，按预制构件类型和位置顺序给出工程编号，应统一或分别给出预制构件明细表或索引，列表标注内容包括：工程编号（构件编号）、标志尺寸、数量、重量、设计参数、设计状态、位置信息。

1. 预制剪力墙平面布置图的表示方法

（1）预制剪力墙平面布置图应按标准层绘制，内容包括预制剪力墙、现浇混凝土墙体、后浇段、现浇梁、楼面梁、水平后浇带或圈梁等。

（2）预制剪力墙平面布置图应标注结构楼层标高表，并注明上部结构嵌固部位位置。

（3）在平面布置图中，应标注未居中承重墙体与轴线的定位，需标明预制剪力墙的门窗洞口、结构洞的尺寸和定位，还需标明预制剪力墙的装配方向。

（4）在平面布置图中，还应标注水平后浇带或圈梁的位置。

2. 预制剪力墙编号规定

预制剪力墙编号由墙板代号、序号组成，表达形式应符合表 6-5 的规定。

预制剪力墙编号　　　　　　　　　　　　　　　　　　表 6-5

预制墙板类型	代号	序号
预制外墙	YWQ	××
预制内墙	YNQ	××

在编号中，如若干预制剪力墙的模板、配筋、各类预埋件完全一致，仅墙厚与轴线的关系不同，也可将其编为同一预制剪力墙编号，但应在图中注明与轴线的几何关系。

序号可为数字或数字加字母。

例如 YWQ1，表示预制外墙，序号为 1。

例如 1YNQ5a，某工程有一块预制混凝土内墙板与已编号的 YNQ5 除线盒位置外，其他参数均相同，为方便起见，将该预制内墙板序号编为 5a。

3. 预制剪力墙列表注写方式

为表达清楚、简便，装配式剪力墙墙体结构可视为由预制剪力墙、后浇段、现浇剪力墙身、现浇剪力墙柱、现浇剪力墙梁等构件构成。其中，现浇剪力墙身、现浇剪力墙柱和现浇剪力墙梁的注写方式应符合《混凝土结构施工图平面整体表示方法制图规则和构造详图（现浇混凝土框架、剪力墙、梁、板）》22G101-1 的规定。对应于预制剪力墙平面布置图上的编号，在预制墙板表中，选用标准图集中的预制剪力墙或引用施工图中自行设计的预制剪力墙；在后浇段表中，绘制截面配筋图并注写几何尺寸与配筋具体数值。

4. 预制剪力墙墙板表中表达的内容

（1）注写墙板编号。

（2）注写各段墙板位置信息，包括所在轴号和所在楼层号。所在轴号应先标注垂直于墙板的起止轴号，用"～"表示起止方向；再标注墙板所在轴线轴号，二者用"/"分隔，如图 6-12 所示。如果同一轴线、同一起止区域内有多块墙板，可在所在轴号后用"-1""-2"……顺序标注。同时，需要在平面图中注明预制剪力墙的装配方向，外墙板以内侧为装配方向，不需特殊标注，内墙板用▲表示装配方向，如图 6-12 所示。

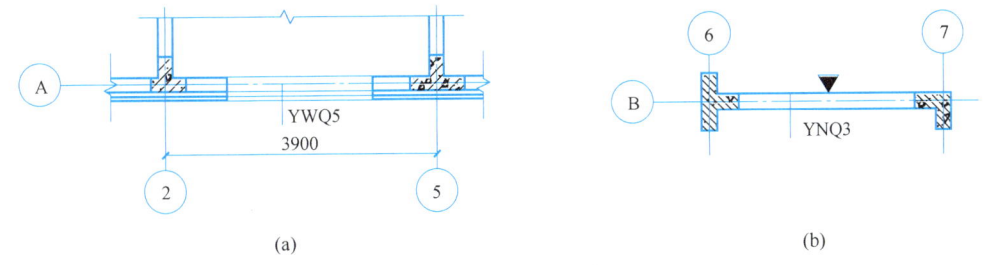

图 6-12　所在轴号示意图

（a）外墙板 YWQ5 所在轴号为②～⑤/Ⓐ；（b）内墙板 YNQ3 所在轴号为⑥～⑦/Ⓑ

（3）当选用标准图集的预制混凝土外墙板时，可选类型详见《预制混凝土剪力墙外墙板》15G365-1。标准图集的预制混凝土剪力墙外墙由内叶墙板、保温层和外叶墙板组成。预制墙板表中需注写所选图集中内叶墙板编号和外叶墙板控制尺寸。

1）标准图集中的内叶墙板共有 5 种形式，编号规则见表 6-6。

标准图集中内叶墙板编号　　　　　　　　　　　　　　　　表 6-6

预制内叶墙板类型	示意图	编　号
无洞口外墙		WQ-××× 无洞口外墙　层高 标志宽度
一个窗洞高窗台外墙		WQC1-××××-×××× 一窗洞外墙　层高　窗宽　窗高 （高窗台）　标志宽度
一个窗洞矮窗台外墙		WQCA-××××-×××× 一窗洞外墙　层高　窗宽　窗高 （矮窗台）　标志宽度
两窗洞外墙		WQC2-××××-××××-×××× 两窗洞外墙　层高　左窗高　右窗高 标志宽度　左窗宽　右窗宽
一个门洞外墙		WQM-××××-×××× 一门洞外墙　层高　门宽　门高 标志宽度

2）标准图集中的外叶墙板共有两种类型，如图 6-13 所示。

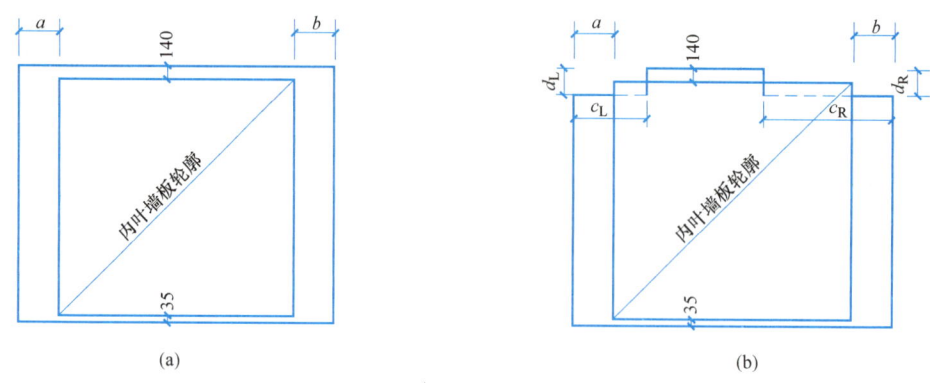

图 6-13　标准图集中外叶墙板内表面图
(a) wy-1；(b) wy-2

① 标准图集中外叶墙板 wy-1（a、b），按实际情况标注 a、b。

② 带阳台板外叶墙板 wy-2（a、b、c_L 或 c_R、d_L、d_R），选用时按外叶板实际情况标注 a、b、c、d。

3）若设计的预制外墙板与标准图集中板型的模板、配筋不同，应由设计单位进行构件详图设计。预制外墙板详图可参考《预制混凝土剪力墙外墙板》15G365-1。

4）当部分预制外墙板选用《预制混凝土剪力墙外墙板》15G365-1 时，另行设计的墙板应与该图集做法及要求相配套。

（4）当选用标准图集的预制混凝土内墙板时，可选类型详见《预制混凝土剪力墙内墙板》15G365-2。标准图集中预制混凝土内墙板共有 4 种形式，编号规则见表 6-7。

表 6-7

标准图集中预制混凝土剪力墙内墙板编号

预制内墙板类型	示意图	编　号
无洞口内墙		NQ－×× × × 无洞口内墙 ┤ ├ 层高 标志宽度
固定门垛内墙		NQM1－×× × × × － × × × × 一门洞内墙（固定门垛）┤ ├ 层高　门宽　门高 标志宽度
中间门洞内墙		NQM2－×× × × × － × × × × 一门洞外墙（中间门洞）┤ ├ 层高　门宽　门高 标志宽度
刀把内墙		NQM3－×× × × × － × × × × 一门洞内墙（刀把内墙）┤ ├ 层高　门宽门高 标志宽度

5. 装配整体式混凝土剪力墙工程示例（图 6-14）

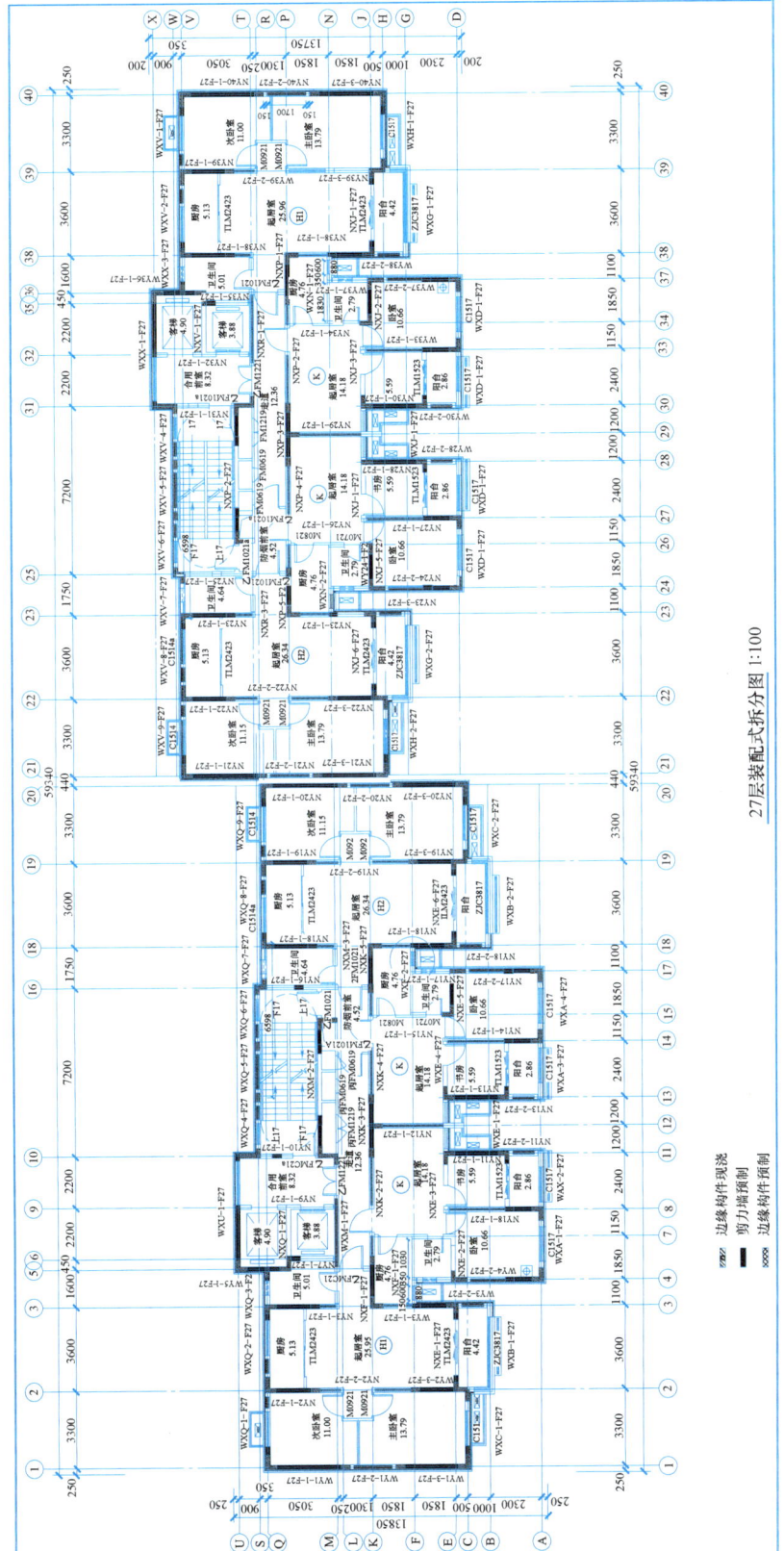

图 6-14　剪力墙墙板（一）

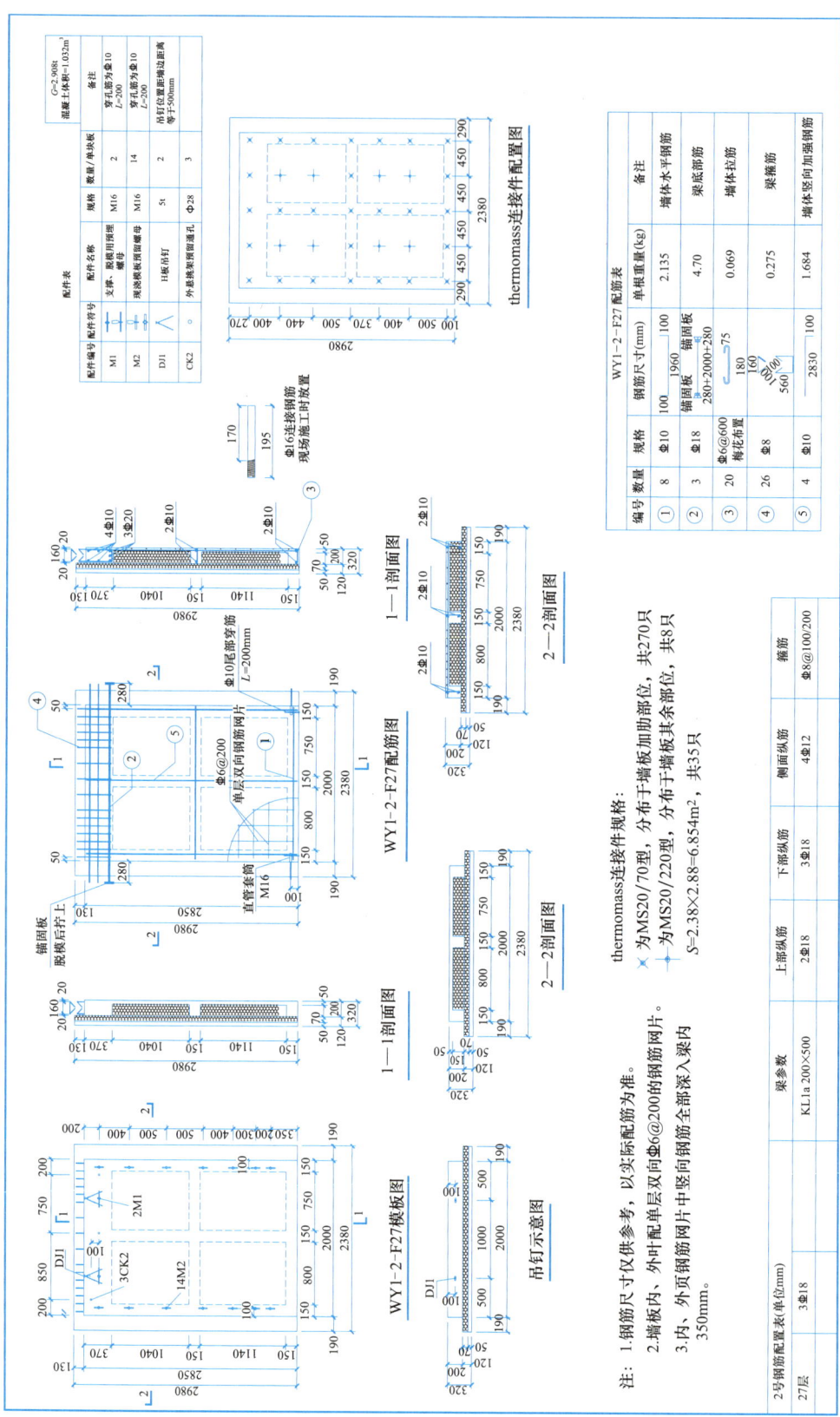

图 6-14 剪力墙墙板（二）

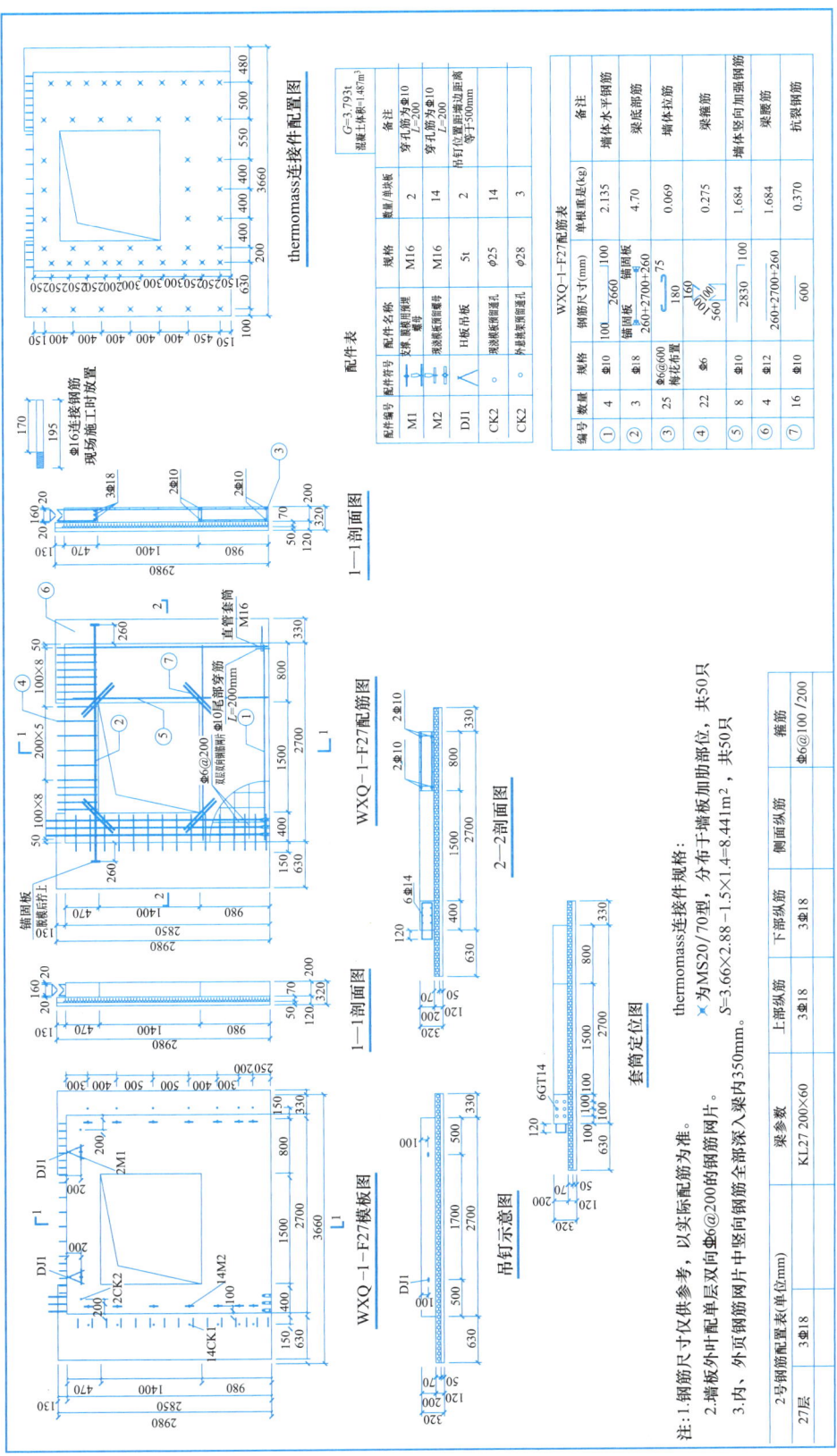

图 6-14　剪力墙板（三）

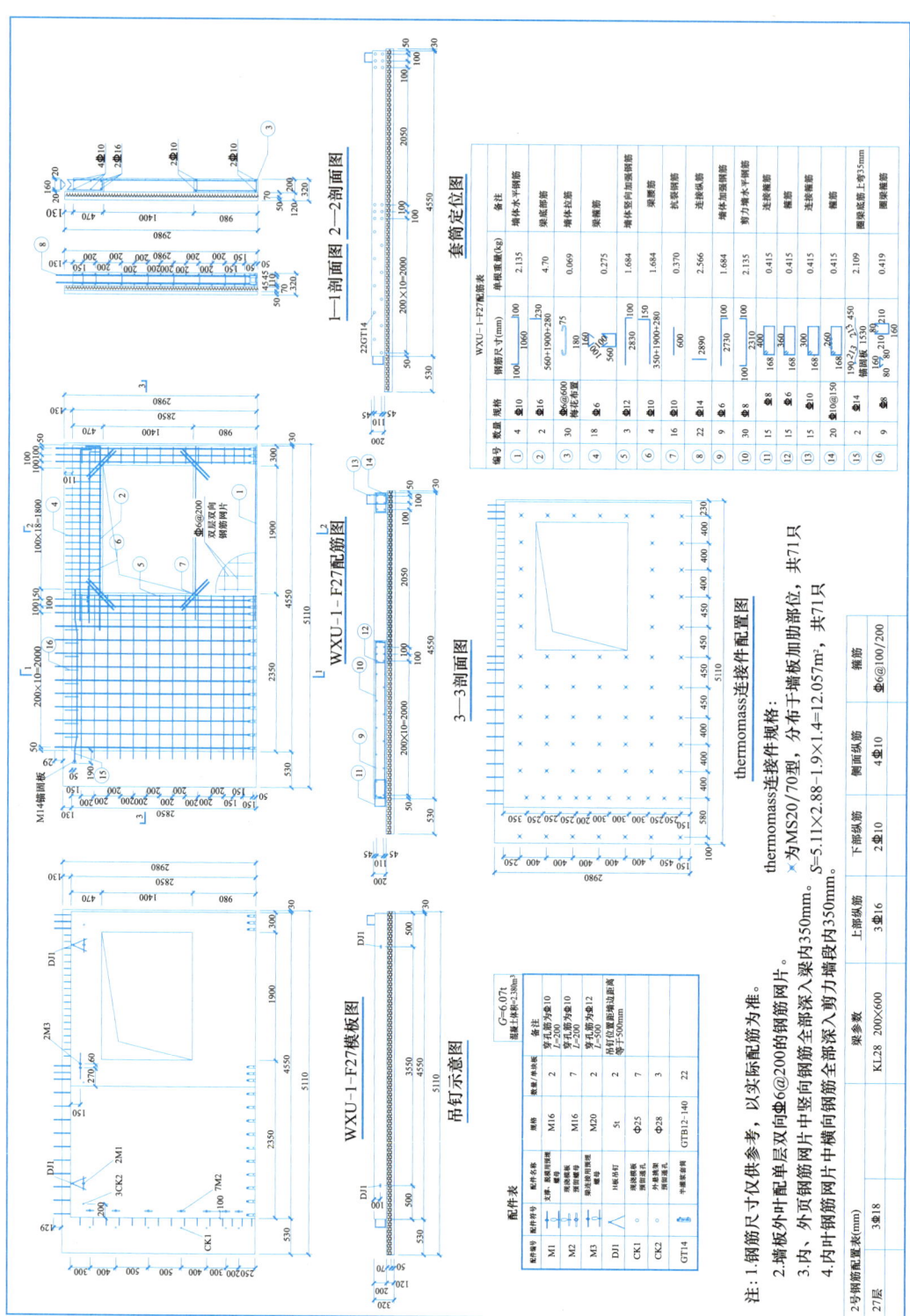

图 6-14 剪力墙墙板（四）

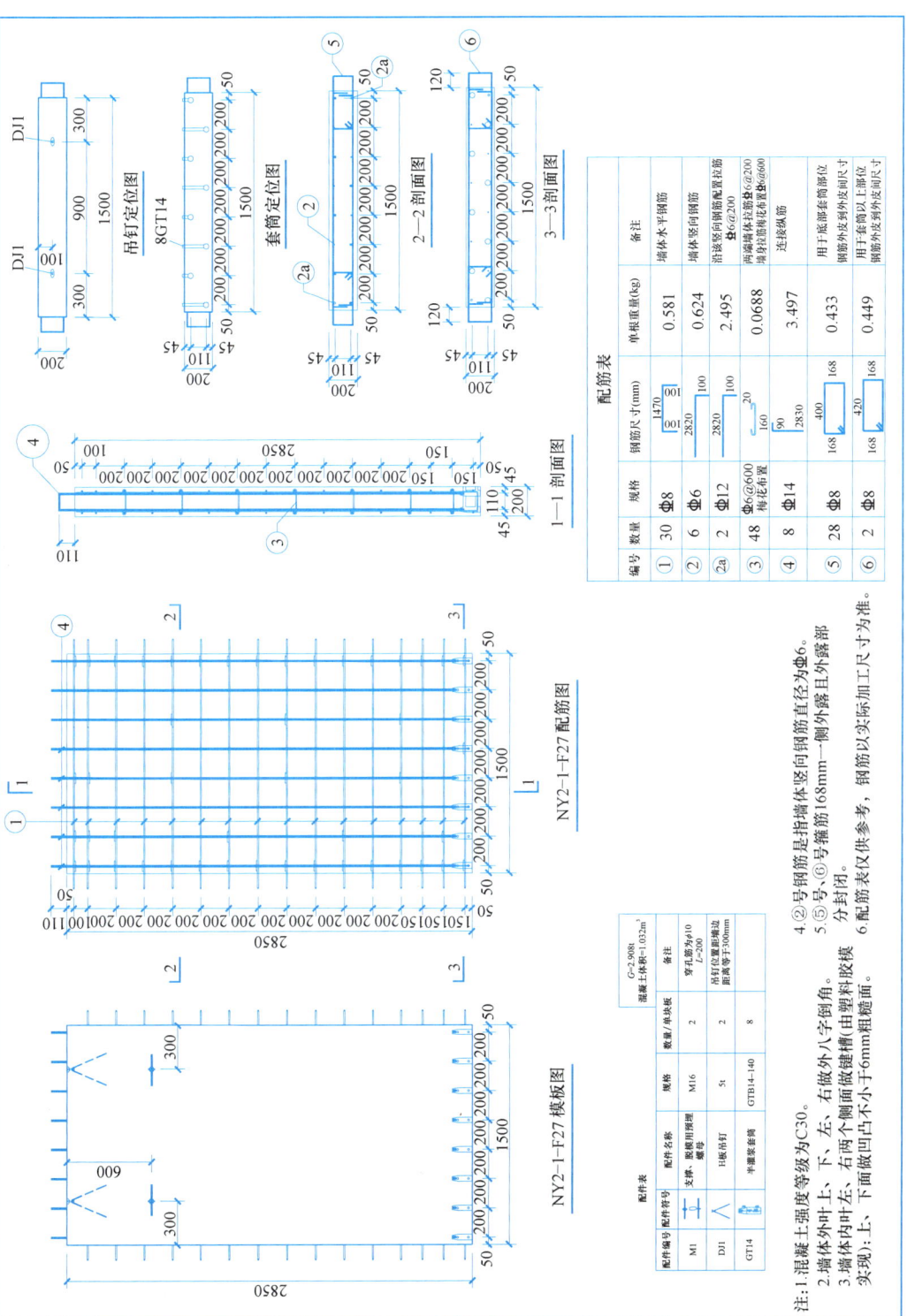

图 6-14　剪力墙墙板（五）

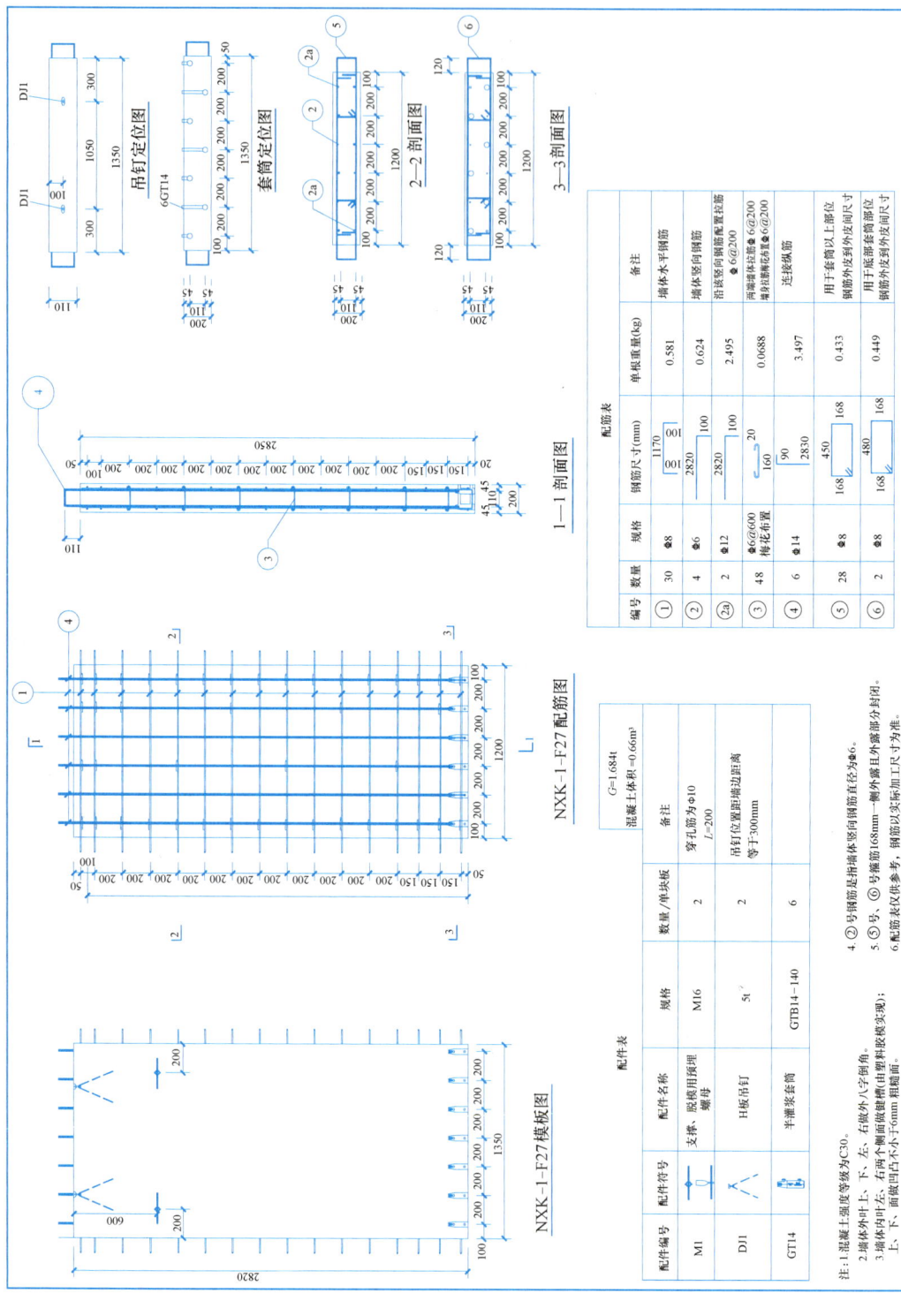

图6-14 剪力墙板（六）

6.3　预制剪力墙的拆分设计

与传统现浇结构相比，装配整体式剪力墙结构存在大量的接缝和结构构件连接节点，通过连接各个接缝和节点，将剪力墙结构形成整体从而具有足够的强度、刚度，能够承担竖向荷载、地震、风等外力作用。如何处理上述节点将直接决定结构的力学性能，因此在装配整体式剪力墙结构设计中，合理地对剪力墙构件进行拆分尤为重要。

6.3.1　预制剪力墙的选择原则

装配整体式剪力墙结构中，墙体间的接缝及连接较多，主要为预制构件之间的接缝及预制构件与现浇混凝土之间的界面，施工时接缝处剪力墙墙身钢筋连接要求较高，装配或绑扎较难，为尽量降低现场操作的复杂性，使装配后的墙板整体性能等同现浇剪力墙结构，对于预制构件的选择采用如下原则：

（1）竖向受力相对较小，承重构件竖向应上下对齐无转换。

（2）外围护剪力墙由于方便现场装配连接，应优先选用，如装配率在 30％ 及以下一般不选择内剪力墙预制。

（3）剪力墙结构底部加强区的竖向受力构件采用现浇。

（4）由于混凝土暗柱拆分较复杂且暗柱部分预制造价较高，一般混凝土暗柱选择现浇。

（5）楼梯间、电梯间的结构墙宜现浇，不宜采用 PC 墙。

（6）结构小震计算处于偏心受拉的墙肢不宜采用 PC 墙，如采用，需保证其水平装配缝的抗剪承载力。

6.3.2　预制剪力墙平面拆分原则

（1）预制剪力墙尺寸遵循少规格、多组合的原则。

（2）外立面的外围护构件尽量单开间拆分。

（3）预制剪力墙接缝位置选择结构受力较小处。

（4）长度较大的剪力墙，拆分时可考虑对称居中拆分，在套用图集时可选性高。

（5）因为现场脱模、堆放、运输、吊装的影响，要求单片剪力墙重量尽量相差不大，一般不超过 6t，高度不宜跨越楼层，长度不宜超过 6m，限值为 7m，拼缝宽 15～25mm。

6.3.3　预制剪力墙边缘构件

边缘构件对于剪力墙结构是重要构件，也是预制剪力墙的拆分的难点所在。其拆分方式主要有两种，一种是边缘构件全部现浇，其余墙体预制；另一种是边缘构件部分现浇，部分预制，两者之间采用水平钢筋环插筋连接。

（1）边缘构件全部现浇，其他部位预制

优点：边缘构件内钢筋连接与现浇相同，其范围内上下不需要用套筒连接，仅用套筒连接普通剪力墙，结构整体性相对较好，抗震性能得到保障。

缺点：受结构形式影响较大，基本只能用于层数较少的小高层住宅中。受《装配式建筑评价标准》GB/T 51129—2017影响较大，外墙非剪力墙预制构件不能再享受预制率的统计，只能算到围护墙评分。

（2）边缘构件部分现浇，部分预制

优点：预制率高，适用于大部分工程项目。

缺点：连接节点相对较多，现浇区域钢筋较多，空间狭小，不利于施工。

6.4 预制剪力墙的深化设计图绘制

通过对预制剪力墙的设计特点和相关规范的分析，对预制剪力墙本身设计及其连接设计进行分析，对拆分进行优缺点的分析，对在预制阶段、运输吊装阶段及使用阶段的荷载工况进行分析，得出预制剪力墙深化设计图的基本要求：

（1）图中绘制预制剪力墙主视图、左视图、右视图、俯视图、配筋图、装配方向3D视图、装配反方向3D视图；为了方便识图，模板图可合并在配筋图中，但需要表示清楚门窗、装饰材料、预留洞口、预埋件、管线、开关插座；粗糙面、键槽构造，面砖、石材需绘制排板图。

（2）钢筋用双线图表示，带肋钢筋要用满外值表示（按照钢筋加工最大正误差）。

（3）套筒连接的钢筋，钢筋表要求有加工误差要求，要与套筒对接钢筋的误差要求相匹配。

（4）预制剪力墙参数表。

（5）预埋件明细表。

预制剪力墙深化设计图如图6-15所示（见书后）。

6.5 预制剪力墙 BOM 报表的编制

预制剪力墙BOM报表是统计预制剪力墙板所用物料的清单，是指导构件加工厂加工构件的重要依据，可以通过相关拆分软件进行统计，或者人工统计的方法进行编制。本书主要介绍通过BeePC软件编制BOM报表的方法，人工统计时可以参照此BOM报表的内容进行编制。

6.6 工程实例操作

6-1
工程实例
简要介绍

提示： 下面通过工程实例中的一片预制剪力墙内墙板操作的全过程，使读者能够快速了解BeePC软件中预制剪力墙建模及深化设计出图的操作流程，从而具备正确使用BeePC软件进行剪力墙深化图设计的基本能力。

本案例为某住宅工程的一片无洞口内剪力墙，该剪力墙抗震等级为三级，混凝土强度为 C40；剪力墙墙高 2750mm，墙长 2700mm，墙厚 200mm；竖向配筋：非连接钢筋采用 Φ6@600、连接钢筋采用 Φ16@600，端部采用 Φ12 纵筋加强，水平筋配筋采用 Φ8@200，水平筋伸出形式采用封闭箍，伸出长度为 200mm；预制剪力墙中需布置一个 PVC 线盒、一根 PVC 线管、一个手孔及支模对穿孔。

1. 墙布置

（1）点击"BeePC 深化"选项卡中的"内墙布置"按钮，如图 6-16 所示。

6-2
灌浆套筒
及预埋件
的加载

图 6-16　"内墙布置"按钮

> **提示**：1. "内墙布置与出图"选项中指的是剪力墙内墙，"外墙布置与出图"选项中指的是"三明治"外墙。
>
> 2. 在进行墙布置之前先点击"灌浆套筒"及"预埋件"按钮，加载灌浆套筒及预埋件的规格，方便在后续选择时能够快速地选择出匹配的型号，如图 6-17 所示，操作方法同预制柱中灌浆套筒及预埋件的加载。

图 6-17　加载灌浆套筒及预埋件规格

（2）弹出"墙布置"对话框，对话框中包含三项内容，从左至右依次为墙类型、参数设置、构件视口区，如图 6-18 所示；构件视口区分为模板图视口区和配筋图视口区，可在参数设置底部进行点选，如图 6-19 所示。

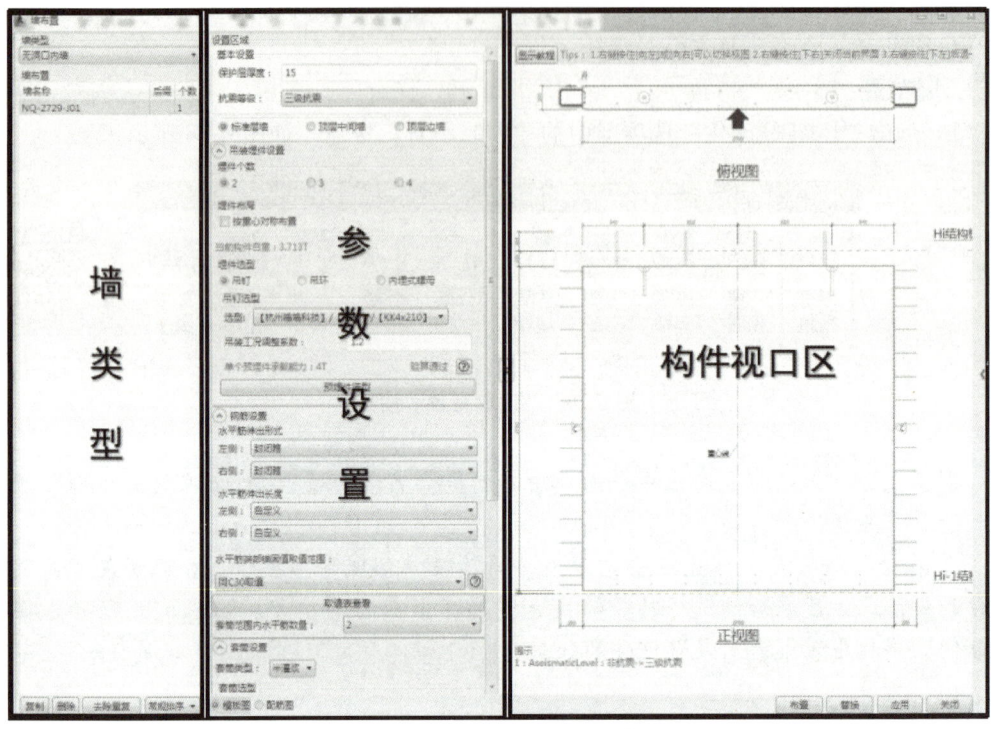

图 6-18　"墙布置"对话框

6-3
预制剪力
墙界面介
绍及类型
选择

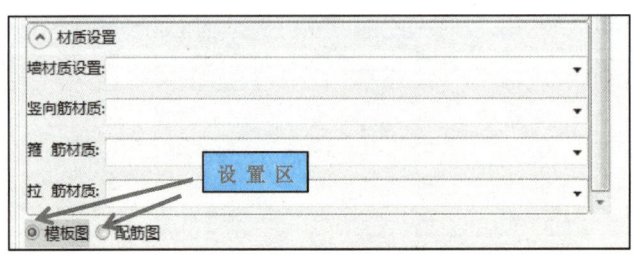

图 6-19　视口区选项

（3）墙类型选择，在墙类型下拉菜单中选取"无洞口内墙"选项，如图 6-20 所示。

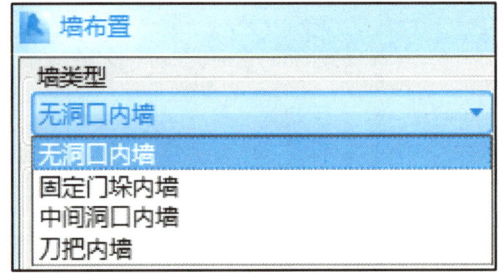

图 6-20　墙类型选项

> **提示：**软件提供 4 种剪力墙类型，分别是无洞口内墙、固定门垛内墙、中间洞口内墙、刀把内墙，可根据项目具体情况选择适合的预制墙板类型。

（4）墙基本信息设置

在参数设置区中输入保护层厚度为"15"，在抗震等级下拉菜单中选取"三级抗震"，在墙所处位置选项中选择"标准层墙"，如图 6-21 所示。

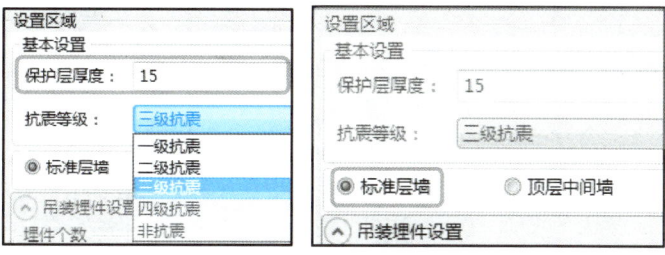

图 6-21　基本参数设置

（5）墙外部尺寸设置

点击参数设置底部的"模板图"，则构件视口区跳出相应视图，在构件视口区的"正视图"中输入预制墙长为"2700"，墙高为"2750"，如图 6-22

6-4
预制剪力墙工程环境及几何尺寸的设置

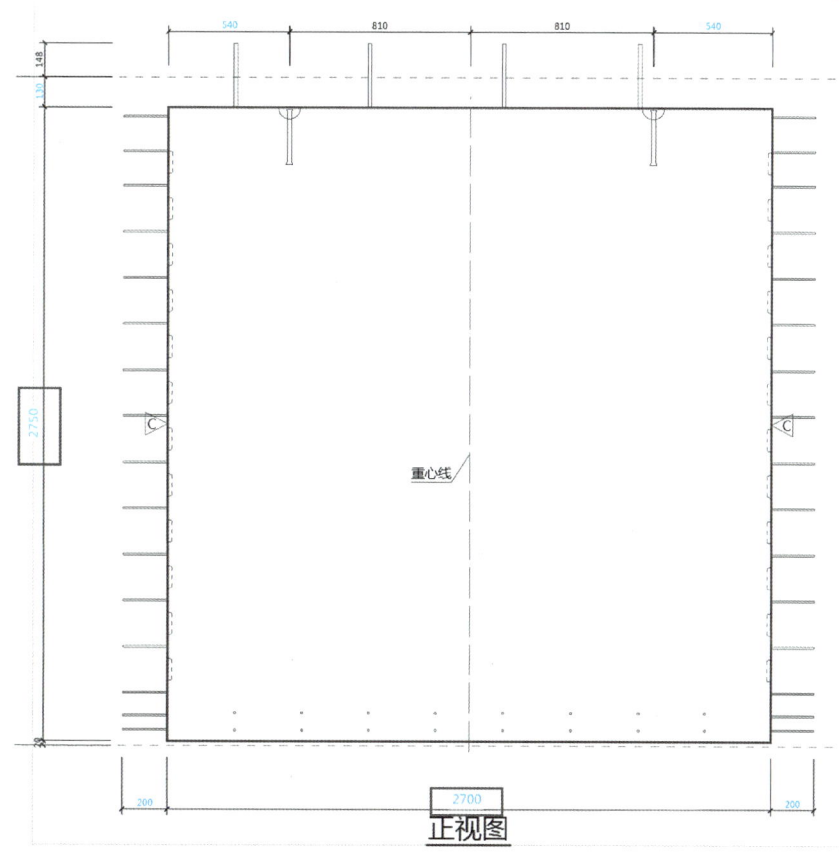

正视图

图 6-22　墙长高参数设置

所示；在"俯视图"中输入墙厚为"200"，如图 6-23 所示；在"俯视图"中输入墙端切口处长度值"30"，宽度值为"5"，如图 6-24 所示。

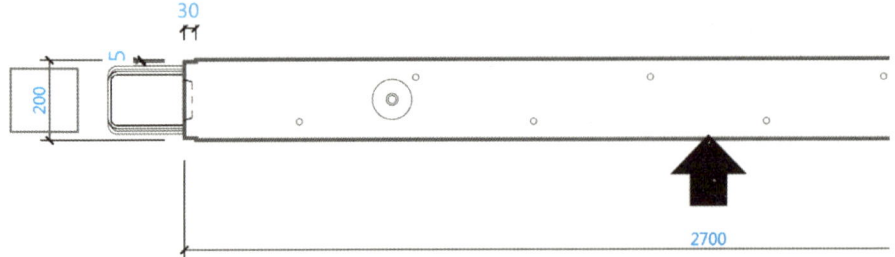

俯视图

图 6-23　墙厚参数设置

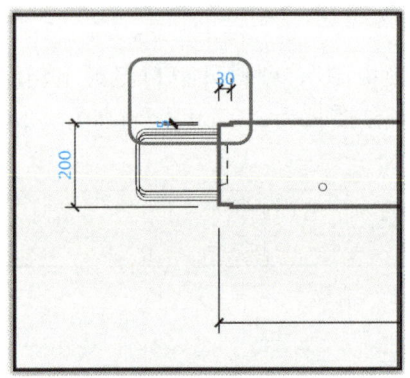

图 6-24　墙切口参数设置

在构件视口区的"正视图"中预制墙距上部结构标高输入"130"，距下部结构标高输入"20"，如图 6-25 所示。

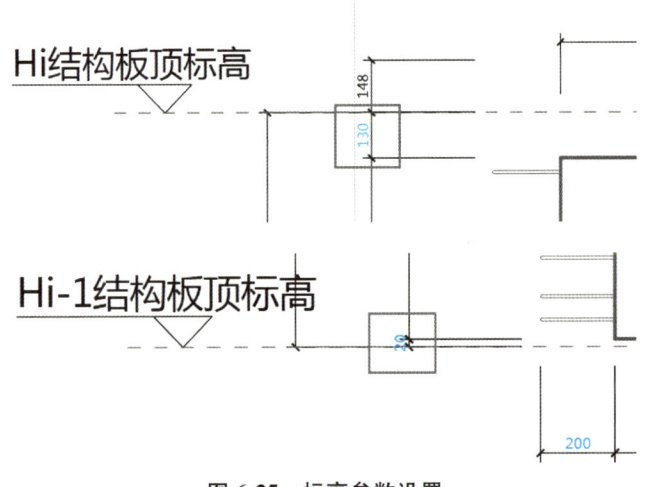

图 6-25　标高参数设置

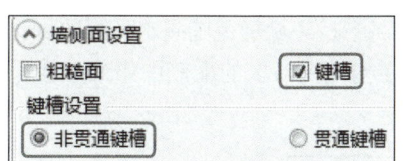

图 6-26　键槽设置按钮

（6）墙键槽设置

在参数设置区的墙侧面设置中勾选"键槽"，点选"非贯通键槽"，如图 6-26 所示；在构件视口区的"右视图"中输入键槽距底部距离值"260"，输入键槽高度"100"，输入键槽宽度"100"，键槽间隔输入"100"，如图 6-27 所示。

（7）预制墙吊装埋件设置

在参数设置区中吊装埋件个数选择"2 个"，埋件类型选择"吊钉"，吊装工况调整系数输入"1.2"，吊钉型号选取【杭州嗡嗡科技】/【吊钉】/【KK4×210】，如图 6-28 所示；在构件视口区的"正视图"中输入吊钉距墙边的距离"540"如图 6-29 所示。

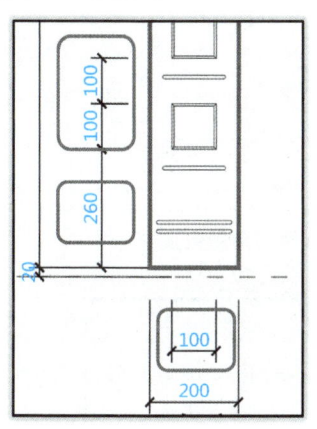

图 6-27　键槽参数设置

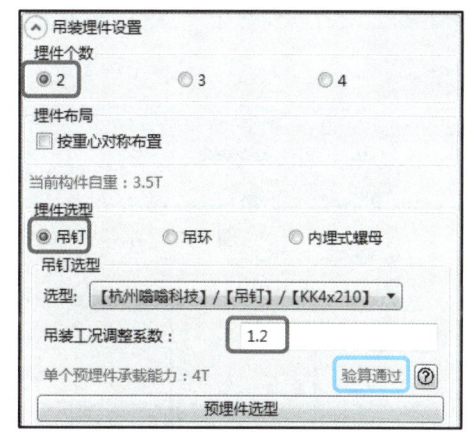

图 6-28　吊钉参数设置

提示： 吊钉的其他类型可通过点击"预埋件选型"中的其他选择项选择，根据所选吊钉类型再经软件自动计算后，界面上会出现红色字体提示"验算通过"或者"验算不通过"来检验所选吊钉是否符合承载能力。

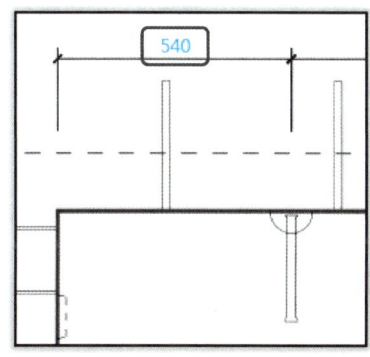

图 6-29　吊钉位置设置

（8）参数设置区的钢筋设置

在参数设置区中水平筋左、右侧伸出形式在其下拉菜单栏中均选择"封闭箍"，如图 6-30

所示；水平筋左、右侧伸出长度在其下拉菜单栏中均选择"自定义"，套筒范围内水平筋数量选择"2"，如图 6-31 所示；点选参数设置底部的"配筋图"，在构件视口区的配筋图中修改水平筋伸出长度为"200"，如图 6-32 所示。

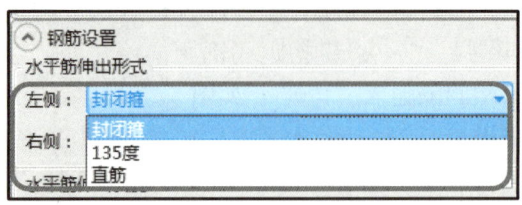

图 6-30　箍筋形式设置

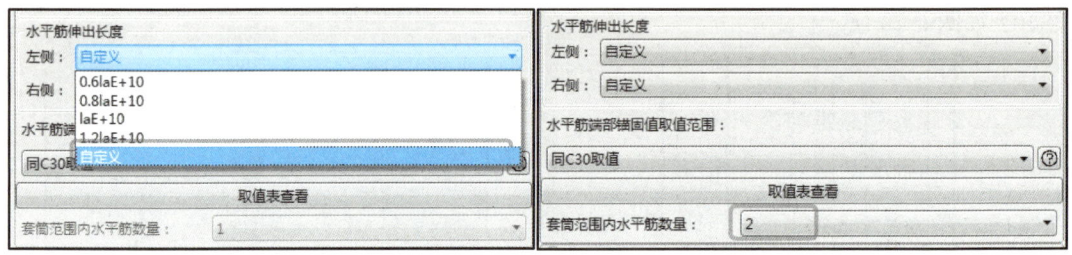

图 6-31　水平筋伸出长度及套筒范围水平筋数量设置

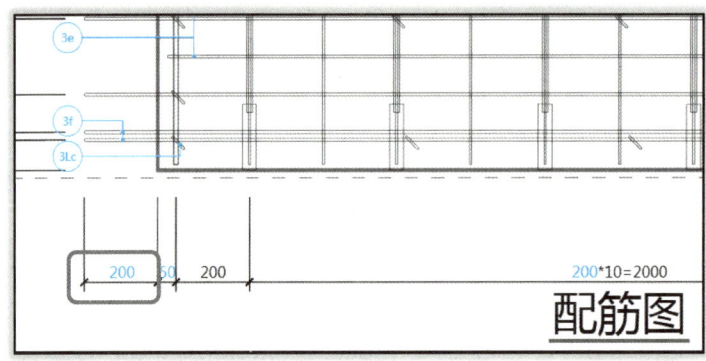

图 6-32　水平筋伸出长度修改

提示：水平筋伸出长度在其下拉菜单栏中选择非自定义选项时可与"水平筋端部锚固取值范围"下拉菜单栏中选择的混凝土强度联动，如图 6-33 所示。

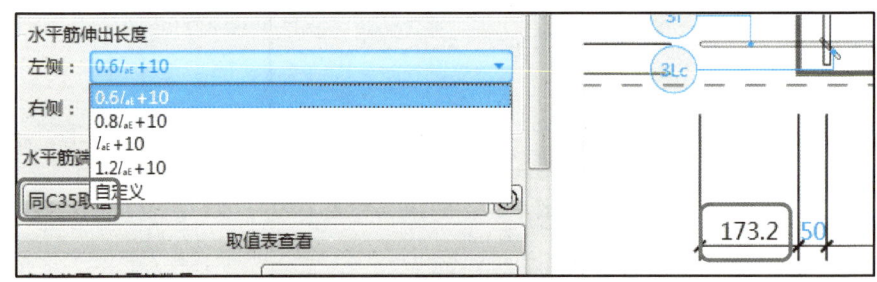

图 6-33　水平筋伸出长度设置

（9）套筒类型设置

参数设置区中的套筒类型在其下拉菜单栏中选择"半灌浆"；规格代号可根据点击"俯视配筋图"中 3a 钢筋的规格进行联动匹配（此例中 3a 钢筋设置为 C16，则套筒规格自动匹配为 GT16），如图 6-34 所示；根据设置好的 3a 钢筋直径软件会自动计算出其伸出长度，如图 6-35 所示。

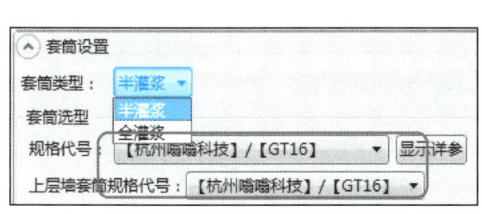
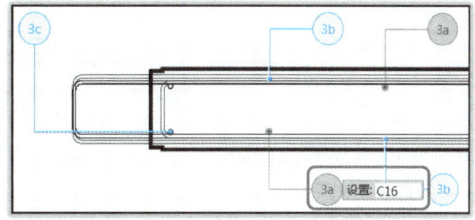

图 6-34　套筒类型设置

提示： 套筒的其他规格可在"设置灌浆套筒选型"按钮中选择。

（10）构件视口区的钢筋设置

在构件视口区的"配筋图"中点击 3b 钢筋，显示如图 6-36 所示，默认为"C6"，不需修改；同样的方法修改 3c 钢筋直径输入"12"，3e 钢筋直径输入"8"，3f 钢筋直径输入"8"。

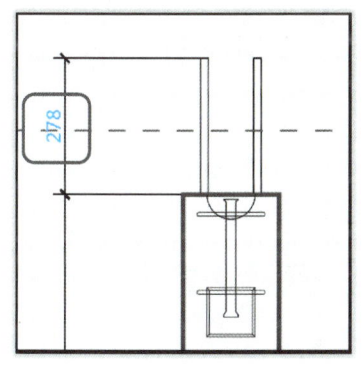
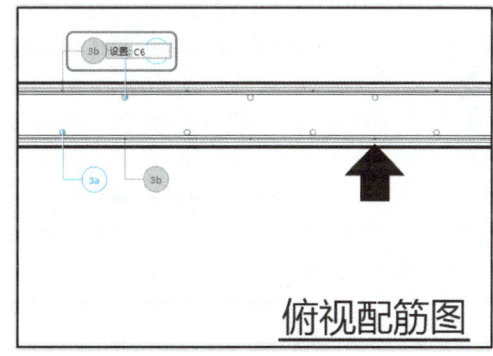

图 6-35　套筒长度与钢筋直径联动　　　　图 6-36　构件视口区的钢筋直径设置

在构件视口区的"配筋图"中修改首排、末排竖向钢筋距墙边的距离均为"50"，如图 6-37 所示；竖向筋间距输入"300"，如图 6-38 所示。

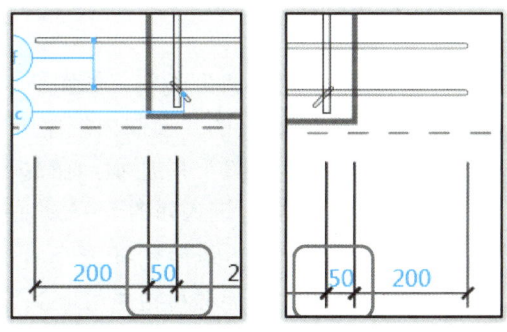

图 6-37　构件视口区钢筋墙边距设置

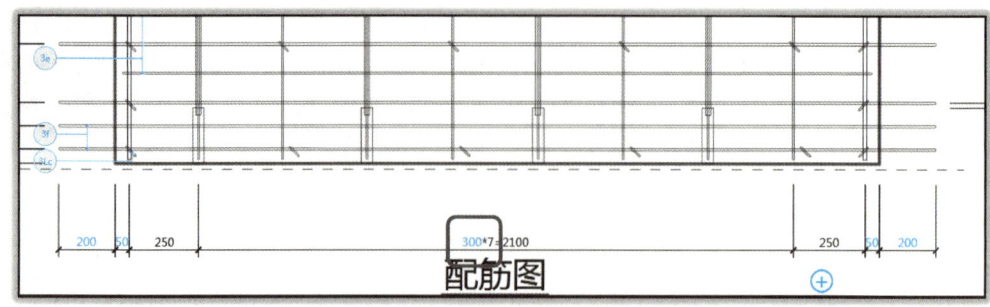

图 6-38　构件视口区竖向筋间距设置

3f 钢筋距底部距离输入"50"，间距输入"60"，距离第一道 3b 钢筋距离输入"100"，如图 6-39 所示。

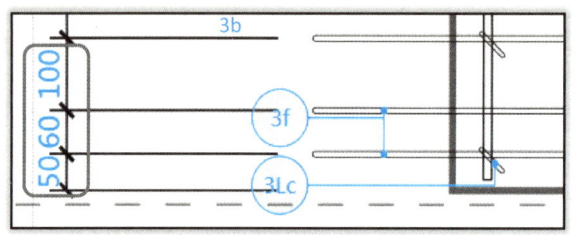

图 6-39　构件视口区横向筋间距设置

（11）点击构件视口区右下角的"布置"按钮将预制剪力墙布置在平面中的相应位置处，如图 6-40 所示。

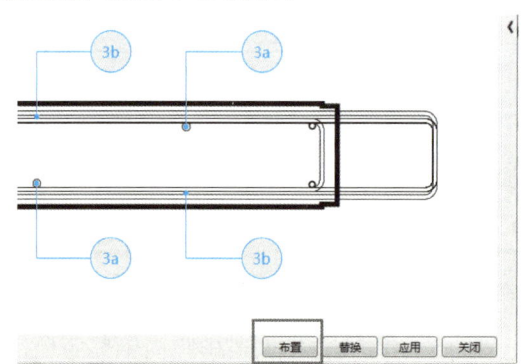

图 6-40　构件视口区布置按钮

2. 附属构件布置

（1）点取 BeePC 深化选项卡中的"内墙预埋"按钮，如图 6-41 所示。

6-8
预制剪力
墙布置

图 6-41　"内墙预埋"按钮

（2）在点开的"预制内墙附加"对话框中单击"进入画布模式"，如图 6-42 所示，在 Revit 平面图中选择已布置的预制剪力墙，进入如图 6-43 所示的界面。

提示：在附属构件布置的部分只对手孔的布置进行详细讲解，其余附属构件的布置方式与手孔的布置方式基本相同。

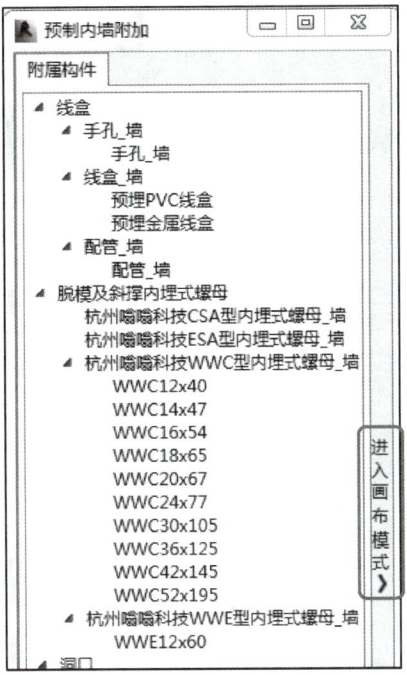

图 6-42 预制内墙附加对话框

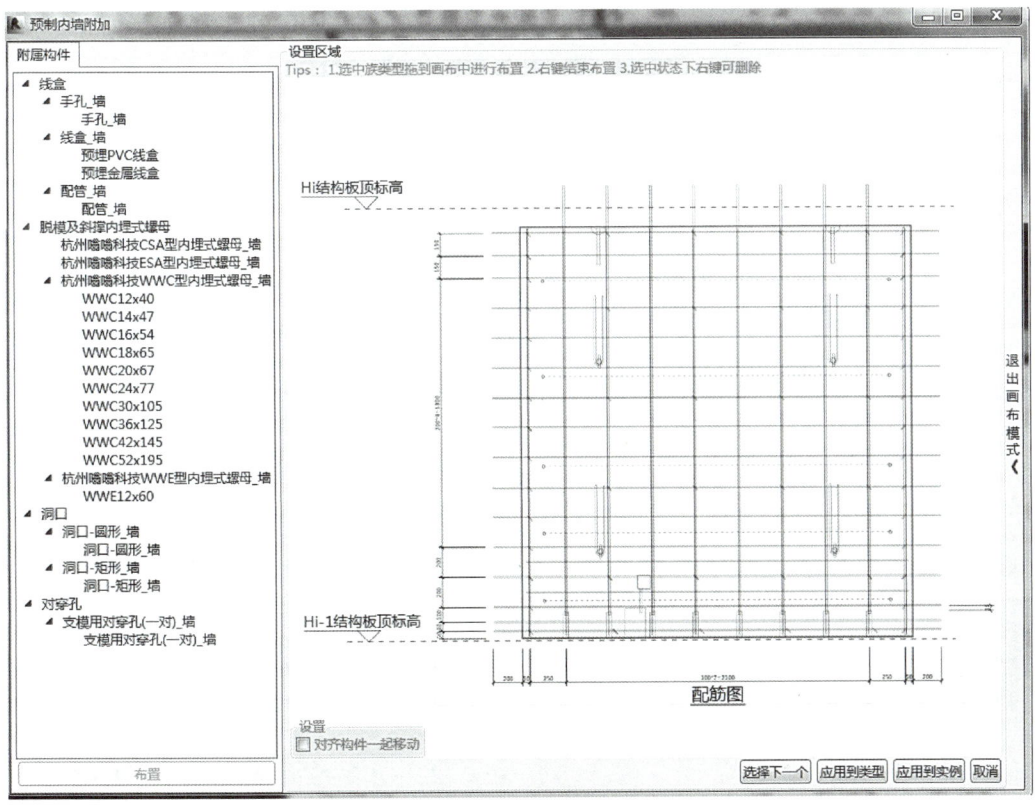

图 6-43 画布模式

6-9
预制剪力
墙附属构
件的布置
（一）

（3）在画布模式中选择"手孔_墙"后单击"布置"按钮，随后将手孔放置在配筋图的任意位置，再选中已布置的手孔，最后修改蓝色数字将手孔放置在正确位置，如图6-44所示。

> **提示**：蓝色字体中的"正面"表示手孔的开口与正视图方向保持一致，当单击"正面"后会显示为"背面"，手孔会变为虚线，此时表示手孔的开口方向与正视图方向相反，如图6-45所示。

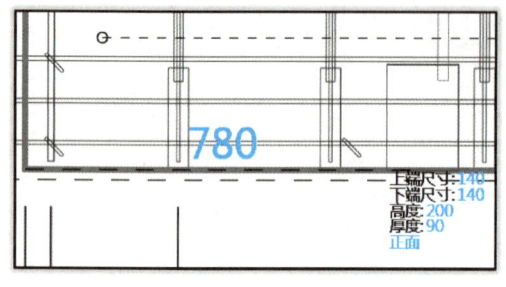

图 6-44　手孔布置

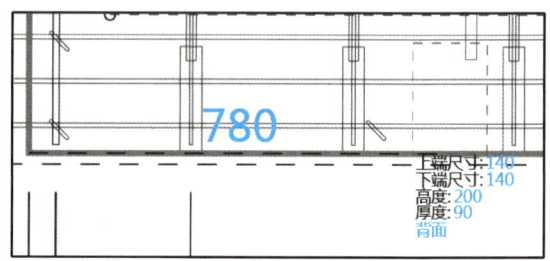

图 6-45　手孔背视图

（4）参照手孔的布置方式在画布模式中依次布置PVC线盒、配管、脱模及内埋式螺母等附属构件。"预埋PVC线盒"定位如图6-46所示；"配管_墙"定位如图6-47所示；"脱模及斜撑内埋式螺母"定位如图6-48所示；"支模用对穿孔"定位如图6-49所示（图示数据为剪力墙右侧对穿孔，左侧对穿孔与之镜像）。

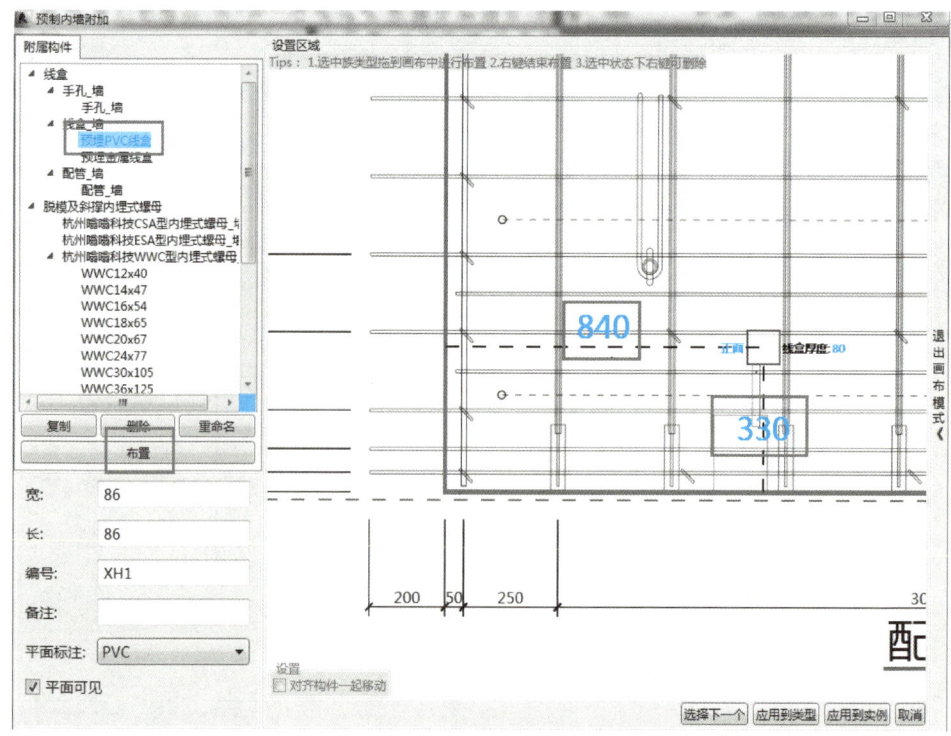

图 6-46　"预埋PVC线盒"定位

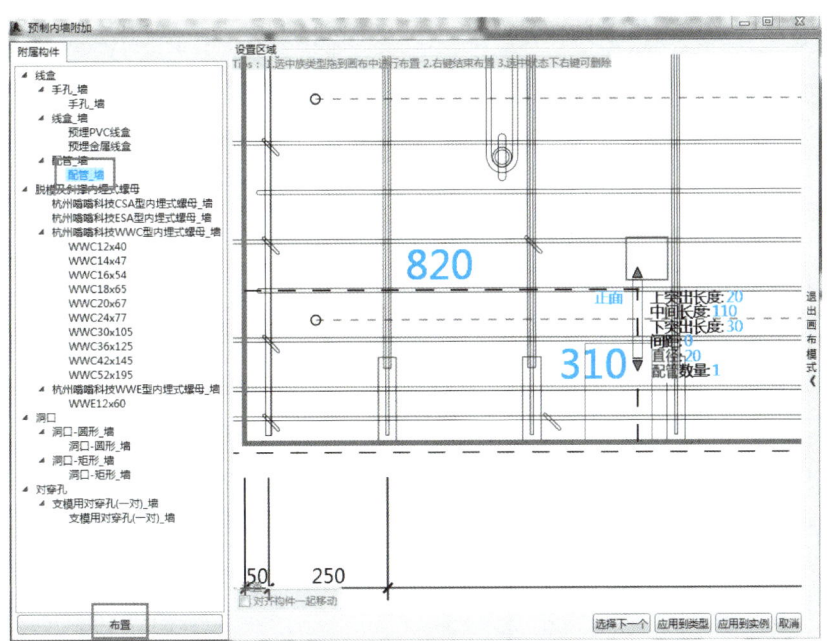

6-10
预制剪力
墙附属构
件的布置
（二）

图 6-47　"配管_墙"定位

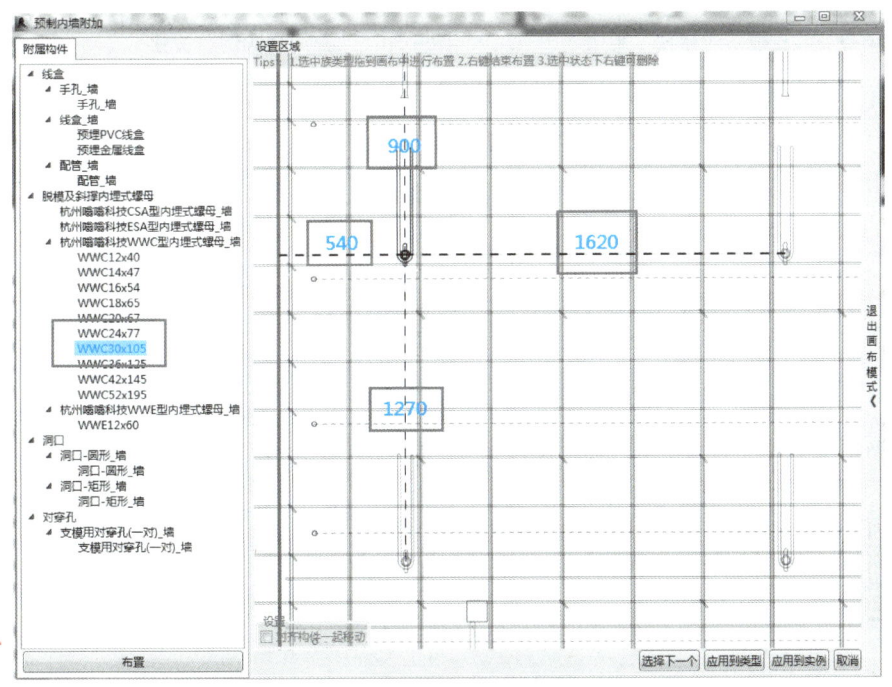

图 6-48　"脱模及斜撑内埋式螺母"定位

提示：上突出长度表示配管伸入线盒的长度，下突出长度表示配管伸入手孔的长度，间距表示两根配管的中心距。

提示：脱模及斜撑内埋式螺母的类型可在参数设置窗口中选择加载更多类型。

165

（5）设置好所有附属构件参数之后，点击"应用到实例"即可在预制墙板中布置成功，如图 6-50 所示。

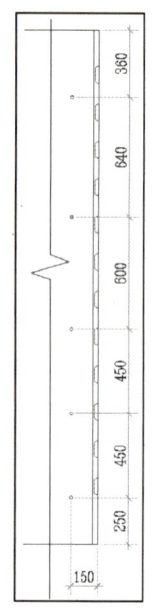

图 6-49　"支模用对穿孔"定位

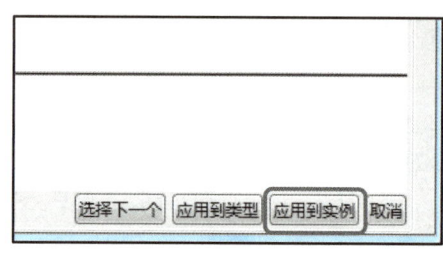

图 6-50　"应用到实例"按钮

3. 预制墙编号

（1）点取"墙布置与出图"选项卡中的"编号"按钮，对编号顺序及标记样式进行选择，本例选择如图 6-51 所示。

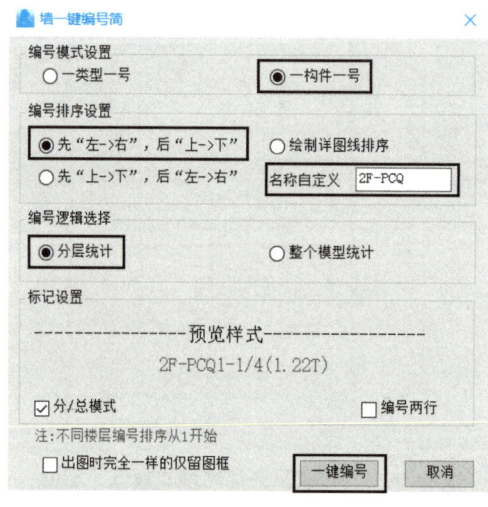

图 6-51　一键编号

6-11
预制剪力
墙编号及
生成BOM
报表

（2）点击右下角"一键编号"按钮，板编号完成。

> 提示：若墙有改动时，应勾选重新编号。

4. 规则清单（BOM 报表）

（1）点取 BeePC 深化选项卡下的"规则清单"按钮，如图 6-52 所示。

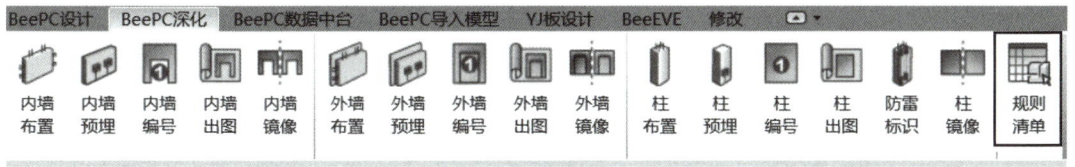

图 6-52　"规则清单"按钮

（2）进入 BOM 报表，左侧为报表名称，右侧为对应的一览表，如图 6-53 所示。

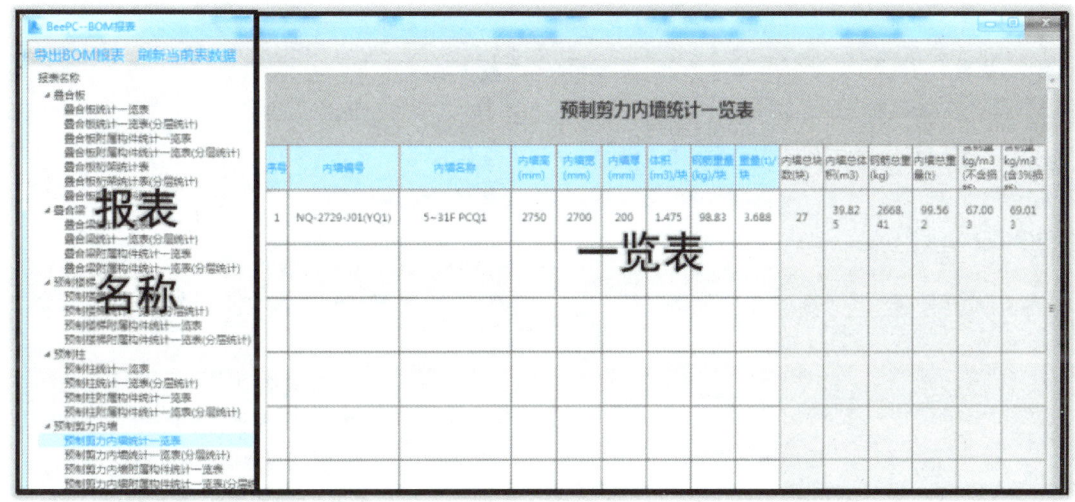

图 6-53　BOM 报表

（3）软件提供 4 类关于墙的 BOM 清单，如图 6-54 所示，根据工程需要选择其中一项，则右边视口会跳出相应数据。

（4）根据需要可导出 BOM 报表，软件支持将生成的 BOM 报表导出 Excel、导出对应视图，如图 6-55 所示。

> **提示**：BOM 报表的制作需要在墙编号后进行，若不需要 BOM 报表，则在墙编号后可跳过此项，直接进行墙出图。

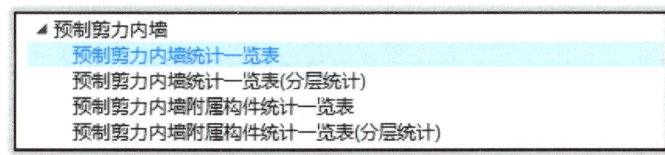

图 6-54　墙 BOM 清单选项　　　　图 6-55　BOM 报表导出格式

5. 内墙出图

（1）点取 BeePC 深化选项卡中"内墙出图"按钮，如图 6-56 所示。

6-12
预制剪力墙
出图

图 6-56　"内墙出图"按钮

（2）进入"墙一键出图"对话框，对图框名称、图框尺寸、比例、标注文字大小及字体等内容进行点选，对出图布局、明细表等内容可以进行编辑，如图 6-57 所示。

（3）点击"选墙出图"，如图 6-58 所示，在三维图中选中所有的预制墙，则墙出图完成，生成的图纸在项目浏览器的图纸中可查看。

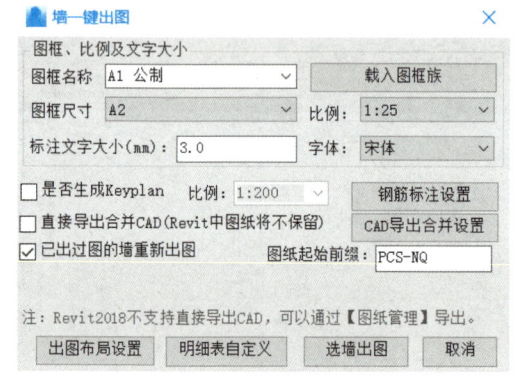

图 6-57　"墙一键出图"
对话框

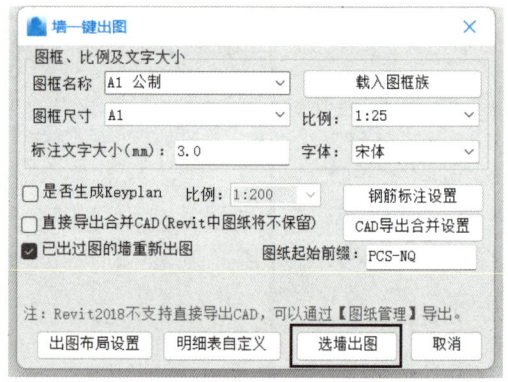

图 6-58　"选墙出图"
按钮

提示：内墙出图是预制墙布置的最后一步，在"墙一键出图"对话框中可以调整图框名称、图框尺寸以及出图比例等内容，此部分内容简单，读者可根据需要自行操作。

小结

本任务主要从预制剪力墙的基础知识、预制剪力墙的深化详图识图、预制剪力墙的拆分设计、预制剪力墙的深化加工图绘制、预制剪力墙 BOM 报表的编制等方面详细介绍了预制剪力墙深化加工图纸的绘制方法，让读者在了解预制剪力墙深化设计相关知识的基础上，能够更加快速、准确地绘制出合格的预制剪力墙深化加工图纸。

本任务结合工程实例，阐述了一片预制剪力墙的布置流程及在布置过程中的注意事项，读者在掌握了上述方法之后可以在其余工程中灵活运用。本实例最终效果图如图 6-59 所示。

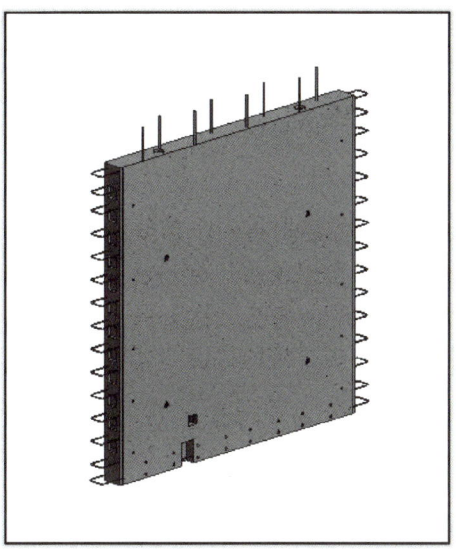

图 6-59　预制剪力墙效果图

习　题

1. 选择题

（1）湿式连接是通过连接件将相邻构件的受力纵筋相连，在连接处（　　）。

A. 浇筑混凝土　　B. 灌浆套筒连接　　C. 机械连接　　D. 灌注水泥砂浆

（2）预制剪力墙的顶部和底部与后浇混凝土的结合面应设置（　　）。

A. 拉结筋　　　　B. 粗糙面　　　　C. 灌浆套筒　　D. 连接钢筋

（3）预制剪力墙与后浇混凝土结合面的粗糙面面积不宜小于结合面的（　　）。

A. 20%　　　　　B. 50%　　　　　C. 70%　　　　D. 80%

（4）预制剪力墙侧面与后浇混凝土的结合面如设置槽键，槽键深度不宜（　　）。

A. 小于 20mm　　B. 大于 20mm　　C. 小于 50mm　　D. 大于 50mm

（5）预制剪力墙洞口两侧墙肢宽度不应小于（　　）。

A. 100mm　　　　B. 120mm　　　　C. 200mm　　　　D. 1000mm

（6）预制剪力墙当采用套筒灌浆连接时，自套筒底部至套筒顶部并向上延伸（　　）范围内，水平筋应加密。

A. 100mm　　　　B. 200mm　　　　C. 300mm　　　　D. 500mm

（7）夹心外墙板的夹层厚度不宜（　　）。

A. 小于 120mm　　B. 大于 120mm　　C. 小于 150mm　D. 大于 150mm

（8）预制剪力墙的竖向分布钢筋宜采用（　　）。

A. 单排连接　　B. 双排连接　　　C. 三排连接　　D. 多排连接

（9）抗震等级为一级的剪力墙以及二、三级底部加强部位的剪力墙，剪力墙的边缘构件竖向钢筋宜采用（　　）。

A. 绑扎连接 B. 焊接连接   C. 直螺纹套筒连接 D. 套筒灌浆连接

（10）楼梯间、电梯间的结构墙宜（ ）。

A. 现浇   B. 预制   C. 预制＋现浇   D. 采用轻质材料

2. 简答题

（1）简述预制剪力墙的构造要求。

（2）全灌浆套筒和半灌浆套筒钢筋连接的区别是什么？

（3）预制剪力墙平面拆分原则是什么？

3. 工程实践训练

根据教材配套图纸（扫描附录中二维码下载），对该工程中的剪力墙进行拆分，并进行预制剪力墙的深化设计。

任务 7

预制外墙挂板的深化设计

【教学目标】

1. 知识目标

（1）掌握预制外墙挂板深化设计的基本知识；

（2）掌握预制外墙挂板深化设计施工图识读的相关知识。

2. 能力目标

（1）能够准确识读与正确理解预制外墙挂板深化设计加工图；

（2）能够对预制外墙挂板进行拆分，并能绘制简单的深化设计加工图。

3. 素养目标

（1）培养学生以人为本，健康环保的工程理念；

（2）培养学生的"双碳"意识，树立人类命运共同体的意识。

课程思政案例

7.1 预制外墙挂板的基础知识

7.1.1 预制外墙挂板的应用

本任务介绍非承重的、作为围护结构使用的预制外墙挂板是实心墙板，主要用于框架结构，未包括夹芯墙板用作外墙挂板的情况。

预制外墙挂板是自承重构件，不考虑分担主体结构所承受的荷载和作用，其只承受作用于本身的荷载，包括自重、风荷载、地震荷载以及施工阶段的荷载。预制外墙挂板在装配式建筑中多用于框架结构、钢结构和内浇外挂体系，它在装配式建筑中属于一个子系统，其结构连接种类繁多。

预制外墙挂板在与主体结构连接形式上灵活多样，设计与施工可选择性强，工程造价合理，围护使用成本低，耐久性好，可与混凝土结构同寿命。目前对预制外墙挂板所进行的相关试验研究工作做得还比较少，应用上多为非承重的、仅跨越一个层高和一个开间的、点支承的外墙挂板，如图 7-1 所示。

图 7-1　预制外墙挂板

7.1.2 预制外墙挂板的概念

1. 预制外墙挂板的定义

应用于外墙挂板系统中的非结构预制混凝土墙板构件，简称外墙挂板。

2. 预制外墙挂板的优点

预制外墙挂板是利用混凝土可塑性强的特点，可充分表达设计师的意愿，使建筑外墙具有独特的表现力。饰面混凝土外墙挂板采用反打成型工艺，带有装饰层面。利用反打成型工艺，将饰面材料在工厂事先打到混凝土里，形成一体的带有装饰面的预制构件，如图 7-2 所示。

3. 预制外墙挂板的连接

根据外墙挂板在框架结构上的支承情况，可分为点支承和线支承两类。点支撑按装配工艺分类属于"干做法"，按装配程序分类属于"后安装法"；线支撑按装配工艺分类属于"湿作业"，按装配程序分类属于"先安装法"。

（1）线支撑

线支撑是外墙挂板边缘局部与主体结构通

图 7-2　反打成型工艺的外墙挂板

过现浇段连接的支承方式。线支撑物理性能好，用于内浇外挂体系，如图 7-3 所示。

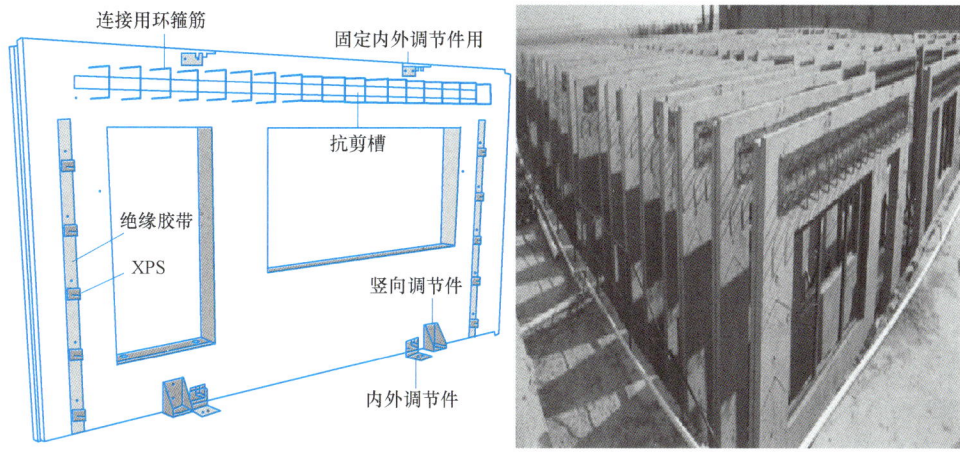

图 7-3　线支撑外墙挂板示意

（2）点支撑

点支撑是外墙挂板与主体结构通过不少于两个独立支承点传递荷载，并通过支承点的位移实现外墙挂板适应主体结构变形能力的柔性支承方式。点支撑构造缝多，抗震性能好，应用于框架公共建筑较好，如图 7-4 所示。

图 7-4　点支撑外墙挂板示意

7.2　预制外墙挂板的深化详图识图

7.2.1　构造要求

（1）外墙挂板用冷轧带肋钢筋应符合现行标准《冷轧带肋钢筋》GB/T 13788 和《冷轧带肋钢筋混凝土结构技术规程》JGJ 95 的有关规定，冷拔低碳钢丝应符合现行标准《冷拔低碳钢丝应用技术规程》JGJ 19 的有关规定。

（2）外墙挂板的混凝土强度等级不宜低于C30。当采用轻骨料混凝土，轻骨料混凝土强度等级不应低于LC25。当采用清水混凝土或装饰混凝土时，混凝土强度等级C40。

（3）外墙挂板不应跨越主体结构的变形缝。主体结构变形缝两侧，外墙挂板的构造缝应适应主体结构变形要求，构造缝应采用柔性连接设计或滑动型连接设计，并宜采取易于修复的构造措施。

（4）考虑风荷载和地震的双向作用，当外墙挂板采用平板时，板厚不宜小于100mm，墙板采用双层、双向配筋；当外墙挂板采用带肋梁时，墙板最薄处厚度不应小于60mm，且应满足防水构造和节点连接件的锚固要求；外墙挂板水平和竖向钢筋的最小配筋率应符合现行国家标准《混凝土结构设计规范》GB 50010 的有关规定，且钢筋直径不宜小于6mm，间距不宜在大于200mm。考虑吊运、贮存、安装和使用各阶段最不利的内力效应进行厚度及配筋计算：单层墙板厚度不宜小于100mm，且双层双向配筋；当单叶层厚度小于100mm时，可采用单层双向配筋，但在吊运时板片受拉部位应设置抗拉钢筋，避免混凝土受拉产生裂缝。

（5）当外墙挂板有门窗洞口时，在洞口周边、角部应配置加强钢筋；洞边加强钢筋不宜少于2根，直径不宜小于墙板分布钢筋直径；洞口角部加强斜筋不应少于2根，直径不宜小于墙板分布钢筋直径。

7.2.2 预制外墙挂板的支承系统

（1）弹性连接

预制外墙挂板顶部与梁采取可靠连接，预制外墙挂板两侧与竖向构件通过构造钢筋连接，如图 7-5（a）所示。

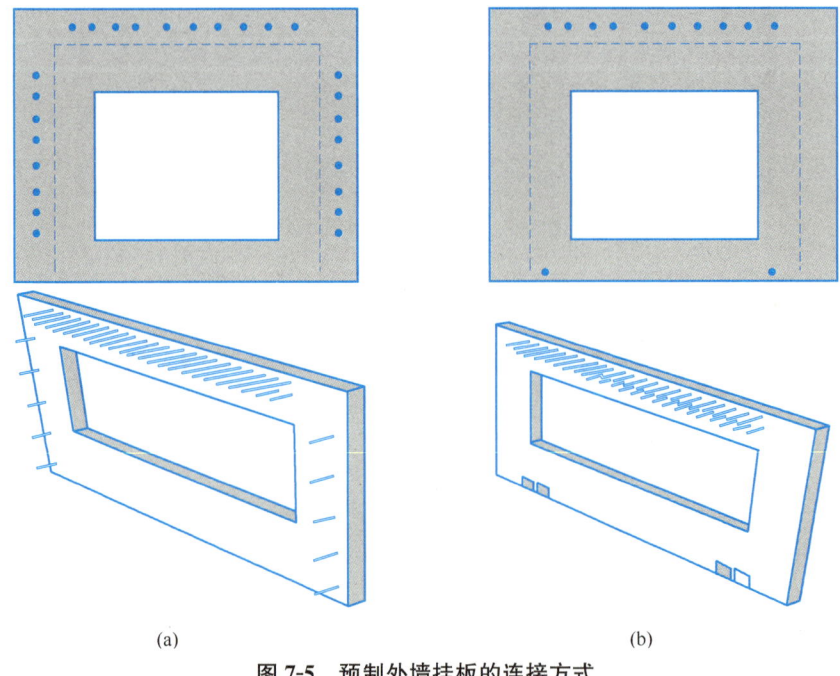

(a)   (b)

图 7-5 预制外墙挂板的连接方式

（a）弹性连接示意；（b）柔性连接示意

（2）柔性连接

预制外墙挂板顶部与梁采取可靠连接，预制外墙挂板两侧与竖向构件不设连接，预制外墙挂板底部与结构楼板设置连接件，如图 7-5（b）所示。

（3）支承外墙挂板的主体结构构件应符合下列规定：

1）应满足节点连接件的锚固要求，当不满足锚固要求时宜采用机械锚固方法。

2）应具有足够的承载能力，应能承受外墙挂板通过连接节点传递的荷载和作用。

3）应具有足够的抗扭刚度和抗弯刚度，避免产生较大的扭转或竖向变形。

（4）当外墙挂板与主体结构采用点支承连接时，连接节点的变形能力应符合下列规定：

1）连接节点应具有适应外墙挂板制作与施工安装允许偏差三维调节能力。

2）连接节点在外墙挂板平面内应具有适应主体结构在永久荷载、活荷载、风荷载、温度作用下变形的能力，在计算温度作用下的变形量时，应同时计入外墙挂板在温度作用下的变形值。

3）在地震设计状况下，连接节点在墙板平面内应具有不小于主体结构在设防地震作用下弹性层间位移角 3 倍的变形能力。

4）外墙挂板与主体结构采用点支承连接时，面外连接点不应少于 4 个，竖向承重连接点不宜少于 2 个；外墙挂板承重节点验算时，选取的计算承重连接点不应多于 2 个。

5）点支撑外墙挂板的连接方式分为平移式和旋转式。为保证外墙挂板在地震时适应主体结构的最大层间位移角，点支撑的连接节点一般采用在连接件和预埋件之间设置带有长圆孔的滑移垫片，形成平面内可滑移的支座。旋转式连接是当外墙挂板相对于主体结构可能产生转动时，长圆孔宜按垂直方向设置；平移式连接是当外墙挂板相对于主体结构可能产生平移时，长圆孔宜按水平方向设置。外墙挂板连接构造节点类型见表 7-1。

（5）当外墙挂板与主体结构采用线支承连接时，连接节点应符合下列规定：

1）连接节点在外墙挂板平面内宜具有适应主体结构在永久荷载、活荷载、风荷载、温度作用下变形的能力。

2）在地震设计状况下，外墙挂板的非承重节点在墙板平面内应具有不小于主体结构在设防地震作用下弹性层间位移角 3 倍的变形能力。

外墙挂板连接构造节点类型　　　　　　　　　　　　　　表 7-1

序号	变位方式	原理图	挂板尺寸要求	适用范围
1	转动		板宽 $B \leqslant 2.5\text{m}$ 板高 $H \leqslant 6\text{m}$ 板厚 $t = 140 \sim 300\text{mm}$	混凝土框架结构 钢框架结构
2	平移＋转动		板宽 $B \leqslant 2.5\text{m}$ 板高 $H \leqslant 6\text{m}$ 板厚 $t = 140 \sim 300\text{mm}$	

注：△——自重支点；↑、↕、⊕——滚轴。

3）外墙挂板与主体结构采用线支承连接时，宜在墙板顶部与主体结构支承构件之间采用后浇段连接，墙板的底端应设置不少于2个仅对墙板有平面外约束的连接节点，墙板的侧边与主体构应不连接或仅设置柔性连接。

4）线支承外墙挂板节点构造应符合下列规定：

① 外墙挂板顶部与梁连接，且固定连接区段应避开梁端1.5倍梁高长度范围；

② 外墙挂板与梁的结合面应采用粗糙面并设置键槽；接缝处应设置连接钢筋，连接钢筋直径不宜小于10mm，间距不宜大于200mm；

③ 外墙挂板的底端应设置不少于2个仅对墙板有平面外约束的连接节点；

④ 外墙挂板的侧边不应与主体结构连接，如图7-6所示。

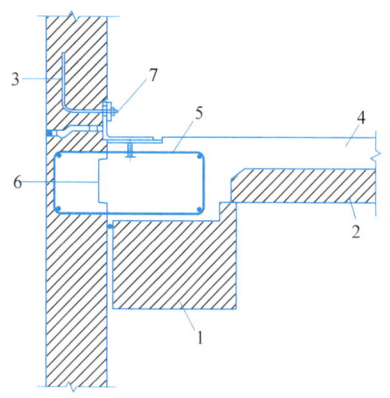

图 7-6　外墙挂板线支承连接示意图

1—预制梁；2—预制板；3—预制外墙挂板；
4—后浇混凝土；5—连接钢筋；
6—剪力键槽；7—面外限位连接件

7.3　预制外墙挂板的拆分设计

外墙挂板是装配式混凝土框架结构上的非承重外围护挂板，其拆分仅限于一个层高和一个开间。外墙挂板的几何尺寸要考虑到施工、运输条件等，当构件尺寸过长、过高时，主体结构层间位移对其内力的影响也较大。

外墙挂板拆分的尺寸应根据建筑立面的特点，将墙板接缝位置与建筑立面相对应，既要满足墙板的尺寸控制要求，又将接缝构造与立面要求结合起来。开口墙板如设置窗户洞口，洞口边的有效宽度不宜小于300mm。

外墙挂板应安装在主体结构构件上，如结构柱（墙）、梁、楼板上，墙板拆分受到主体结构布置的约束，必须考虑与主体结构连接的可行性。如果主体结构体系的构件无法满足墙板连接节点的要求，应当引出"牛腿"连接件或次梁等二次结构体系，以满足建筑效果。

7.4　预制外墙挂板的深化加工图绘制

外墙挂板模板图的绘制除了应注明其外轮廓尺寸外，还应详细标注各个细部的尺寸，以及外墙挂板内部预埋件的定位尺寸。绘制外墙挂板深化加工图，要掌握其外墙挂板加工流程，在图纸中正确反映其加工制作时需要的参数，同时根据外墙挂板的受力要求及生产制作要求绘制相应的钢筋图。

整间板、横条板、竖条板的模板图及配筋图如图7-7所示。

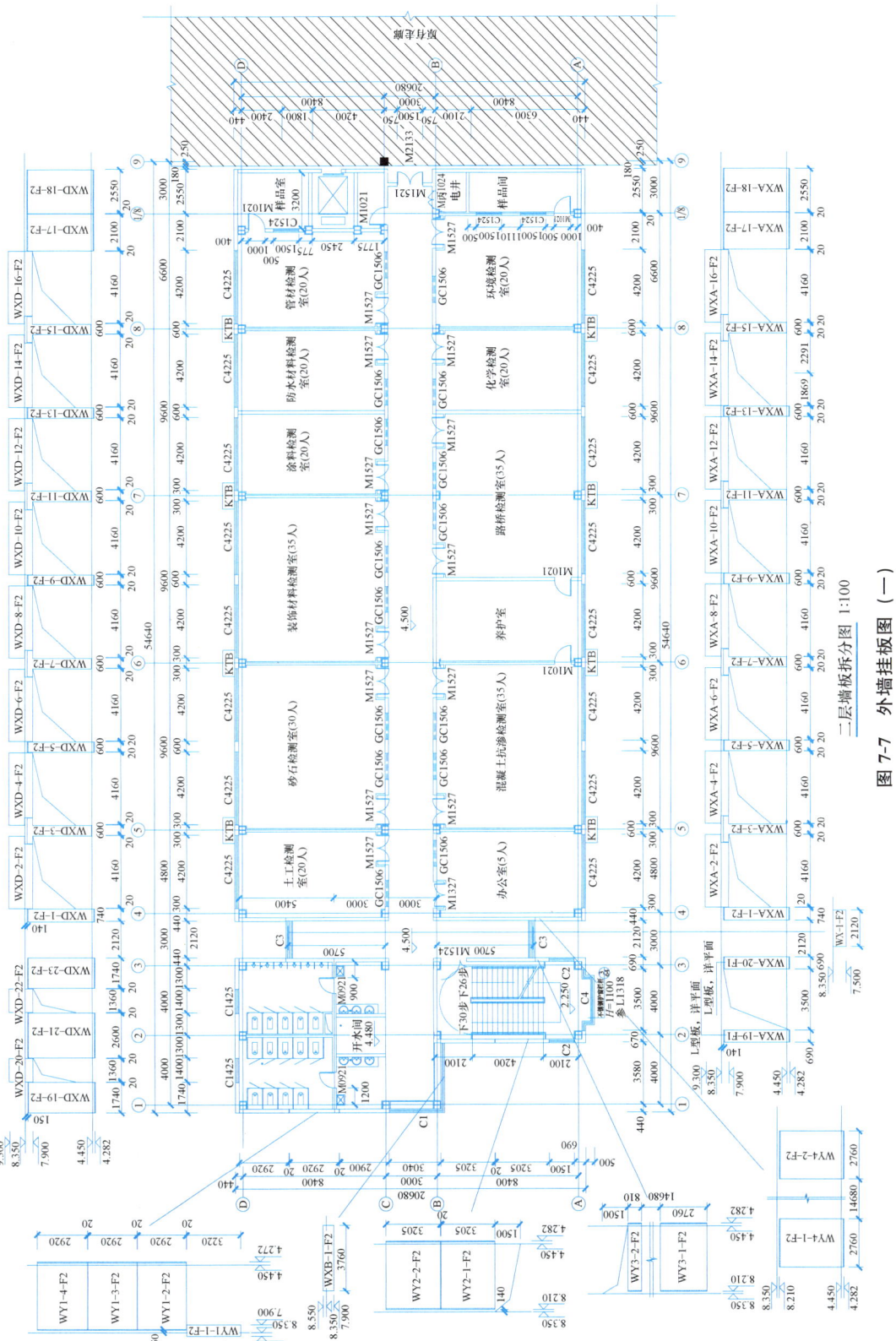

图 7-7　外墙挂板图（一）

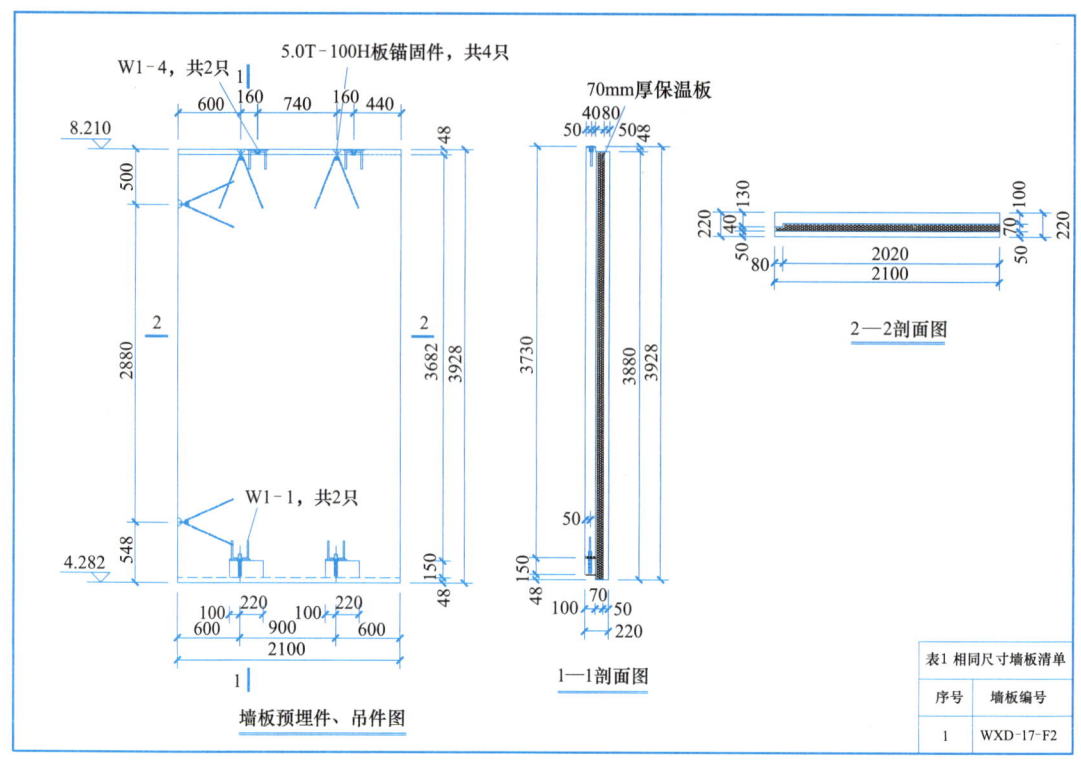

图 7-7 外墙挂板图（二）

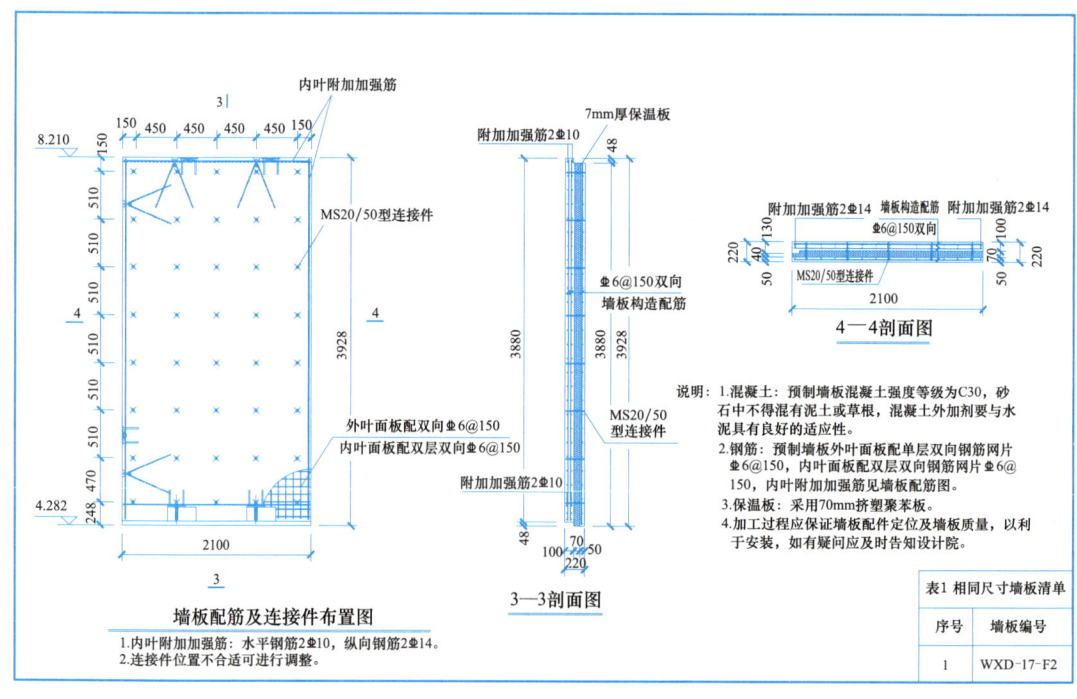

图 7-7 外墙挂板图（三）

7.5　预制外墙挂板 BOM 报表的编制

预制外墙挂板 BOM 报表，是统计外墙挂板所用物料的统计清单，是指导构件加工厂加工构件的重要依据，可以通过相关拆分软件进行统计，或者人工统计的方法进行编制。本书主要介绍通过 BeePC 软件编制 BOM 报表的方法，人工统计时可以参照此 BOM 报表的内容进行编制。

7-1
工程实例
简要介绍

7.6　工程实例操作

提示： 下面通过工程实例中的一片外墙挂板操作的全过程，使读者能够快速了解 BeePC 软件中外墙挂板建模及深化设计出图的操作流程，从而具备正确使用 BeePC 软件进行外墙挂板深化图设计的基本能力。

7-2
预制外墙
挂板界面
介绍及类
型选择

本工程案例为某住宅工程的一片不带保温层的带窗洞的外墙挂板，保温形式为内保温，窗洞尺寸为 1500mm×1500mm，混凝土强度等级为 C30，剪力墙墙高 2820mm，墙长 2500mm，墙厚 150mm；竖向配筋采用Φ8@200，水平筋配筋采用Φ8@200；外墙挂板中需布置两个吊环、两个内埋螺母、两个预埋件。

1. 外墙挂板布置

（1）点击"BeePC 深化"选项卡中的"墙布置"按钮，如图 7-8 所示。

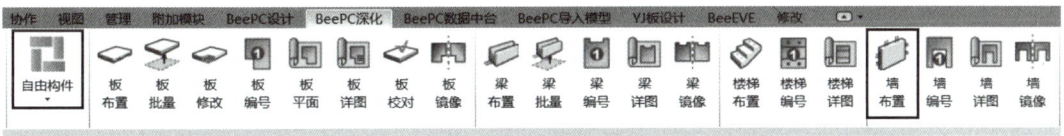

图 7-8　"墙布置"按钮

提示： BeePC 深化选项卡下的墙自由布置中，可根据项目具体情况布置多种墙类型，包括一字形剪力墙、T 形剪力墙、L 形剪力墙、外隔墙、外墙挂板等。

（2）弹出"墙布置"对话框，对话框中包含四项内容，墙部件设计区、构件列表区、构件视口区和类型工具区，如图 7-9 所示。

（3）新建普通外挂板

在构件列表中点击"普通外挂板"，在普通外挂板名称下右击弹出对话框如图 7-10 所示，点击"新建模型"，可自定义名称为普通外挂板 1。

（4）常规参数设置

在墙部件项目设置中修改混凝土强度等级为"C30"，保护层厚度为"20"，层高为"2820"，如图 7-11 所示。

7-3
预制外墙
挂板常规
参数设置
及基本尺
寸设置

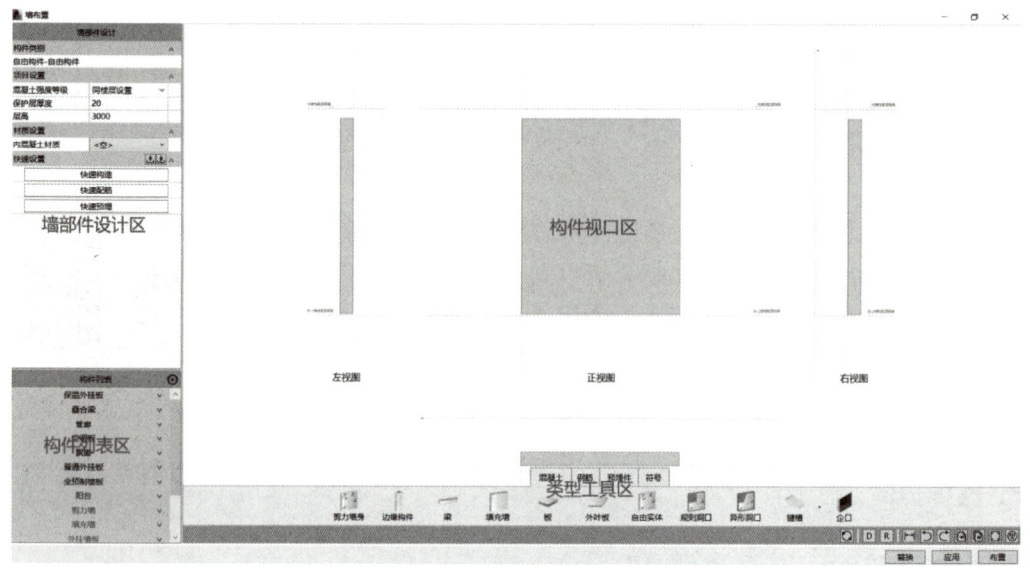

图 7-9　"墙布置"对话框

图 7-10　新建普通外挂板

> **提示**：此处的参数设置与构件视口区中的图像为联动关系，修改参数值则视口区图像会相应变化。

（5）生成填充墙轮廓

在类型工具区中先点击"填充墙"按钮，再点击构件视口区，则在"构件视口区"生成一道带常规参数的填充墙，如图 7-12 所示。

在"构件视口区"选中填充墙，点击蓝色数值，修改墙长为"2500"，墙高为"2800"，也可以通过在"参数设置区"中修改填充墙的常规参数来完成，如图 7-13 所示。

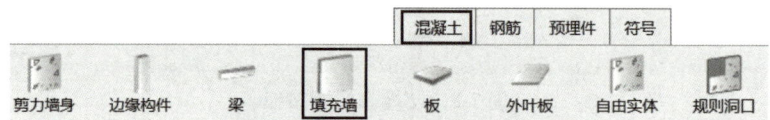

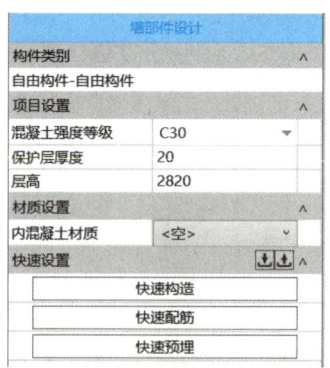

图 7-11　常规参数设置

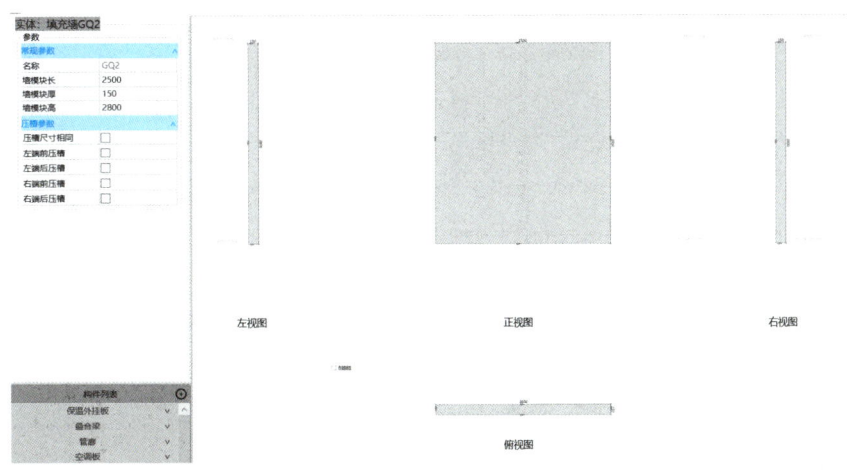

图 7-12　生成填充墙轮廓

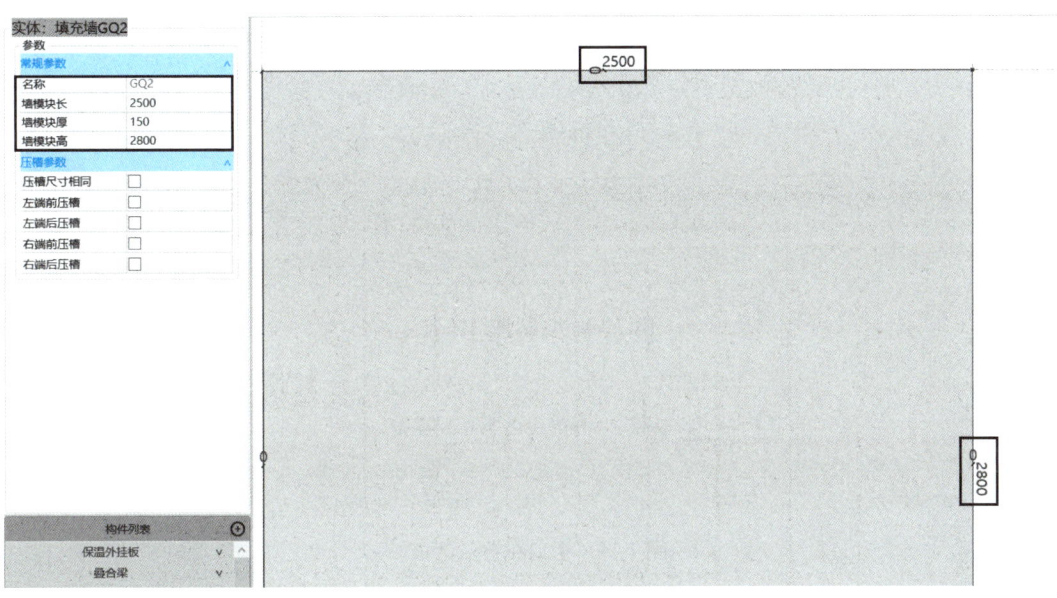

图 7-13　修改墙轮廓尺寸

7-4
预制外墙
挂板洞口
设置

（6）规则洞口

在"类型工具栏"中点击"规则洞口"按钮，点击"构件视口区"填充墙的相应位置，则墙孔附着在填充墙上，点选刚布置的"规则洞口"，修改洞孔宽、高均为"1500"，距墙左、墙底分别为"500""950"，如图 7-14 所示。

提示： 洞孔宽、高也可在选中洞孔后通过修改右侧的常规参数来完成，如图 7-14 所示。

（7）布置企口

点击"混凝土"里的"企口"按钮，如图 7-15 所示。点击墙体上部，则企口附着在墙体上，选中企口线框，则右侧出现企口的参数设置，选择上端企口样式为"上企口自由样式"，在构件视口区的右视图中修改企口的尺寸，

7-5
预制外墙
挂板企口
设置

如图 7-16 所示。

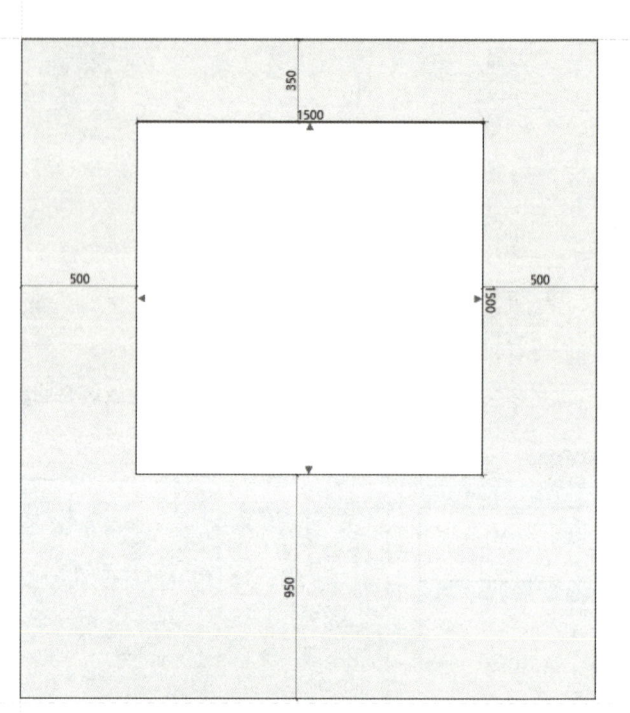

图 7-14　规则洞口布置

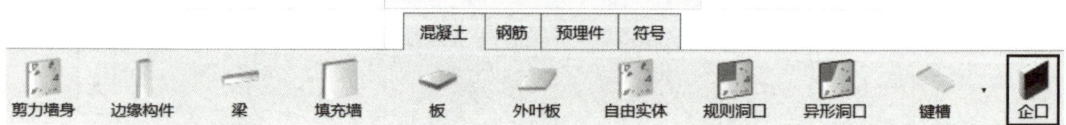

图 7-15　企口布置对话框

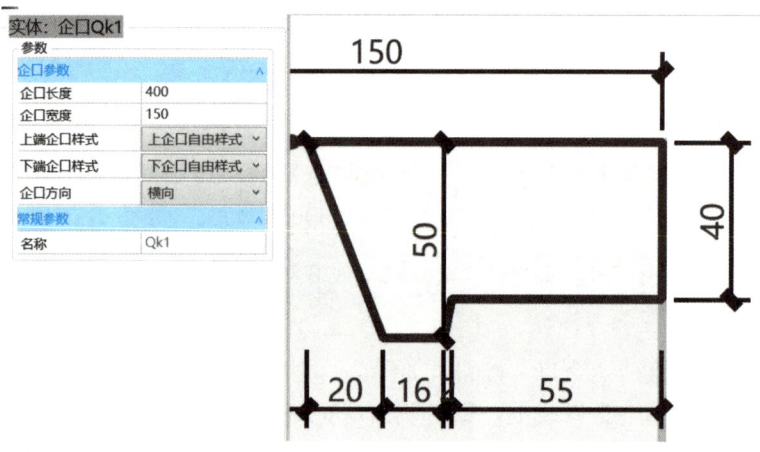

图 7-16　企口参数设置

按上述同样的操作方法布置外墙挂板下企口，则企口布置完成。

（8）填充墙钢筋初步设置

在"构件视口区"点击刚布置的带窗洞填充墙，再在右侧"参数设置区"点击"快速配筋"，在弹出的"快速配筋"对话框中修改配筋参数如下：配筋设置中，洞边钢筋排布选择"按墙洞调整排布"，竖向钢筋规格修改为"8"，起配距离 a_1、终配距离 a_2 为"50"水平筋起配距离 a_1、终配距离 a_2 为"50"。点击配筋页面右下角的"应用"，如图 7-17 所示，填充墙钢筋初步设置完成。

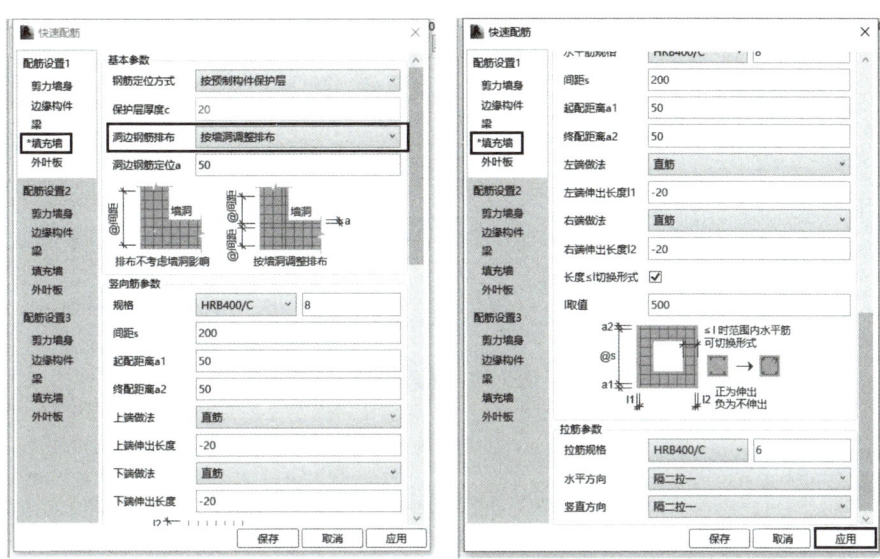

图 7-17　填充墙钢筋初步设置

> **提示**：经上述操作的钢筋设置不能满足设计要求，仍需对钢筋进行适当调整，故需进行下一步，即钢筋的细部调整，本例仅以窗下墙体的水平箍筋调整为例讲解如何调整钢筋的端部形式和钢筋排布。

（9）墙箍筋的细部调整

在构件视口区中点选窗下墙体的水平箍筋，则右侧"参数设置区"将出现水平箍筋组的参数设置和排布规则设置。

在箍筋左、右类型下拉菜单中选择"封闭"，其他参数取默认值，如图 7-18 所示。

在排布规则下拉菜单中选择"两端余值"，如图 7-19 所示。

> **提示**：1. 箍筋的左右类型包括五类：封闭、弯折封闭、直筋、90 度弯折、135 度弯折，根据工程需要自行选择即可。
>
> 2. 箍筋的排布规则包括四类：两端余值、末端余值、自由间距、固定数量，根据工程需要自行选择即可。

（10）水平筋和竖向筋的细部调整（略，可参考箍筋）

（11）布置和后浇框架梁连接的箍筋

点击"类型工具区"里的竖向箍筋组图标 ，直接在构件视口区的相应墙体位置单击，则竖向箍筋组附着在墙体上，选中竖向箍筋组，则右侧参数设置区将出现相关参数设置。

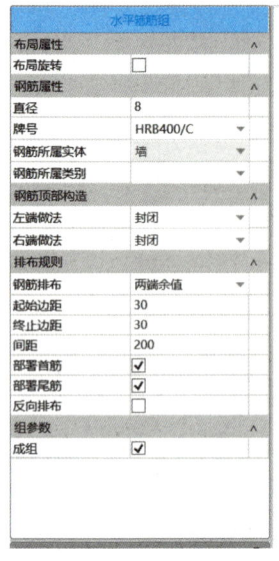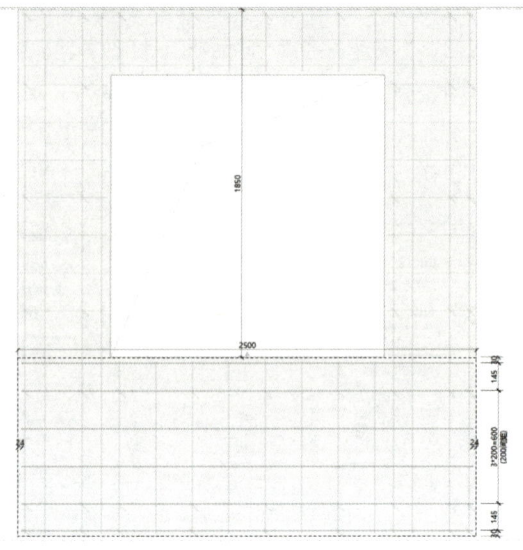

图 7-18 箍筋设置

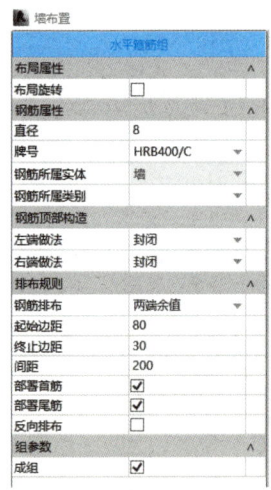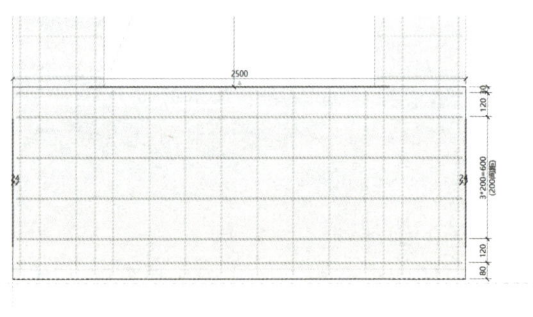

图 7-19 箍筋排布设置

选择箍筋类型为"弯折封闭箍"，钢筋排布规则为"固定数量"，如图 7-20 所示。

在构件视口区的右侧视图中，选中箍筋，将箍筋左侧距混凝土边的距离修改为"200"，则与后浇框架梁连接的箍筋外形尺寸调整完成，如图 7-21 所示。

（12）布置拉筋

点击拉筋图标，直接点击构件视口区中的墙体在相应位置逐一布置拉筋，如图 7-22 所示。

2. 附属构件布置

（1）点击"预埋件"里的"吊环"，跳出实例布置的界面如图 7-23 所示。

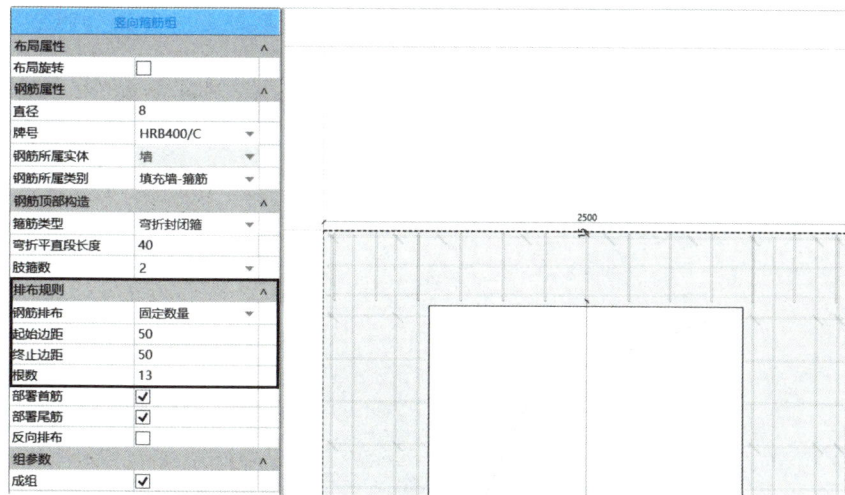

图 7-20   和后浇框架梁连接的箍筋参数设置

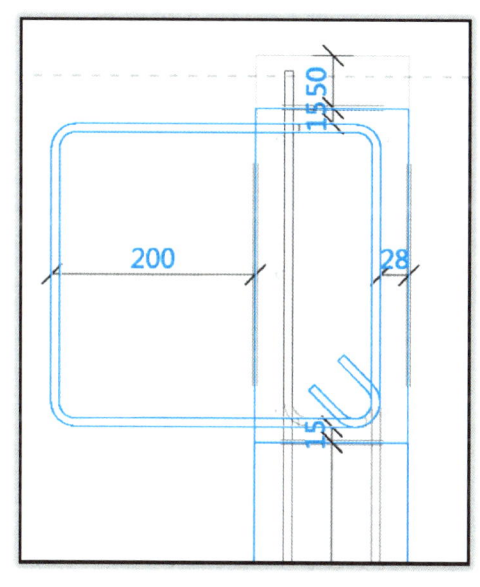

图 7-21   设置箍筋边距

（2）点击"吊环"按钮，点击构件视口区的墙进行吊环布置，选中吊环，点击 ⚙ 进行吊环参数设置，如图 7-24 所示。

（3）按上述同样的方法布置内埋螺母、预埋件及窗框。点击底部的"保存"按钮，完成外墙挂板的建模。

3. 外墙挂板编号

（1）点击"BeePC 深化"选项卡下的"墙编号"按钮，如图 7-25 所示。

（2）弹出墙编号对话框，对编号逻辑、编号顺序进行设置，本例选择如图 7-26 所示。点击右下角"选择编号"或"全部编号"，如图 7-27 所示，外墙挂板编号完成。

7-7
预制外墙挂板布置

7-8
预制外墙挂板附属构件的布置

7-9
预制外墙挂板编号

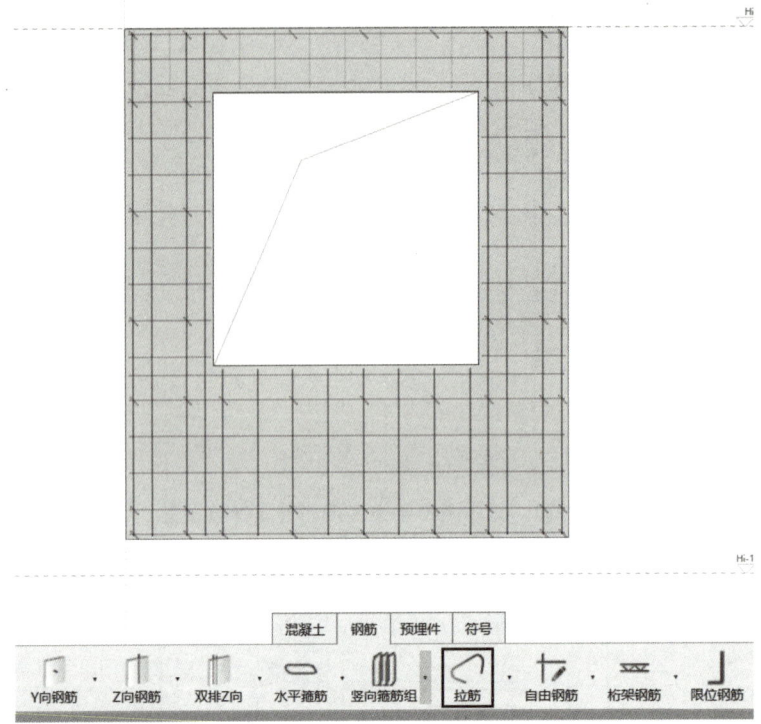

图 7-22　布置拉筋和外墙挂板

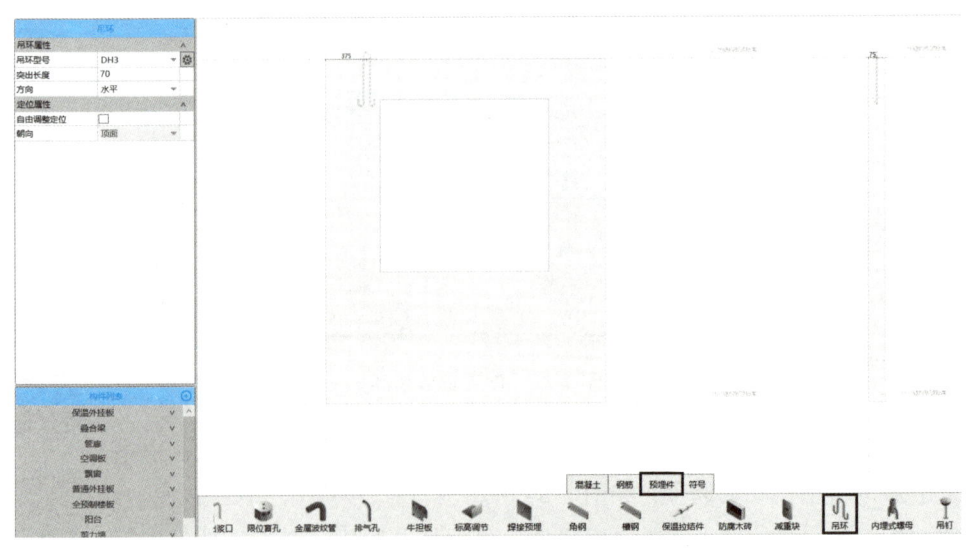

图 7-23　实例布置界面

7-10
预制外
墙挂板
出图

4. 外墙挂板出图

（1）点击"BeePC 深化"选项卡下的"墙详图"按钮，如图 7-28 所示。

（2）弹出"墙自由出图"页面，选中"墙实例"中要出图的外墙挂板编号，右侧画布显示对应外墙挂板的视图，如图 7-29 所示；在视口区调整各个视图的视图范围、标注等内容，修改完成后点击右下角"保存"。

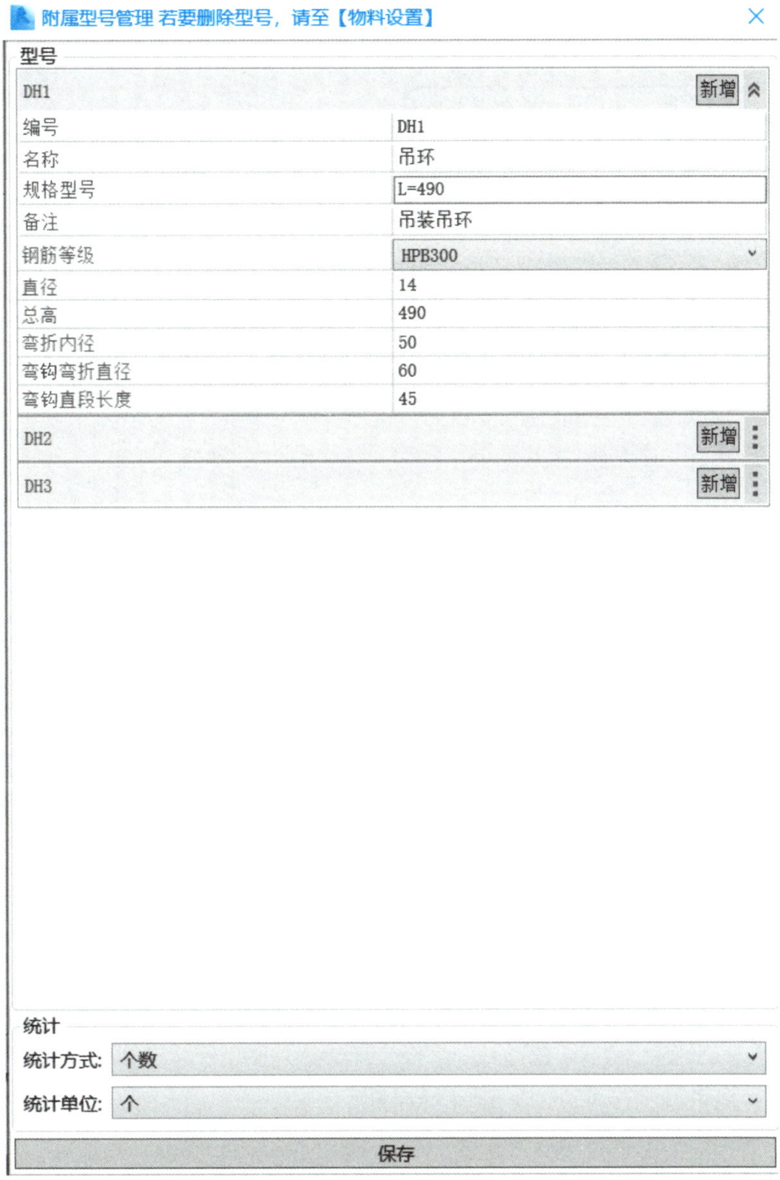

附属型号管理 若要删除型号，请至【物料设置】
型号
DH1
新增
编号
DH1
名称
吊环
规格型号
L=490
备注
吊装吊环
钢筋等级
HPB300
直径
14
总高
490
弯折内径
50
弯钩弯折直径
60
弯钩直段长度
45
DH2
新增
DH3
新增
统计
统计方式:
个数
统计单位:
个
保存

图 7-24　吊环布置

BeePC深化
BeePC数据中台
BeePC导入模型
YJ板设计
BeeEVE
修改
板 平面
板 详图
板 校对
板 镜像
梁 布置
梁 批量
梁 编号
梁 详图
梁 镜像
楼梯 布置
楼梯 编号
楼梯 详图
墙 布置
墙 编号
墙 详图
墙 镜像
柱 布置
柱 编号
柱 详图

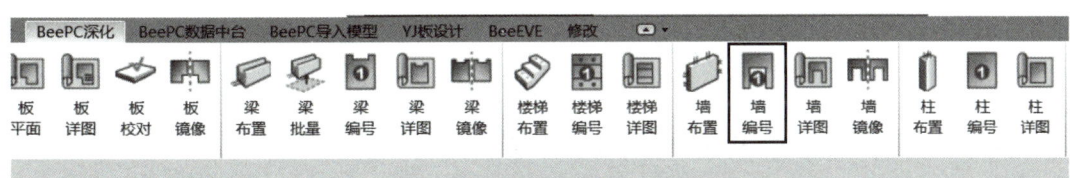

图 7-25　墙自由编号按钮

（3）弹出“墙出图”对话框，右侧选择相应图框尺寸、比例等，本例选择如图 7-30 所示；点击“出图设置”，如图 7-31 所示；弹出布局参数设置页面，如图 7-32 所示。

图 7-26　编号对话框

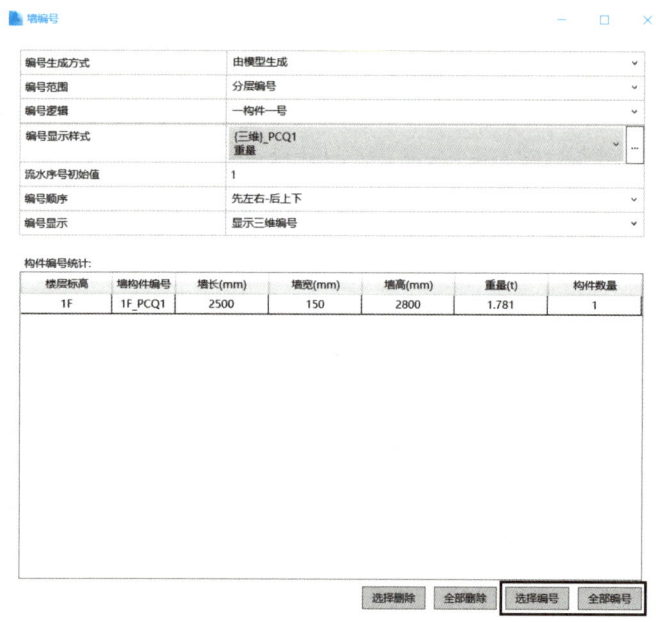

图 7-27　编号按钮

图 7-28　"墙详图"按钮

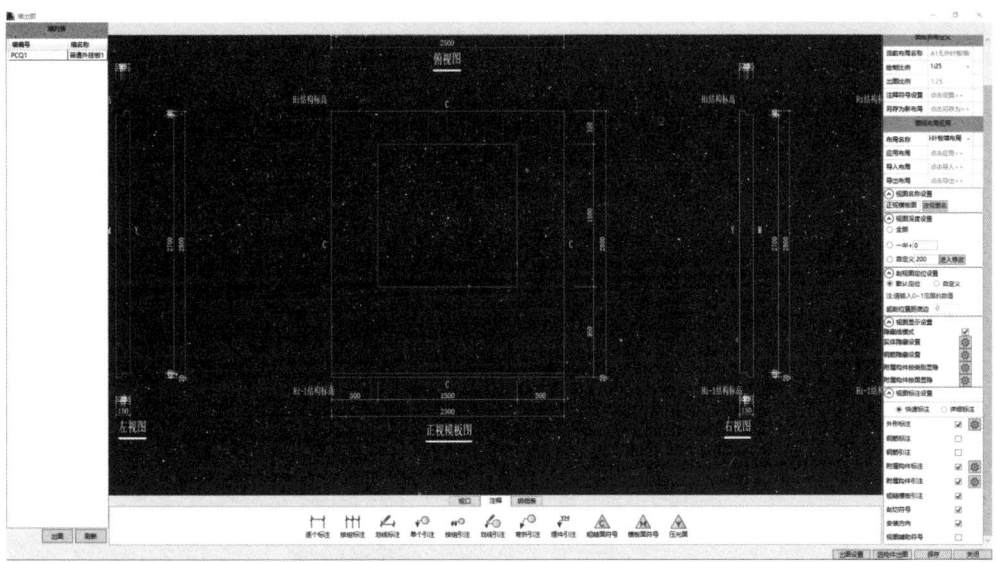

图 7-29　墙自由出图

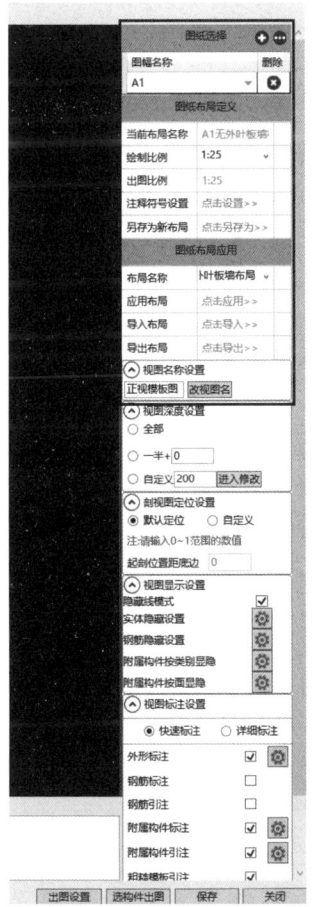

图 7-30　"墙出图"对话框

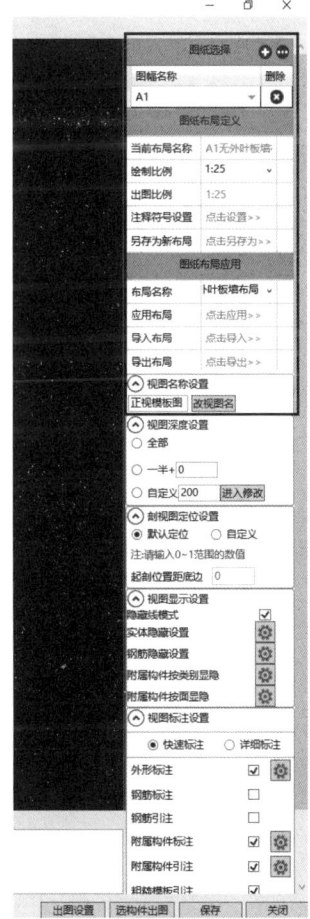

图 7-31　出图设置

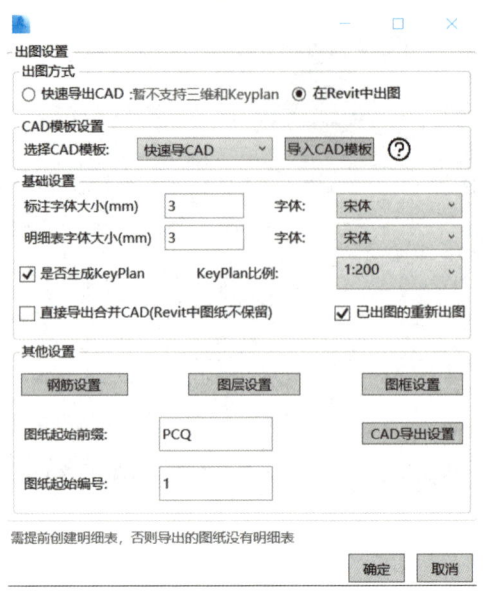

图 7-32　出图布局参数设置

小结

　　本任务主要从预制外墙挂板的基础知识、预制外墙挂板的深化详图识图、预制外墙挂板的拆分设计、预制外墙挂板的深化加工图绘制、预制外墙挂板 BOM 报表的编制等方面详细介绍了预制外墙挂板深化加工图纸的绘制方法，让读者在了解外墙挂板深化设计相关知识的基础上，能够更加快速、准确地绘制出合格的预制外墙挂板深化加工图纸。

　　本任务结合工程实例，简单介绍了一片预制外墙挂板的布置流程及在布置过程中的注意事项，读者可根据上述流程自学其他类型墙板的布置。本实例最终效果图如图 7-33 所示。

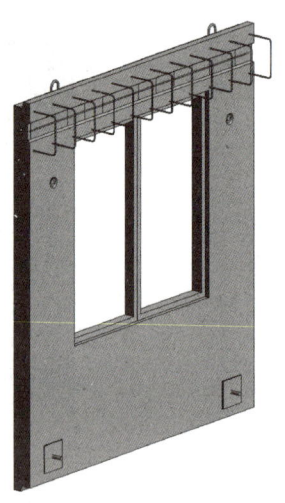

图 7-33　外墙挂板效果图

习题

1. 选择题

（1）外墙挂板在主体结构中主要起（　　　）。

A. 外围护和装饰作用　　　　　　　　　B. 承重和装饰作用

C. 承重和保温作用　　　　　　　　　　D. 围护和承重作用

（2）预制外墙挂板与主体结构的连接采用（　　）构造。

A. 刚性连接　　　　B. 柔性连接　　　　C. 半刚性连接　　　　D. 半柔性连接

（3）内浇外挂体系中的外墙挂板采用（　　）连接方式安装。

A. 点支撑　　　　　B. 线支撑　　　　　C. 干式　　　　　　　D. 后安装

（4）外墙挂板一般不宜大于一个层高，厚度不宜（　　　）。

A. 小于 100mm　　　B. 大于 100mm　　　C. 小于 200mm　　　　D. 大于 200mm

（5）考虑风荷载和地震的双向作用，外墙挂板宜采用（　　　）。

A. 单层、单向配筋　　　　　　　　　　B. 单层、双向配筋

C. 双层、单向配筋　　　　　　　　　　D. 双层、双向配筋

（6）外墙挂板竖向和水平钢筋的配筋率均不小于（　　　）。

A. 0.05%　　　　　　B. 0.10%　　　　　C. 0.15%　　　　　　D. 0.25%

（7）外墙挂板与主体结构的连接节点推荐采用（　　　）方式。

A. 柔性连接的点支撑　　　　　　　　　B. 柔性连接的线支撑

C. 刚性连接的点支撑　　　　　　　　　D. 刚性连接的线支撑

（8）外墙挂板与主体结构采用点支承连接时，连接点不应少于（　　）个，承重连接点不应多于（　　）个。

A. 2，1　　　　　　　B. 2，2　　　　　　C. 4，2　　　　　　　D. 4，4

（9）一般情况下，外墙挂板布置4个连接点，（　　　）水平支座和（　　　）重力支座。

A. 1个，3个　　　　B. 2个，2个　　　　C. 3个，1个　　　　　D. 0个，4个

（10）为保证外墙挂板在地震时适应主体结构的最大层间位移角，点支撑的连接节点一般采用在连接件和预埋件之间设置带有（　　　）的滑移垫片。

A. 圆孔　　　　　　　B. 长圆孔　　　　　C. 扁圆孔　　　　　　D. 椭圆孔

2. 简答题

（1）外墙挂板应在哪些部位加强配筋？

（2）外墙挂板与主体结构采用点支撑连接的节点构造要求是什么？

（3）外墙挂板与主体结构采用线支撑连接时的节点构造要求是什么？

3. 工程实践训练

根据教材配套图纸（扫描附录中二维码下载），对该工程中的非承重外墙进行拆分，并进行预制外墙挂板的深化设计。

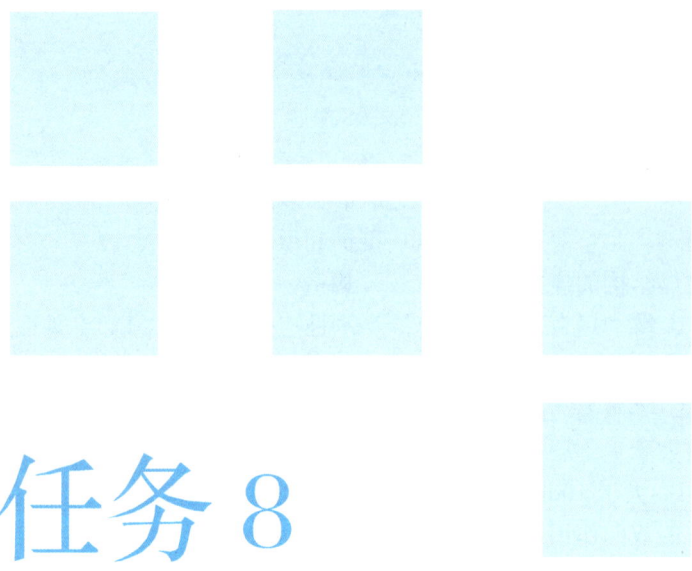

任务 8

预制阳台的深化设计

【教学目标】

1. 知识目标

（1）掌握预制阳台深化设计的基本知识；

（2）掌握预制阳台深化设计施工图识读的相关知识。

2. 能力目标

（1）能够准确识读与正确理解预制阳台深化设计加工图；

（2）能够对预制阳台板进行拆分，并能绘制简单的深化设计加工图。

3. 素养目标

（1）对学生进行中华民族优秀传统"家"文化和"孝"文化教育，培养学生的孝心；

（2）培养学生新一代信息技术和工程技术融合的创新意识。

课程思政案例

8.1　预制阳台的基础知识

8.1.1　预制阳台产生的背景

阳台是建筑物室内的延伸，是居住者呼吸新鲜空气、晾晒衣物、摆放盆栽的场所，是住宅、旅馆等建筑中不可忽视的一部分，其设计需要兼顾实用与美观的原则。阳台一般有悬挑式、嵌入式、转角式三类。传统阳台结构，大部分为挑梁式、挑板式现浇钢筋混凝土结构，现场施工量较大，施工工期较长，不利于发挥现代住宅产业化优势。

建筑产业化是指用工业化生产的方式来建造建筑，以提高住宅生产的劳动生产率，提高住宅的整体质量。阳台作为其中的部品体系，是具有特定功能的一个独立单元，是构成住宅产业化的组成部分，经过在工厂内预制，作为系统集成和技术配套整体部件，运至施工现场，在工程现场组装，施工迅速，提高生产效率，保证工程质量。

全预制装配式的阳台结构设计还能在外观上更加美观，从整体上提高了阳台的质量。

我国的住宅产业发展，在很大程度上都离不开这一结构设计的推动，全预制装配式的阳台结构设计大多都是在工厂完成基本的构件生产制作，然后运输到施工现场进行安装。预制阳台如图 8-1 所示。

图 8-1　预制阳台

8.1.2　预制阳台的概念和类型

阳台由承重结构（梁、板）和栏杆组成。阳台的支撑方式有墙承式、挑板式、挑梁式三种（图 8-2）。阳台承重结构通常是楼板的一部分，因此阳台承重结构应与楼板的结构布置统一考虑，钢筋混凝土阳台可采用现浇、装配、现浇与装配相结合的方式。

（1）墙承式阳台

墙承式阳台板直接支承在两侧的横墙上；阳台板可现浇也可预制，一般与楼板施工方法一致。阳台的进深可做得稍微大点，使用方便，多用于凹阳台。

（2）挑板式阳台

挑板式阳台的结构布置方式有两种做法：

1）利用现浇或预制的楼板延伸外挑，形成挑出的阳台底板。

2）将阳台底板与过梁、圈梁整浇在一起，借助梁的重量来平衡挑出的阳台底板的重量。

（3）挑梁式阳台

挑梁式的做法是从横墙上外挑梁，梁上置板而成。为美观起见，可在挑梁端头设置面梁，既可以遮挡挑梁头，又可以承受阳台栏杆重量，还可以加强阳台的整体性。

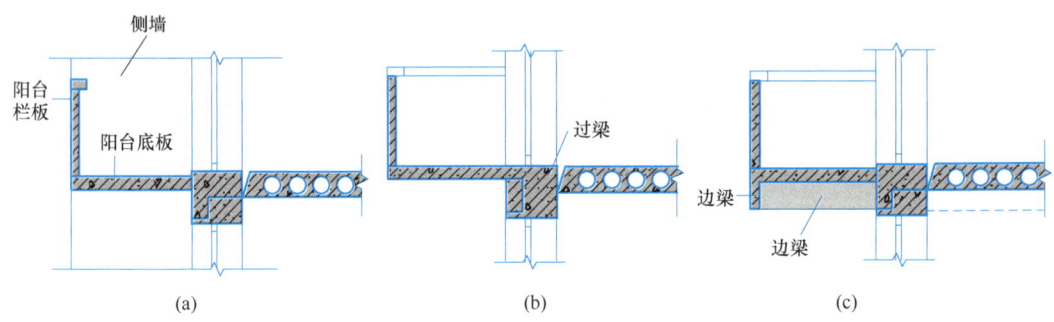

图 8-2　阳台分类

（a）墙承式（凹阳台）；（b）挑板式；（c）挑梁式

装配式阳台可以分为叠合板式阳台、全预制板式阳台和全预制梁式阳台三种类型。

叠合板式阳台如图 8-3 所示，其悬挑长度通常为：1000mm、1200mm、1400mm。

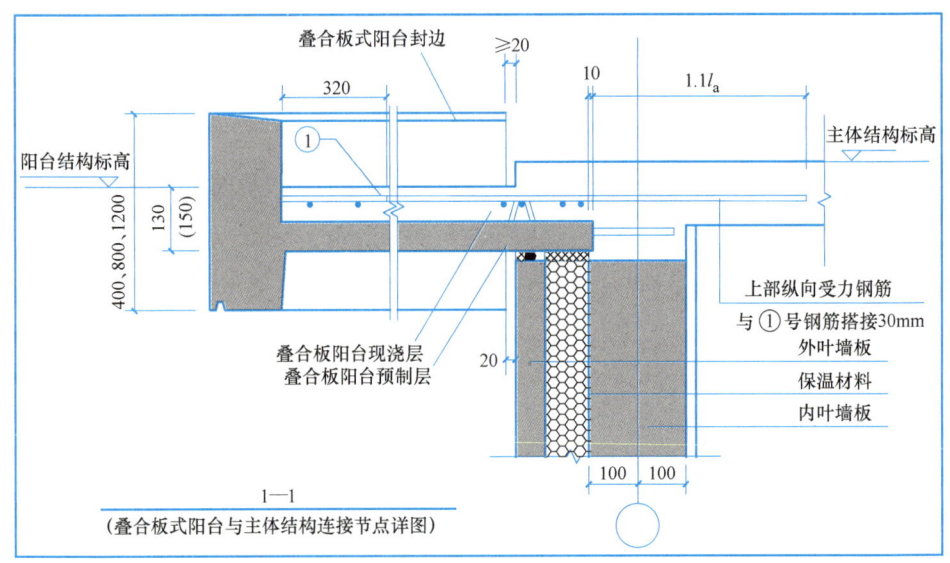

图 8-3　叠合板式阳台

全预制板式阳台如图 8-4 所示，其悬挑长度通常为：1000mm、1200mm、1400mm。

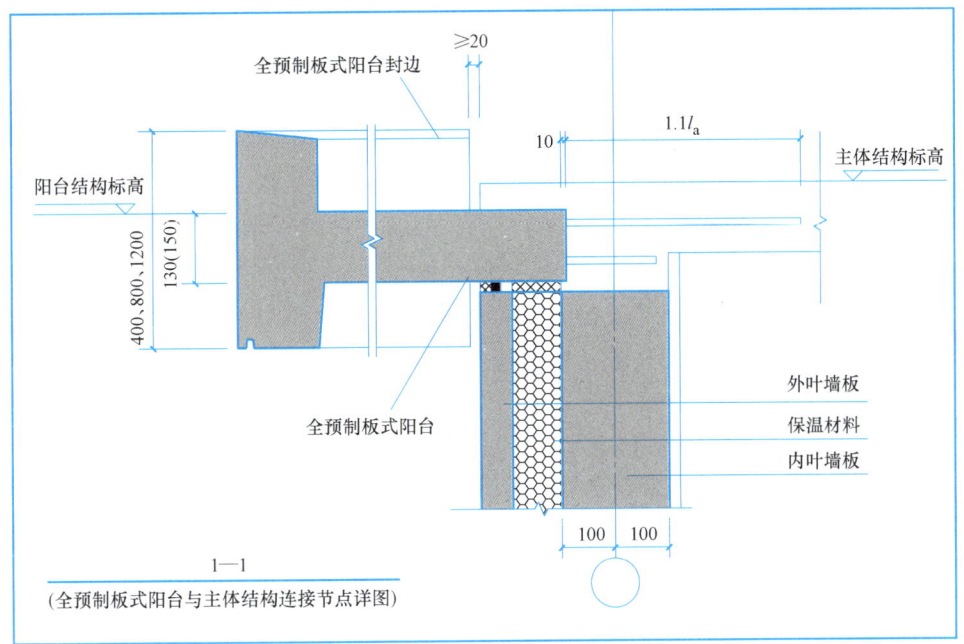

图 8-4　全预制板式阳台

全预制梁式阳台如图 8-5 所示，其悬挑长度通常为：1200mm、1400mm、1600mm、1800mm。

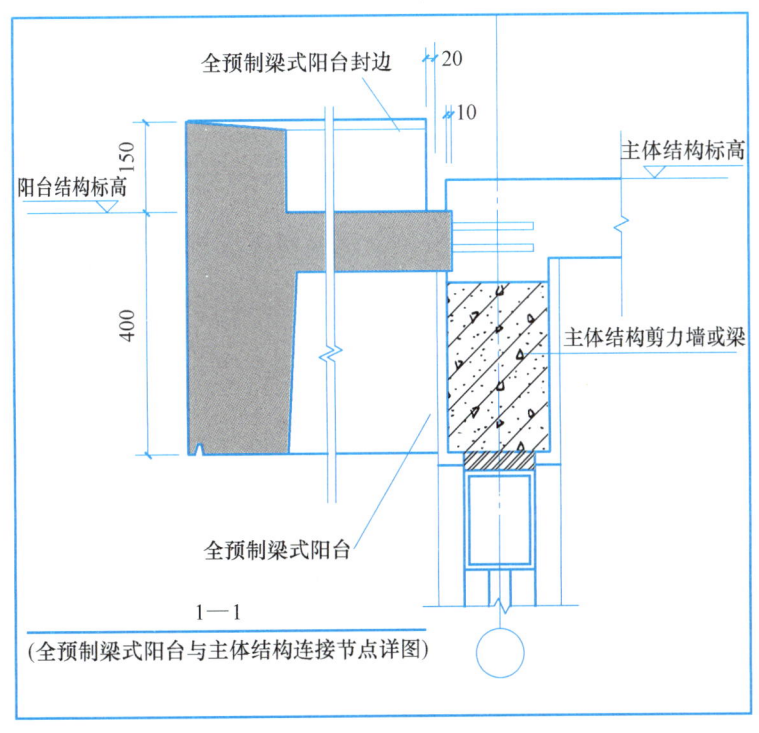

图 8-5　全预制梁式阳台

8.2　预制阳台板的深化详图识图

8.2.1　构造要求

根据《预制钢筋混凝土阳台板、空调板及女儿墙》15G368-1 规定，预制钢筋混凝土板阳台板构造要求如下：

（1）混凝土、钢筋和钢材的力学性能指标和耐久性要求等应符合有关现行国家标准的要求。

（2）预制构件混凝土强度等级为 C30；钢筋采用 HRB400、HPB300 级钢筋。

（3）预埋件：锚板采用 Q235-B 钢制作，也可以根据工程要求采用不锈钢材料制作；锚筋采用 HRB400 级钢筋，抗拉强度设计值 f_y 取值不应大于 300N/mm²，严禁采用冷加工钢筋。锚板与锚筋之间的焊接采用相应埋弧压力焊，采用 E50、E55 型焊条和 HJ431 型焊剂，选择的焊条型号应与主体金属力学性能相适应。

（4）吊环应采用 HPB300 级钢筋（Q235-B）制作，严禁采用冷加工钢筋。

（5）构件吊装采用的吊环、内埋式吊杆或其他形式吊件等应符合现行国家标准要求。

（6）采用钢筋套筒灌浆连接或浆锚连接时，连接接头的钢筋套筒及灌浆料应符合《钢筋套筒灌浆连接应用技术规程》JGJ 355—2015 和《钢筋连接用套筒灌浆料》JG/T 408—2013 的有关要求。

（7）密封材料、背衬材料等应满足国家现行有关标准的要求。

8.2.2　预制阳台板的表示方法

预制阳台板规格及编号方法参照《预制钢筋混凝土板阳台板、空调板及女儿墙》15G368-1 的规定，如图 8-6 所示。

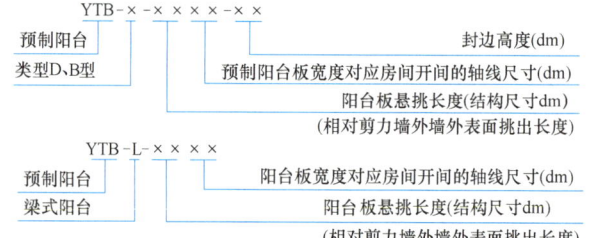

预制阳台板类型：D 型代表叠合板式阳台；B 型代表全预制板式阳台；L 型代表全预制梁式阳台。

预制阳台板封边高度：04 代表阳台封边 400mm 高；08 代表阳台封边 800mm 高；12 代表阳台封边 1200mm 高。

预制阳台板开洞位置由具体工程设计在深化图纸中指定。本图集中阳台板模板图和配筋图示意了雨水管、地漏预留洞位置位于阳台板左侧纵、横排布的布置图，当开洞位于右侧时，应将模板图和配筋图镜像。

图 8-6　预制阳台板规格及编号方法

8.3　预制阳台的拆分设计

8.3.1　预制阳台的设计原则

预制阳台设计时既要满足国家及当地建筑规范和技术标准的要求，又要满足业主提出的各项功能策划；既要安全耐用、性能优良，又要易于制造、外形美观、降低成本，在各种要求与限制条件中，寻求对立中的统一。

阳台作为标准化或通用化的建筑部品体系，为了提高产品性能，简化装配工作，在保证机械性能和某些特殊功能的情况下，尽可能地简化结构，节约材料。其结构设计原则如下：

（1）结构安全等级为二级，结构重要性系数 1.0，设计使用年限为 50 年。

（2）钢筋保护层厚度 20mm，梁 25mm，环境类别二 a 类。

（3）裂缝控制等级为三级，最大裂缝宽度允许值为 0.2mm。

（4）挠度限值取构件计算跨度的 1/200。阳台板、空调板悬挑方向的计算跨度取阳台板、空调板悬挑长度 l_0 的 2 倍。

（5）使用荷载满足图集《预制钢筋混凝土阳台板、空调板及女儿墙》15G368-1 的要求。

（6）同条件养护的混凝土立方体试件抗压强度达到设计混凝土强度等级值的 75% 时，方可脱模。脱模吸附力取 $1.5kN/m^2$，脱模时的动力系数取 1.5。

（7）运输、吊装动力系数 1.5；堆放、安装动力系数取 1.2。

8.3.2　预制阳台的拆分依据

预制阳台的拆分涉及多方面因素，如建筑的使用功能及艺术效果，结构的合理性，预制构件在制作、运输、安装环节的可行性和便利性等。既要考虑技术的合理性、外部环境的可比性，还要考虑经济的合理性。在进行预制构件拆分时，应当与建设方一起对项目周边预制构件厂的生产能力、构件厂到项目所在地的道路运输能力、施工的吊装能力等外部情况进行调研，做出适合所涉及项目的构件拆分方案。

预制阳台的拆分主要应考虑结构受力合理，预制构件的制作、运输、施工安装条件允许且便利，成本可控。预制阳台的拆分要符合模数化、标准化设计的原则，做到尽量统一。

（1）预制阳台板沿悬挑长度方向按建筑模数 2M 设计，预制板式阳台一般悬挑长度为1000mm、1200mm、1400mm，预制梁式阳台一般悬挑长度为 1200mm、1400mm、1600mm、1800mm；沿房间开间方向按建筑模数 3M 设计，开间方向尺寸一般为2400mm、2700mm、3000mm、3300mm、3600mm、3900mm、4200mm、4500mm。

（2）《预制钢筋混凝土板阳台板、空调板及女儿墙》15G368-1 中板式阳台适用于采用夹芯保温剪力墙外墙板的装配式混凝土剪力墙结构住宅。

（3）预制阳台板标高设计：封闭式阳台结构标高与室内楼面结构标高相同或比室内楼

面结构标高低 20mm，开敞式阳台结构标高比室内楼面结构标高低 50mm。

8.3.3　预制阳台的拆分步骤

预制阳台的拆分步骤如下：

（1）确定预制构件的建筑、结构各参数，如抗震设防烈度、结构形式、生产工艺、荷载取值、材料强度等与《预制钢筋混凝土阳台板、空调板及女儿墙》15G368-1 选用范围要求保持一致，并按照该标准图集中预制构件相应的规格表、配筋表直接选用。如图 8-7 所示。

（2）根据建筑平面图、立面图、剖面图确定预制构件编号。

（3）核对预制构件的结构计算结果。

（4）选用预埋件，也可根据具体工程实际设置或增加其他预埋件。

（5）根据《预制钢筋混凝土板阳台板、空调板及女儿墙》15G368-1 中预制构件模板图及预制构件选用表中已标明的吊点位置及吊重要求，结合生产单位、施工安装要求选用吊件类型及尺寸。

（6）根据建筑、设备专业要求确定预制构件预留孔洞的位置及大小。

（7）补充预制构件相关制作及施工要求。

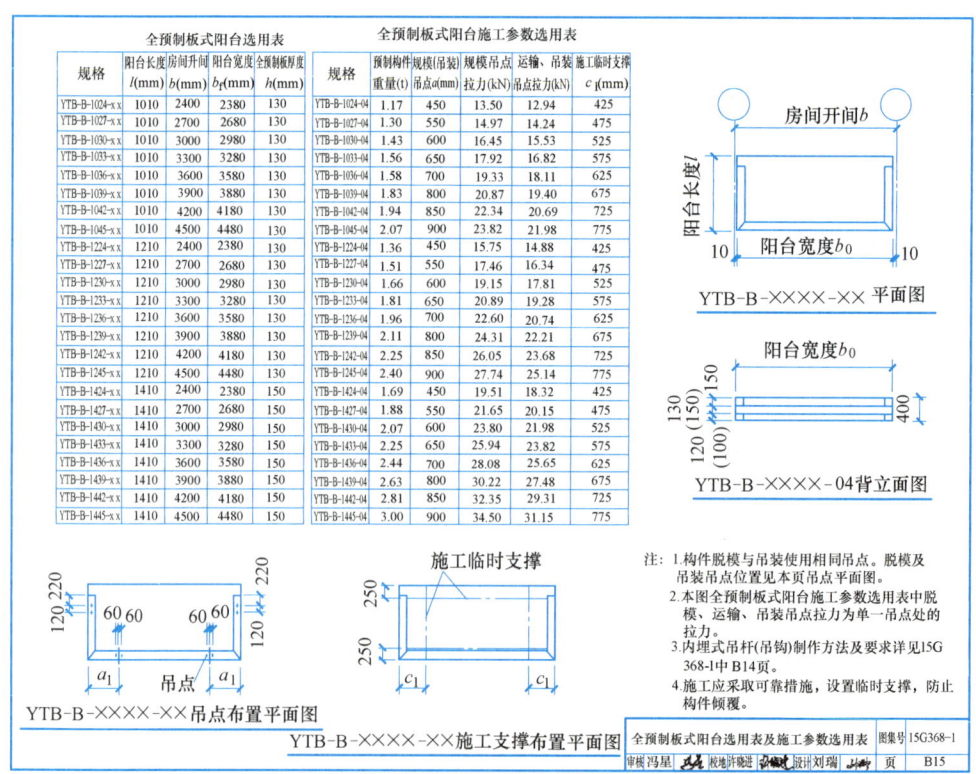

图 8-7　阳台板参数

8.3.4　预制阳台板选用示例

【例 1】　已知某装配式剪力墙住宅开敞式阳台平面图如图 8-8（a）所示，阳台对应房间开间轴线尺寸为 3300mm，阳台板相对剪力墙外表面挑出长度为 1400mm，阳台封边高度为 400mm。根据计算阳台板面均布恒荷载为 3.2kN/m²，封边处栏杆线荷载为 1.2kN/m²，板面均布活荷载 2.5kN/m²。阳台建筑、结构各参数与《预制钢筋混凝土阳台板、空调板及女儿墙》15G368-1 选用范围要求一致，荷载不大于国家标准图集荷载取值，设计选用编号为 YTB-B-1433-04 的全预制板式阳台。

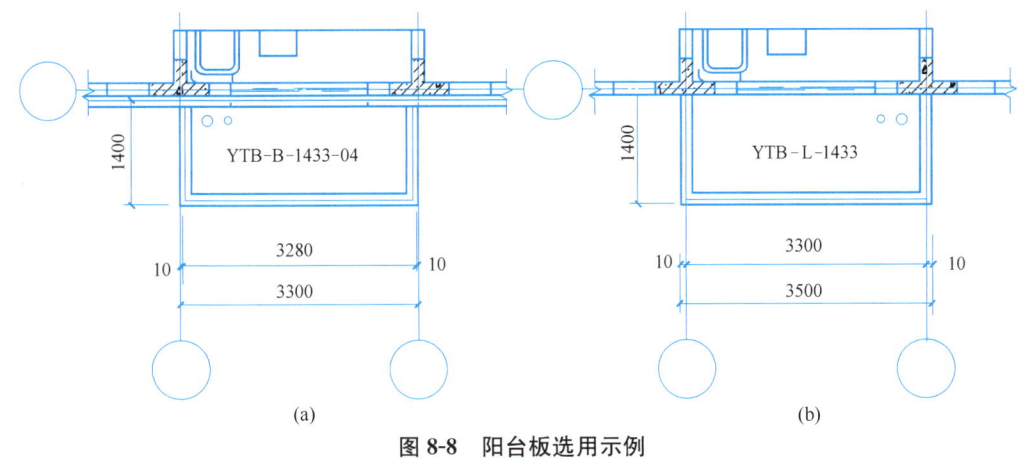

图 8-8　阳台板选用示例
（a）板式阳台；（b）梁式阳台

【例 2】　已知某装配式剪力墙住宅开敞式阳台平面图如图 8-8（b）所示，阳台对应房间开间轴线尺寸为 3300mm，阳台板相对剪力墙外表面挑出长度为 1400mm，拟采用梁式阳台。根据计算阳台板面均布恒荷载为 3.2kN/m²，封边梁处栏杆线荷载为 1.2kN/m，板面均布活荷载 2.5kN/m²。阳台建筑、结构各参数与《预制钢筋混凝土阳台板、空调板及女儿墙》15G368-1 选用范围要求一致，荷载不大于国家标准图集荷载取值，设计选用编号为 YTB-L-1433 的全预制梁式阳台。

8.4　预制阳台的深化设计图绘制

预制阳台的深化设计详图，包括阳台板模板图、阳台板配筋图、阳台板节点详图三部分。阳台板模板图是表示阳台模板制作所需信息；阳台板配筋图是表示阳台配筋及钢筋排布信息；阳台节点详图是表示阳台的各个详细节点构造信息。

1. 阳台板模板图（图 8-9）

阳台板模板图需要表达的内容包括：

（1）预制阳台板的平面图、立面图、剖面图及详细尺寸。

（2）预埋件定位及索引号。

（3）预留孔洞尺寸和定位。

（4）其他相关注意事项。

2. 阳台板配筋图（图 8-10）

阳台板配筋图需要表达的内容包括：阳台板钢筋（包含加强筋）的编号、名称、规格、数量、形状、尺寸、重量等信息和阳台板钢筋（包含加强筋）的排布信息。

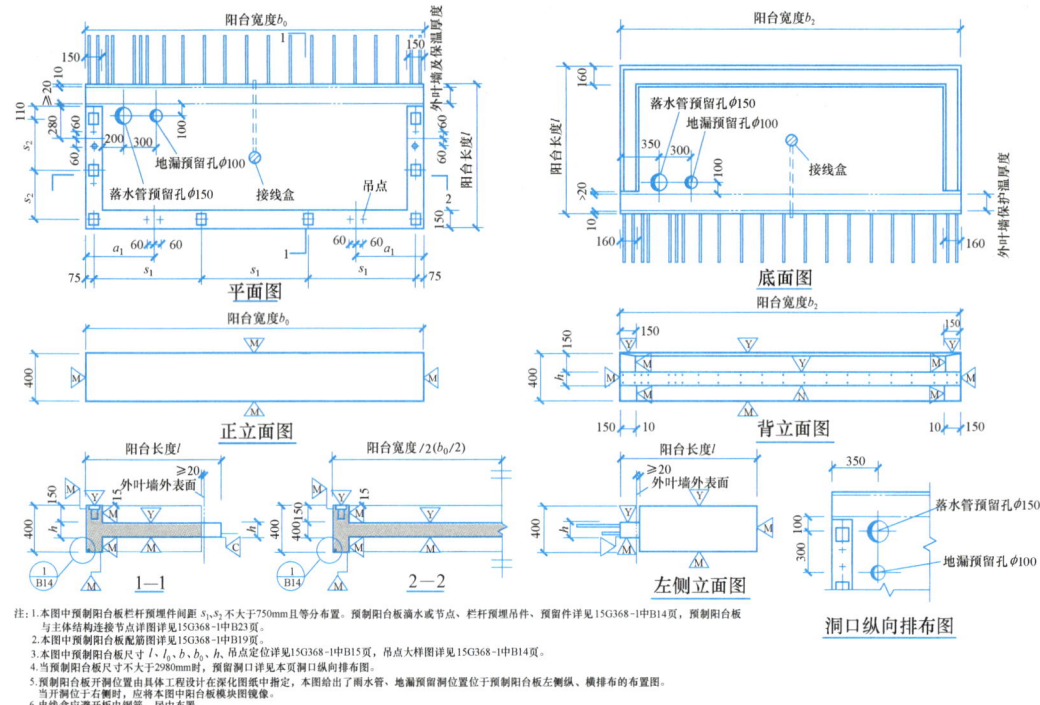

注：1.本图中预制阳台板栏杆预埋件间距 s_1、s_2 不大于750mm且等分布置。预制阳台板滴水或节点、栏杆预埋吊件、预留件详见15G368-1中B14页，预制阳台板
　　与主体结构连接节点详图详见15G368-1中B23页。
　　2.本图中预制阳台板配筋图详见15G368-1中B19页。
　　3.图中预制阳台板尺寸 l、l_a、b、b_0，及，吊点定位详见15G368-1中B15页，吊点大样图详见15G368-1中B14页。
　　4.当预制阳台尺寸不大于2980mm时，预留洞口见本页洞口纵向排布图。
　　5.预制阳台板开洞位置由具体工程设计在深化图纸中指定，本图给出了雨水管、地漏预留洞位置位于预制阳台板左侧布、横排布的布置图。
　　　当开洞位于右侧时，应将本图中阳台板模块图镜像。
　　6.电线盒应避开板内钢筋，居中布置。
　　7.为方便制作后脱模，预制阳台板底部可适当增加倒角。
　　8.预制阳台板内的预埋件、连接件埋设应与预制阳台板内钢筋可靠拉结。

图 8-9　阳台板模板图

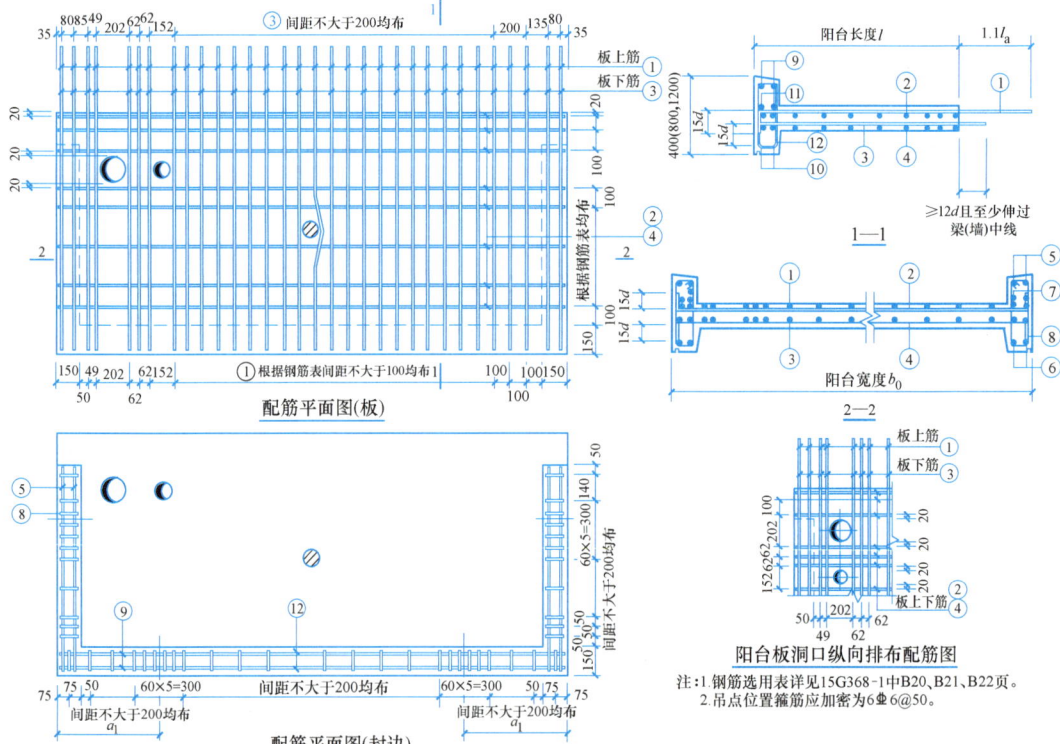

注：1.钢筋选用表详见15G368-1中B20、B21、B22页。
　　2.吊点位置箍筋应加密为6⏚6@50。

图 8-10　阳台板配筋图

3. 阳台板节点详图 (图 8-11)

阳台板节点详图需要表达的内容包括：

（1）全预制阳台与主体结构安装平面图。

（2）全预制阳台与主体结构连接节点详图。

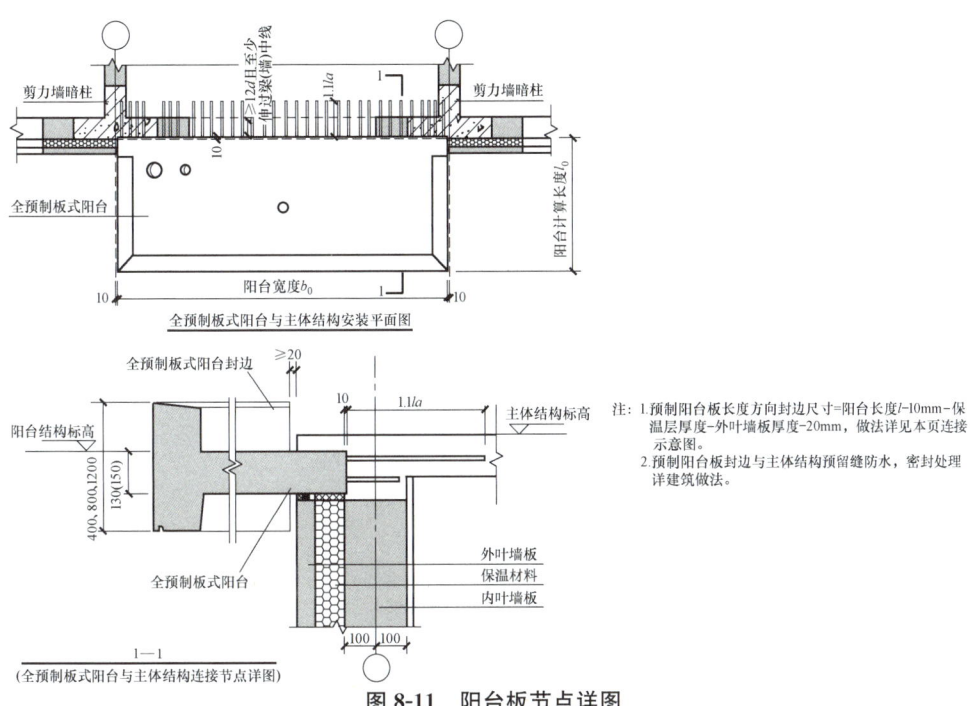

注：1. 预制阳台板长度方向封边尺寸=阳台长度l-10mm-保温层厚度-外叶墙板厚度-20mm，做法详见本页连接示意图。

2. 预制阳台板封边与主体结构预留缝防水，密封处理详建筑做法。

图 8-11　阳台板节点详图

8.5 预制阳台板 BOM 报表的编制

　　预制阳台板 BOM 报表是统计预制阳台板所用物料的统计清单，是指导构件加工厂加工构件的重要依据，可以通过相关拆分软件进行统计，或者人工统计的方法进行编制。本书主要介绍通过 BeePC 软件编制 BOM 报表的方法，人工统计时可以参照此 BOM 报表的内容进行编制。

8.6 工程实例操作

　　提示：下面通过工程实例中的一块预制阳台板（即附录 1 教材配套图纸中二层预制构件平面布置图中 C～F 轴交 H 轴区块的 PCYT1）操作的全过程，使学生能够快速了解 BeePC 软件中预制阳台建模及深化设计出图的操作流程，从而具备正确使用 BeePC 软件进行阳台深化图设计的基本能力。

8-1
工程实
例简要
介绍

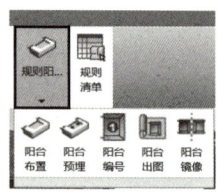

**图 8-12　阳台板
布置按钮**

1. 阳台板布置

（1）点击"BeePC 深化"选项卡中的"规则阳台""阳台布置"按钮，如图 8-12 所示。

（2）弹出阳台板布置对话框，对话框中包含三项内容，从左至右依次为阳台板类型、参数设置、构件视口区，如图 8-13 所示。

（3）阳台板类型选择

在阳台板类型下拉菜单中选取"全预制板式阳台"选项，如图 8-14 所示。

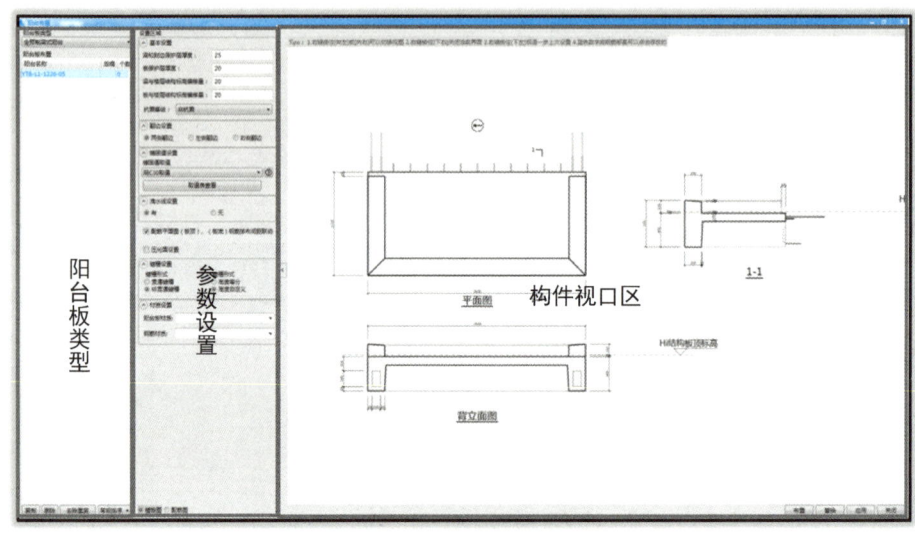

图 8-13　阳台板布置对话框

8-2
预制阳
台板界
面介绍及
类型选择

提示：BeePC 软件提供 3 种阳台板类型，分别是全预制板式阳台、全预制梁式阳台、叠合板式阳台，根据设计要求进行自由选择。

8-3
预制阳
台板基
本参数
设置

（4）阳台板基本参数设置

在参数设置的基本设置中输入保护层厚度为"15"，如图 8-15 所示。

在参数设置的基本设置中输入板与楼层结构标高偏移量为"50"，如图 8-16 所示。

提示：构件视口区中的 1—1 剖面图中的虚线表示的正是楼层的结构标高，此时会根据偏移量的设置在 1—1 剖面图中联动反映高差值，如图 8-17 所示。

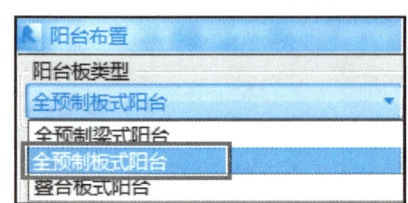

图 8-14　阳台板类型下拉菜单

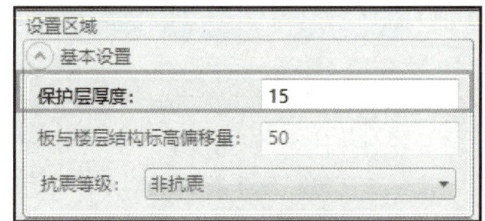

图 8-15　保护层厚度设置

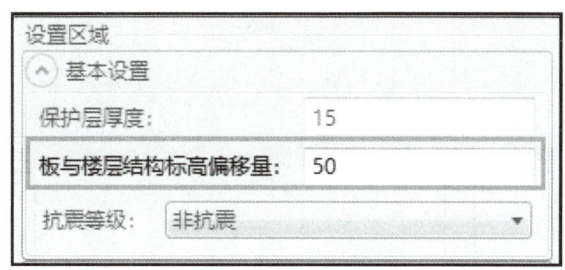

图 8-16　板与楼层结构标高偏移量设置

在参数设置的基本设置中选取抗震等级为"非抗震"，如图 8-18 所示。

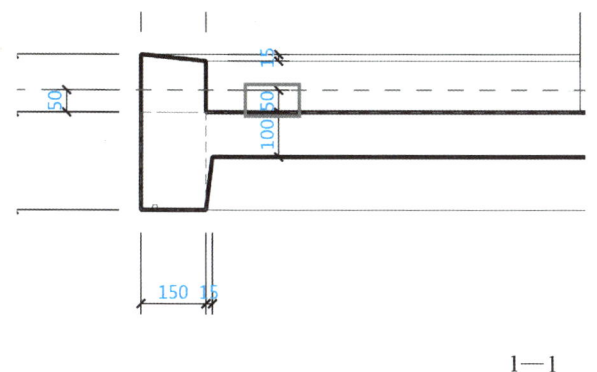

1—1

图 8-17　楼层结构标高示意图

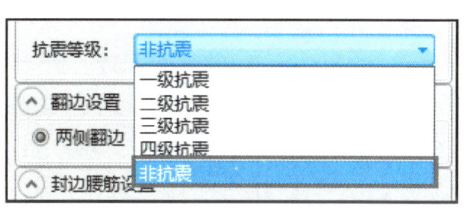

图 8-18　抗震等级设置

（5）阳台板翻边设置

在参数设置的翻边设置中选择"两侧翻边"，如图 8-19 所示。

（6）阳台板基本尺寸设置

点选参数设置区底部的"模板图"，如图 8-20 所示。

8-4
预制阳
台板基
本尺寸
设置

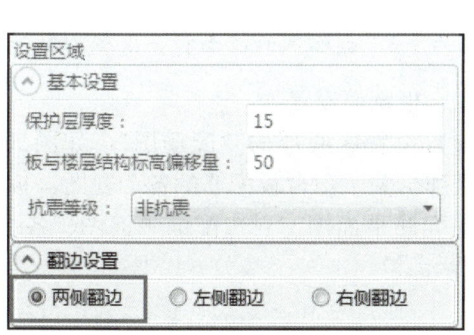

图 8-19　阳台板翻边设置

图 8-20　模板图按钮

在构件视口区的"平面图"中修改阳台长度值为"1210"，阳台宽度值为"2380"，两侧封边距离阳台板上边值为"180"，如图 8-21 所示。

在构件视口区的"1—1"剖面图中修改封边厚度为"150"，修改封边突出板面高度为"150"，阳台封边底部距离板面为"250"，板厚输入"120"，设置封边顶部坡度、封边下侧坡度均为"15"，如图 8-22 所示。

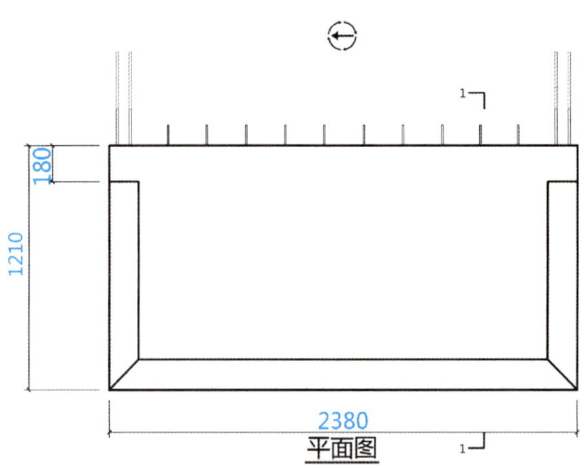

图 8-21　设置阳台外轮廓尺寸

（7）阳台板滴水线设置

在参数设置区中点选滴水线设置为"有"，勾选"压光面设置"，如图 8-23 所示。

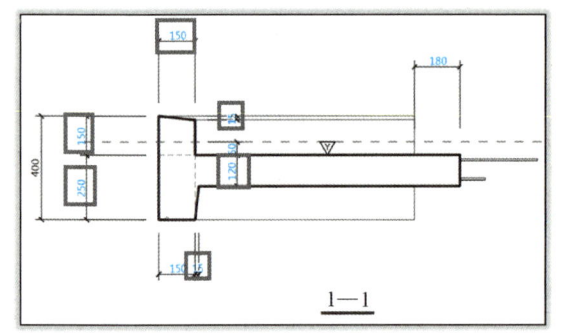

图 8-22　设置阳台细部尺寸参数

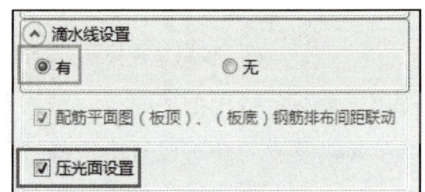

图 8-23　滴水线设置

提示：勾选压光面设置，构件视口区的 1—1 剖面图的板面将会出现 ▽ 符号。

图 8-24　配筋图按钮

（8）阳台板钢筋设置

点选参数设置区底部的"配筋图"，如图 8-24 所示。构件视口区弹出关于阳台板配筋的各个视图：板顶配筋平面图、板底配筋平面图、封边配筋平面图、各个剖面图，如图 8-25 所示。

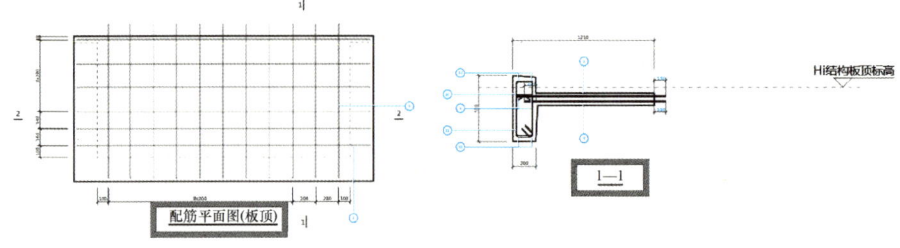

图 8-25　构件视口区的阳台板配筋各个视图（一）

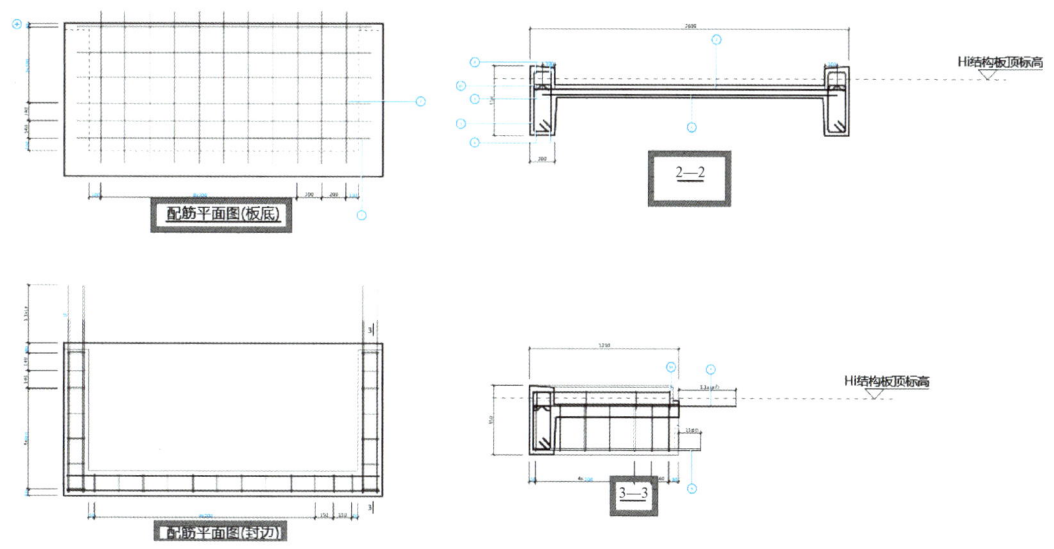

图 8-25　构件视口区的阳台板配筋各个视图（二）

在参数设置区的锚固值取值下拉菜单中选择"同 C30 取值"，如图 8-26 所示。

在参数设置区取消勾选"配筋平面图（板顶）、（板底）钢筋排布间距联动"，如图 8-27 所示。

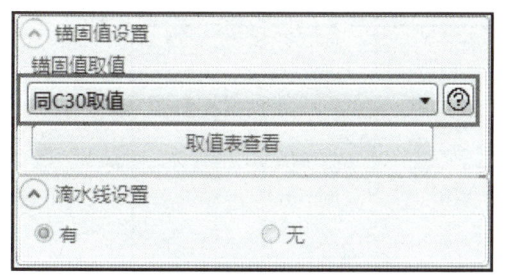

图 8-26　锚固值取值下拉菜单

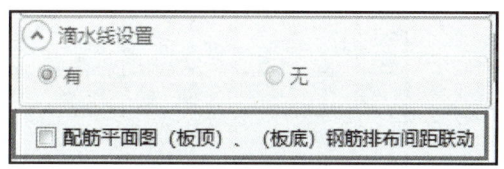

图 8-27　联动参数设置

> **提示：** 取消勾选后，构件视口区配筋图界面中的"配筋平面图（板顶）、（板底）中的钢筋间距"可以分别设置。

在构件视口区的配筋平面图（板顶）视图中，设置阳台板板顶的钢筋间距及起始位置，修改①号钢筋距左、右侧封边值均为"75"，修改②号钢筋距下侧封边位置为"75"，修改②号钢筋距阳台上侧值为"45"，修改①、②号钢筋间距均为"150"，如图 8-28 所示。

在构件视口区的配筋平面图（板底）视图中，设置阳台板板底钢筋的间距及起始位置，修改③号钢筋距左、右侧封边值均为"100"，修改④号钢筋距下侧封边值为"100"，修改④号钢筋距阳台上侧为"30"，修改③、④号钢筋间距为"200"，如图 8-29 所示。

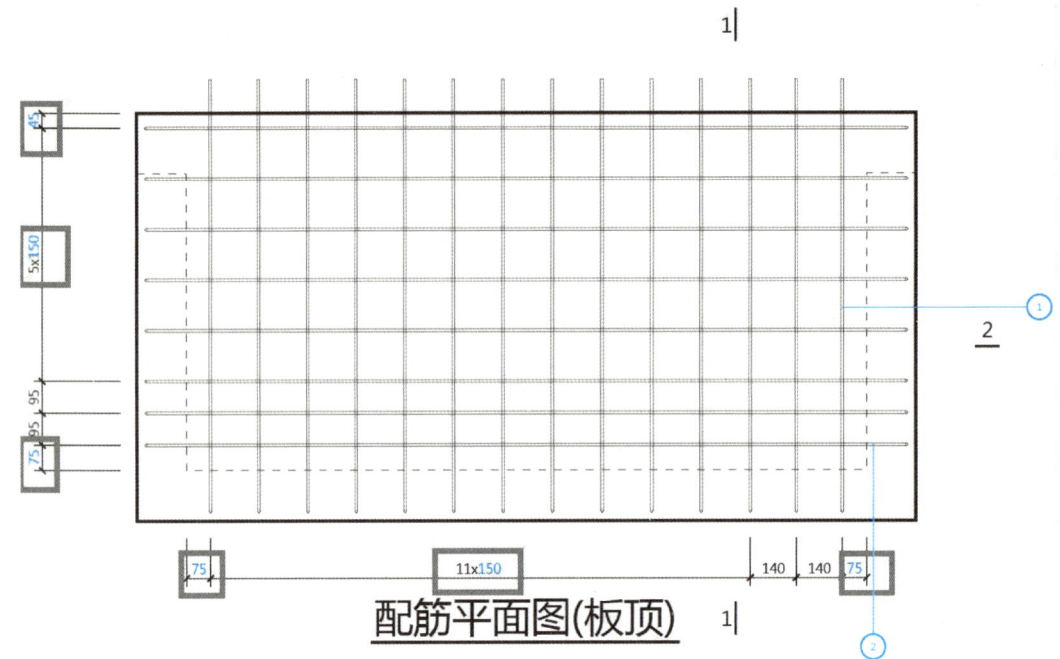

图 8-28　钢筋参数设置

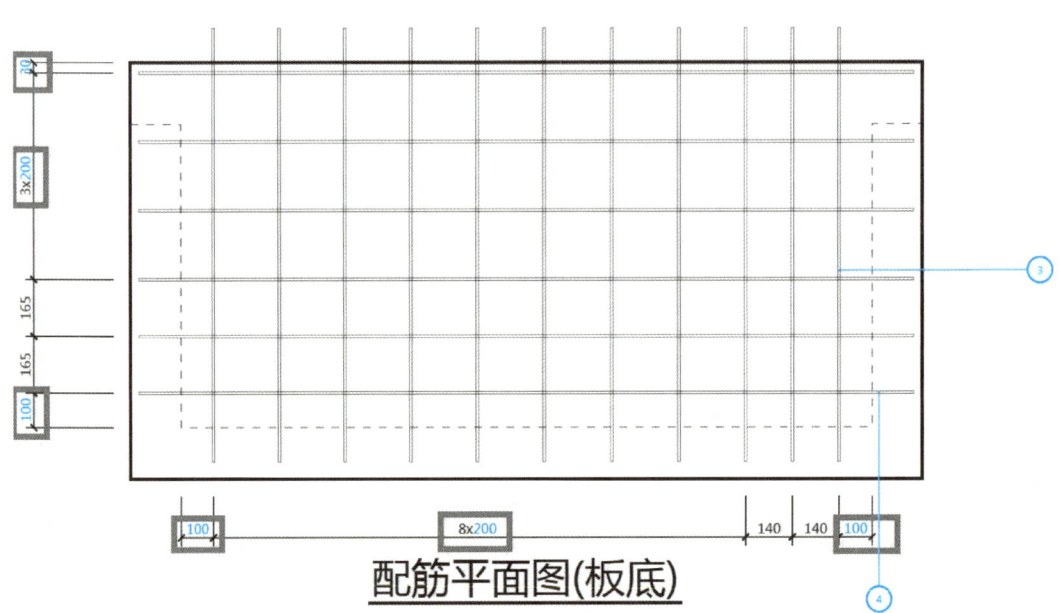

图 8-29　钢筋参数设置

　　在构件视口区的配筋平面图（封边）视图中，设置阳台板封边箍筋间距及起始位置，设置⑫号箍筋距左、右封边值均为"100"，⑫号箍筋间距为"200"；修改⑧号箍筋距阳台板上边缘为"210"，下边缘为"50"，修改⑧号箍筋间距为"200"，如图 8-30 所示。

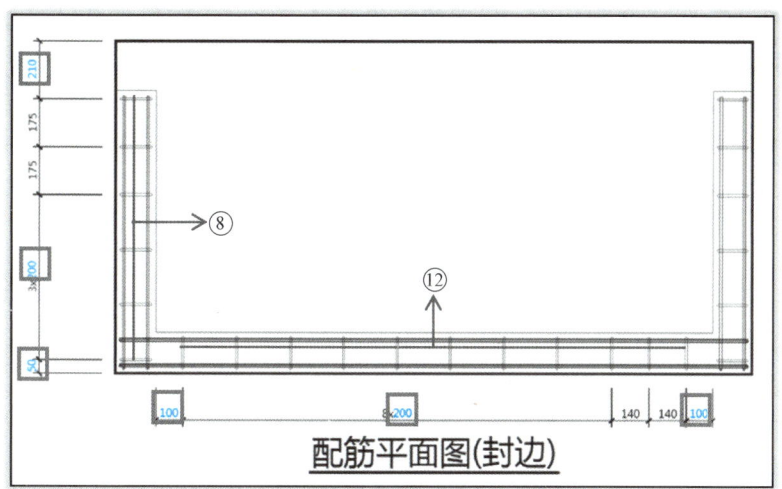

图 8-30　箍筋参数设置

在参数设置区的封口边腰筋设置中选择腰筋行数为"2"，腰筋设置为"C8"，如图 8-31 所示；在构件视口区的 1—1 视图中，修改封口边⑫腰筋间距为"110"，如图 8-32 所示。

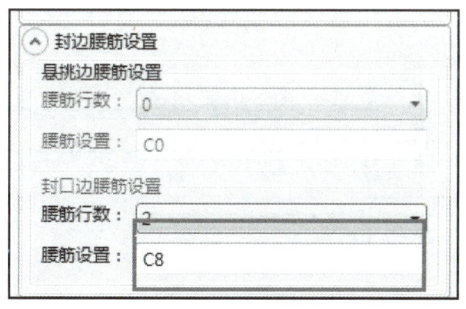

图 8-31　腰筋设置

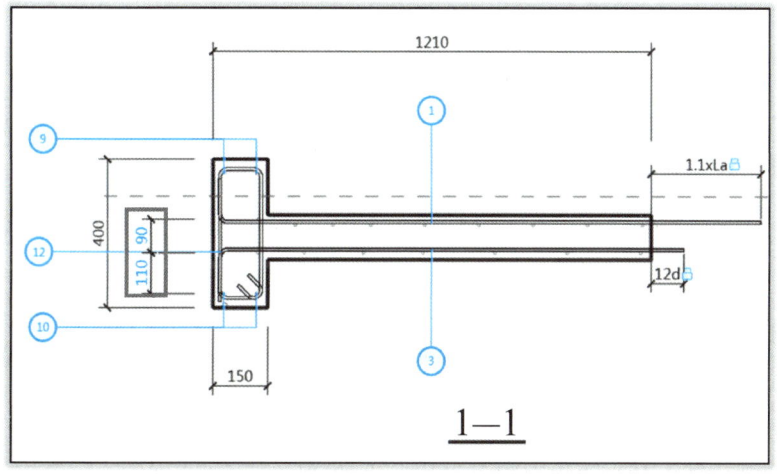

图 8-32　腰筋设置

在构件视口区的1—1视图中，设置阳台板的长度方向钢筋规格及锚固方式。选中①号钢筋，钢筋设置为"C10"，左侧伸出形式选择"末端带90度弯钩（向下）"，右侧伸出形式选择"直筋"，左、右侧弯钩平直段设置为"12d"，如图8-33所示；解锁①号、③号钢筋，修改伸出长度分别为"400"和"150"，如图8-34所示。

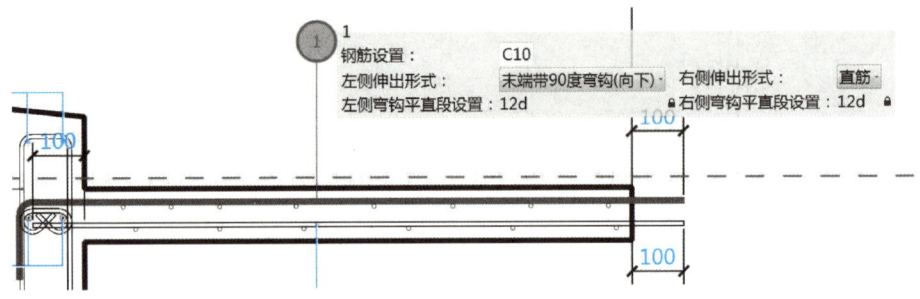

图8-33　长度方向钢筋设置

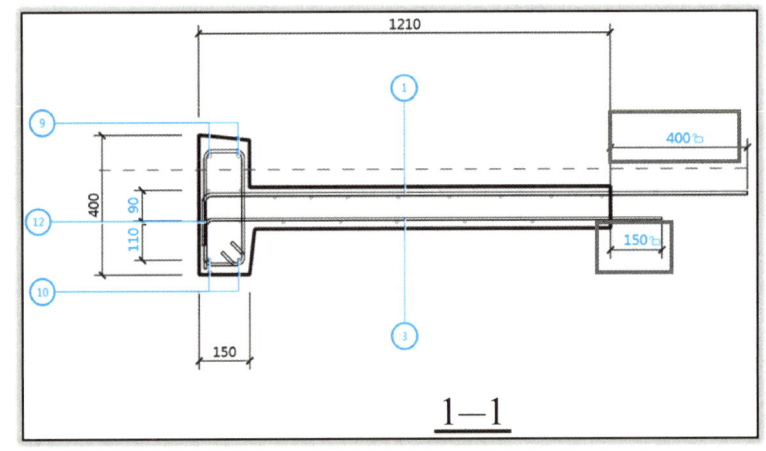

图8-34　修改长度方向钢筋伸出长度

提示： 系统默认纵筋90度弯钩时平直段长度为$12d$，①筋直筋的锚固长度为$1.1l_a$，若要修改锚固长度则应先解锁再输入数值即可。

8-5
预制
阳台板
配筋设置

根据阳台板的配筋及构造要求用同样的方法对1-1、2-2视图中的其他钢筋进行准确设置。

（9）阳台板布置

点击构件视口区右下角的"布置"按钮，将阳台板布置到相应的位置，如图8-35所示。

2. 附属构件布置

8-6
预制
阳台板
布置

（1）点取"规则阳台设计"中的"阳台预埋"按钮，如图8-36所示。

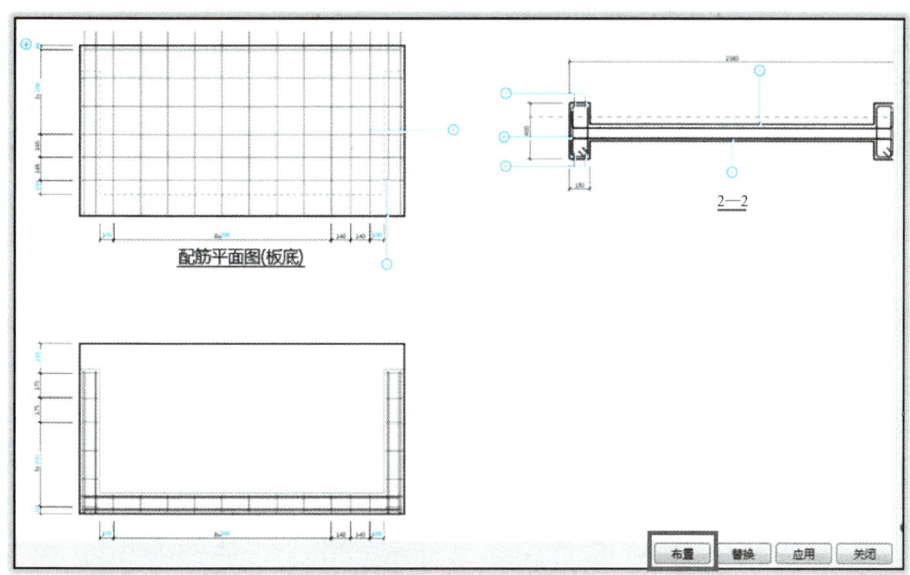

图 8-35　阳台板布置

（2）弹出阳台板附加对话框，如图 8-37 所示，点击"进入画布模式"，选中需布置附属构件的阳台板，右侧视口区跳出相应的阳台板界面，如图 8-38 所示。

（3）选中洞口-圆形-板，点击下方"布置"按钮，将鼠标移动到构件视口区进行布置，布置完之后，修改洞口半径为"75"，修改洞口距阳台板上侧、左侧值分别为"350""300"，如图 8-39 所示。

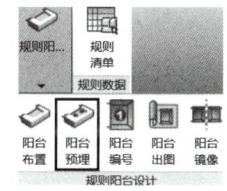

图 8-36　"阳台预埋"按钮

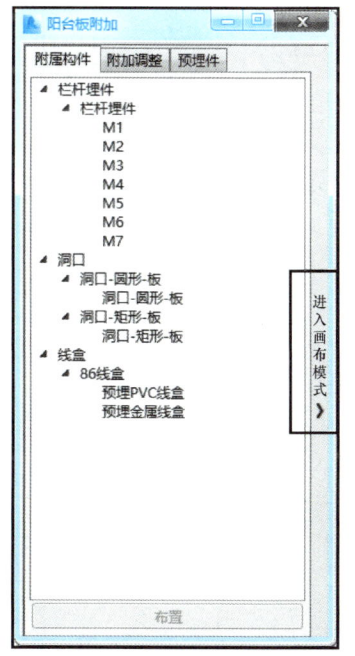

图 8-37　阳台板附加对话框

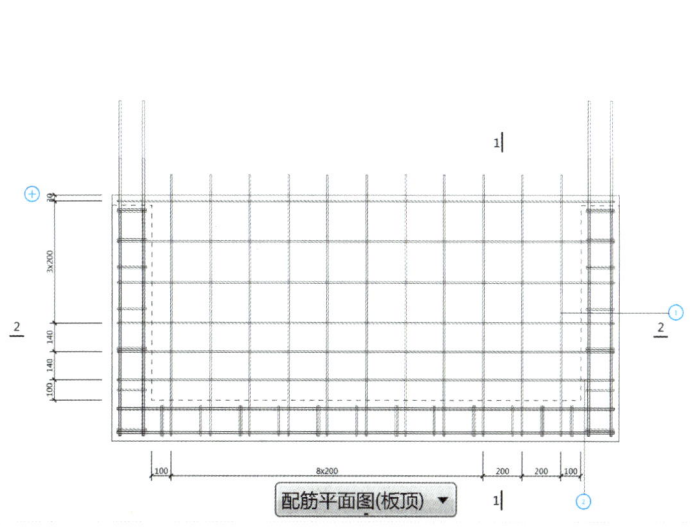

图 8-38　视口区阳台板界面

209

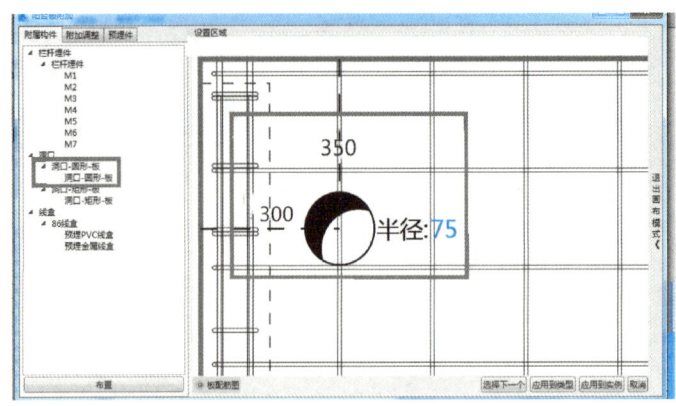

图 8-39　预留洞口设置

（4）同样的方法布置第二个预留洞口，洞口半径为"50"，位置距已布置的洞口正下方"300"，如图 8-40 所示。

（5）选中栏杆埋件"M5"，在界面底部出现默认的 M5 的相关尺寸，此处不需修改，如图 8-41 所示。点击"布置"按钮，在构件视口区将 M5 布置到相应的位置处，此阳台共布置 7 个 M5 栏杆埋件，具体定位如图 8-42 所示。

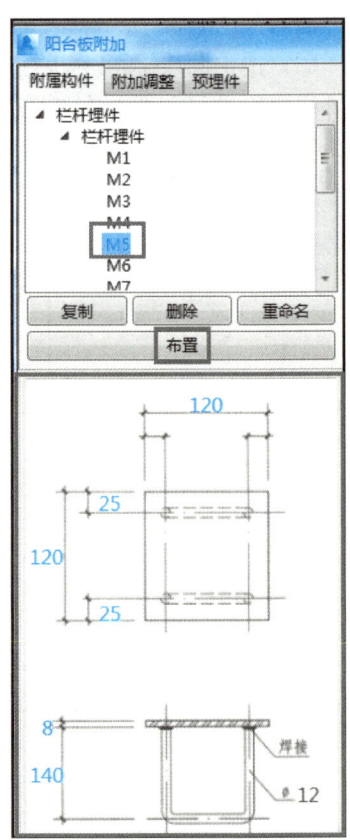

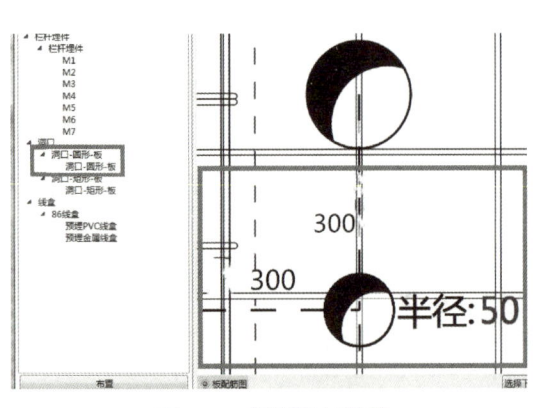

图 8-40　预留洞口设置

图 8-41　栏杆埋件菜单

提示：附属构件中除栏杆埋件和洞口外还可布置相关线盒，根据需要按照上述同样的方法布置即可。附加调整选项卡中可布置的内容及方法同预制楼板，此处不再赘述。

（6）点击预埋件选项卡，点击吊环，选择型号为"吊环 2-阳台板（封边）"，点击"布置"，将吊环放置在相应的位置上，此时左下角将出现已布置的预埋件类型的信息，包括类型、个数、单个预埋件承重及吊环的构造尺

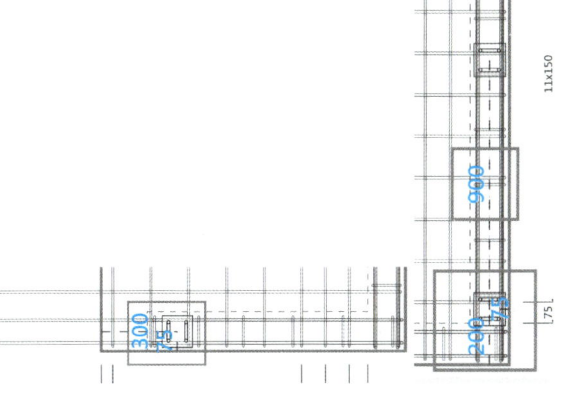

图 8-42　布置栏杆埋件

8-8
预制阳台板附属构件的布置（二）

寸，软件将自动计算是否满足吊装要求，并以红色字体显示，如图 8-43 所示。同样的方法再布置 3 个预埋件，此时显示"验算通过"，修改吊环尺寸，如图 8-44 所示。点击构件视口区的各个埋件，修改定位如图 8-45 所示。

图 8-43　吊环布置

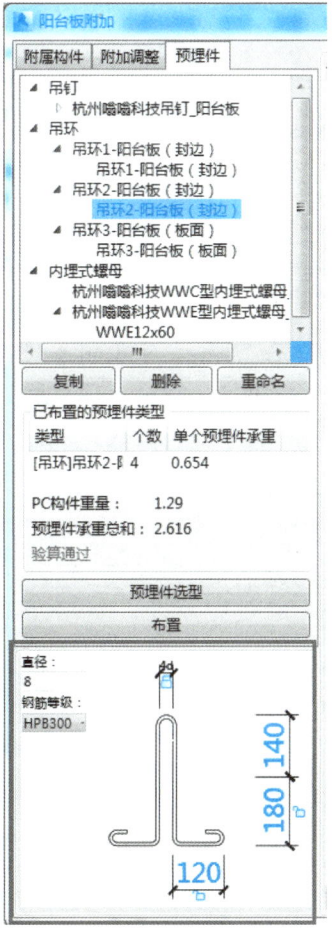

图 8-44　修改吊环尺寸

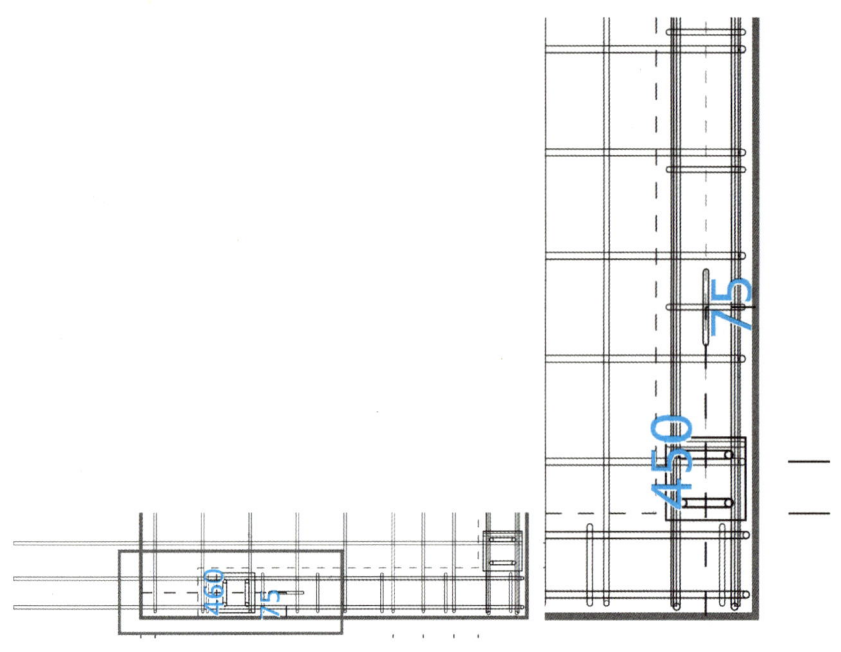

图 8-45　修改吊环定位

提示： 若选择吊钉或内埋式螺母进行吊装，则在选择前应先进行加载。

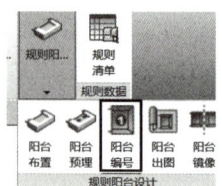

图 8-46　"阳台编号"按钮

3. 阳台板编号

（1）点取 BeePC 深化选项卡中的"阳台编号"按钮，如图 8-46 所示。

（2）进入阳台编号对话框，对编号顺序及标记样式进行选择，本工程实例选择如图 8-47 所示。

（3）点击右下角"一键编号"按钮，如图 8-48 所示，阳台编号完成。

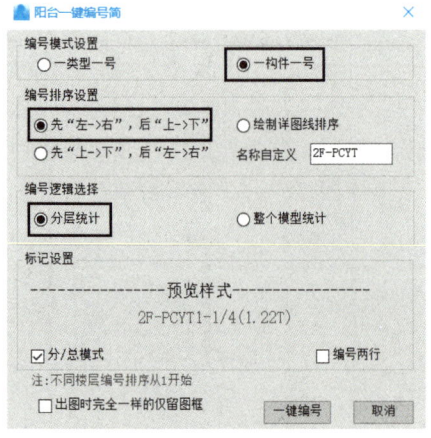

图 8-47　阳台编号

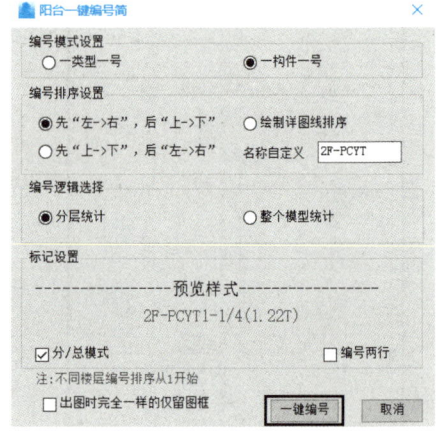

图 8-48　"一键编号"按钮

4. 阳台板出图

（1）点取 BeePC 深化选项卡中的"阳台出图"按钮，如图 8-49 所示。

（2）进入"阳台一键出图"对话框，对图框名称、图框尺寸、出图比例、文字字体等内容进行点选，对出图布局、明细表等内容可以进行编辑，本工程实例选择如图 8-50 所示。

（3）点击"选阳台出图"按钮，如图 8-51 所示，选中二层该阳台板，则阳台板出图完成，生成的图纸在项目浏览器的图纸中可查看。

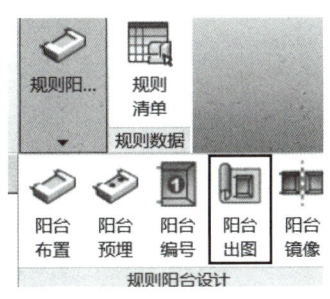

图 8-49   "阳台出图"按钮

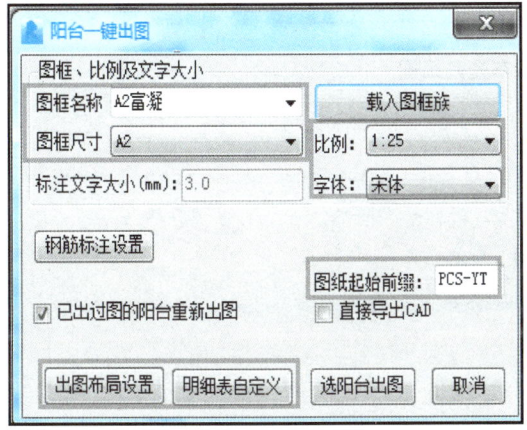

图 8-50   "阳台一键出图"对话框

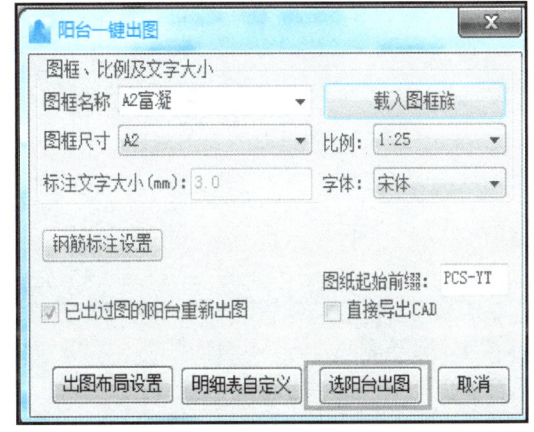

图 8-51   "选阳台出图"按钮

提示：阳台板出图是预制板布置的最后一步，在阳台板一键出图对话框中可以调整图框名称、图框尺寸以及出图比例等内容，此部分内容简单，读者可根据需要自行操作。

8-9 预制阳台板编号及出图

小结

本任务主要从预制阳台板的基础知识、预制阳台板的深化详图识图、预制阳台板的拆分设计、预制阳台板的深化加工图绘制、预制阳台规则清单的编制等方面详细介绍了预制阳台板深化加工图纸的绘制方法，让读者在了解预制阳台板深化设计相关知识的基础上，能够更加快速、准确地绘制出合格的预制阳台板深化加工图纸。

本任务结合工程实例，简单介绍了一块全预制板式阳台的布置流程及在布置过程中的注意事项，读者可根据上述流程自学其他类型阳台板的布置。该阳台板布置后的效果图如图 8-52 所示。

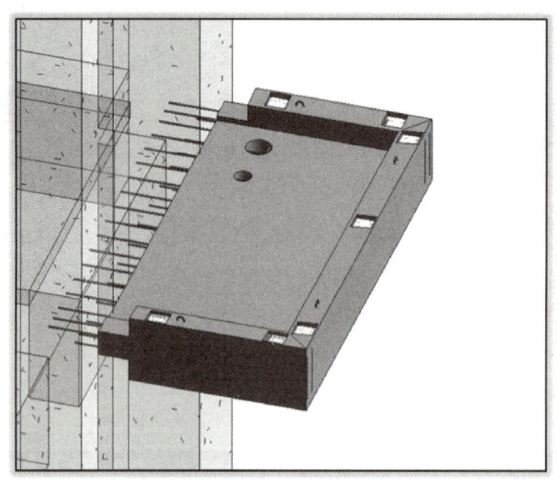

图 8-52 阳台板布置效果图

习 题 🔍

1. 选择题

（1）阳台承重结构通常是（   ）的一部分，因此阳台承重结构应与楼板的结构布置统一考虑。

A. 承重柱　　　　　　B. 边梁　　　　　　C. 连系梁　　　　　　D. 楼板

（2）叠合板式阳台和全预制板式阳台的悬挑长度一般为（   ）。

A. 900～1000mm　　B. 1000～1200mm　　C. 1000～1400mm　　D. 1200～1800mm

（3）全预制梁式阳台其悬挑长度通常最长可以达到（   ）。

A. 1000mm　　　　　B. 1800mm　　　　　C. 2000mm　　　　　D. 2500mm

（4）预制阳台上的锚板与锚筋之间的焊接应采用（   ）。

A. 电渣压力焊　　　B. 二氧化碳保护焊　C. 埋弧压力焊　　　　D. 闪光对焊

（5）预制阳台的吊环严禁采用（   ）制作。

A. HPB300 钢筋　　B. Q235-B　　　　　C. 专用吊环　　　　　D. 冷加工钢筋

（6）预制阳台的结构重要性系数为（   ）。

A. 0.5　　　　　　　B. 1.0　　　　　　　C. 1.2　　　　　　　D. 1.5

（7）预制阳台的运输、吊装动力系数取值为（   ）。

A. 1.0　　　　　　　B. 1.2　　　　　　　C. 1.3　　　　　　　D. 1.5

（8）开敞式阳台结构标高比室内楼面结构标高低（   ）。

A. 10mm　　　　　　B. 20mm　　　　　　C. 30mm　　　　　　D. 50mm

（9）预制阳台板钢筋的排布信息在以下哪个图里查找（   ）。

A. 设计总说明　　　B. 阳台模板图　　　C. 阳台配筋图　　　　D. 阳台节点详图

（10）同条件养护的混凝土立方体试件抗压强度达到设计混凝土强度等级值的（　　）时，预制阳台板方可脱模。

A. 30%　　　　　　B. 50%　　　　　　C. 75%　　　　　　D. 100%

2. 简答题

（1）预制阳台板的深化设计详图的内容有哪些？

（2）预制阳台板配筋图需要表示的内容包括哪些？

（3）简述预制阳台板的编号方法。

3. 工程实践训练

根据教材配套图纸（扫描附录中二维码下载），对该工程中的预制阳台进行深化设计。

附　　录

附录 1

软件操作小技巧

教材配套图纸下载

附录 2

多层装配式剪力墙结构后浇混凝土暗柱配筋要求

底　　层			其　他　层		
纵向钢筋最小量	箍筋(mm)		纵向钢筋最小量	箍筋(mm)	
	最小直径	沿竖向最大间距		最小直径	沿竖向最大间距
$4\phi12$	6	200	$4\phi10$	6	250

附录 3

楼层层间最大位移与层高之比的限值

结　构　类　型	$\Delta u/h$ 限值
装配整体式框架结构	1/550
装配整体式框架-现浇剪力墙结构	1/800
装配整体式剪力墙结构、装配整体式部分框支剪力墙结构	1/1000
多层装配式剪力墙结构	1/1200

附录 4

预制楼梯在支承构件上的最小搁置长度

抗震设防烈度	6 度	7 度	8 度
最小搁置长度(mm)	75	75	100

参 考 文 献

［1］ 刘海成. 装配式剪力墙结构深化设计、构件制作与施工安装技术指南［M］. 2版. 北京：中国建筑工业出版社，2019.

［2］ 庄伟，匡亚川，廖平平. 装配式混凝土结构设计与工艺深化设计从入门到精通［M］. 北京：中国建筑工业出版社，2016.

［3］ 王光炎. 建筑结构［M］. 北京：中国建筑工业出版社，2019.

［4］ 张金树，王春长. 装配式建筑混凝土预制构件生产与管理［M］. 北京：中国建筑工业出版社，2017.

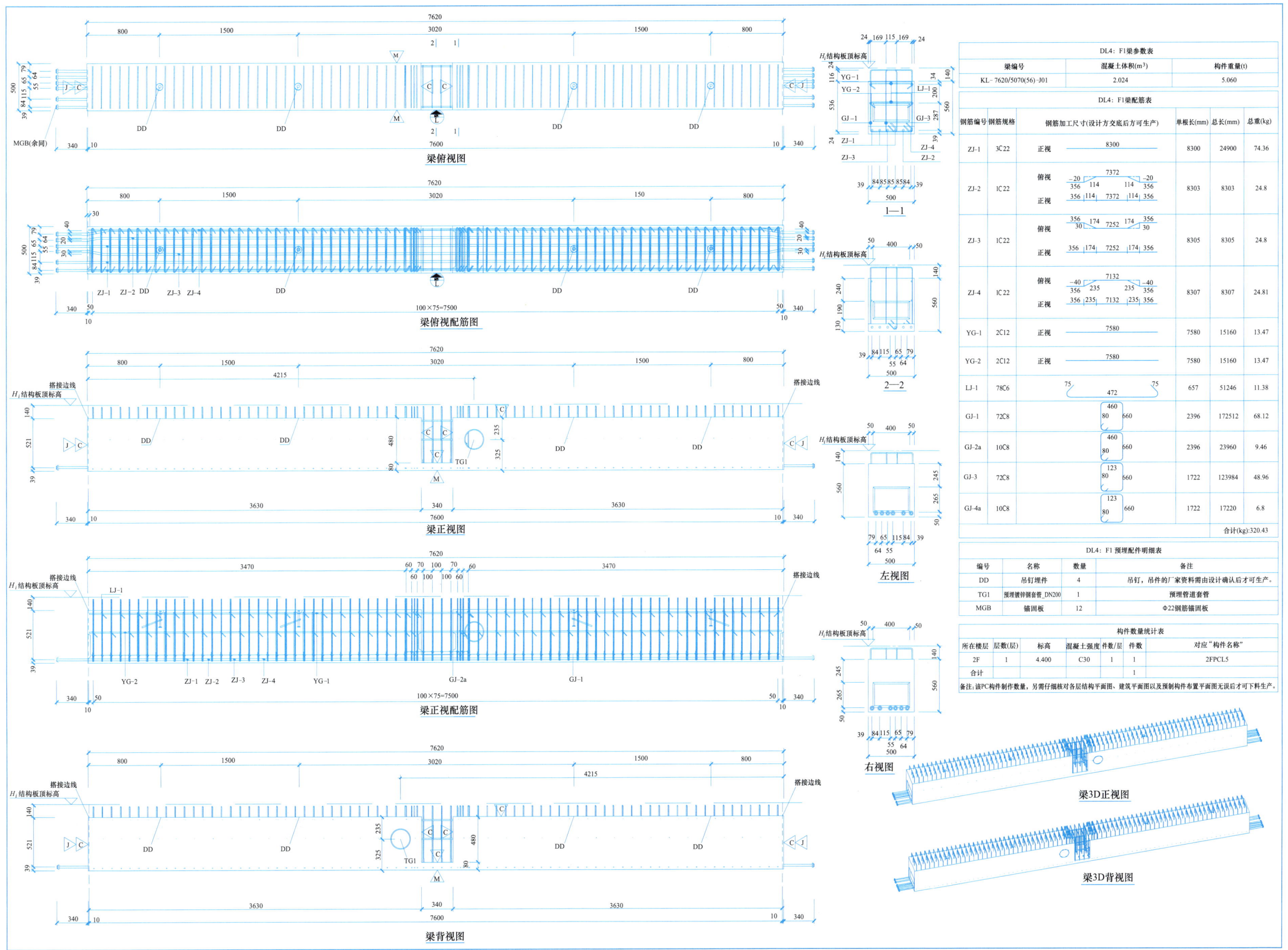

图 3-14 叠合梁示意图

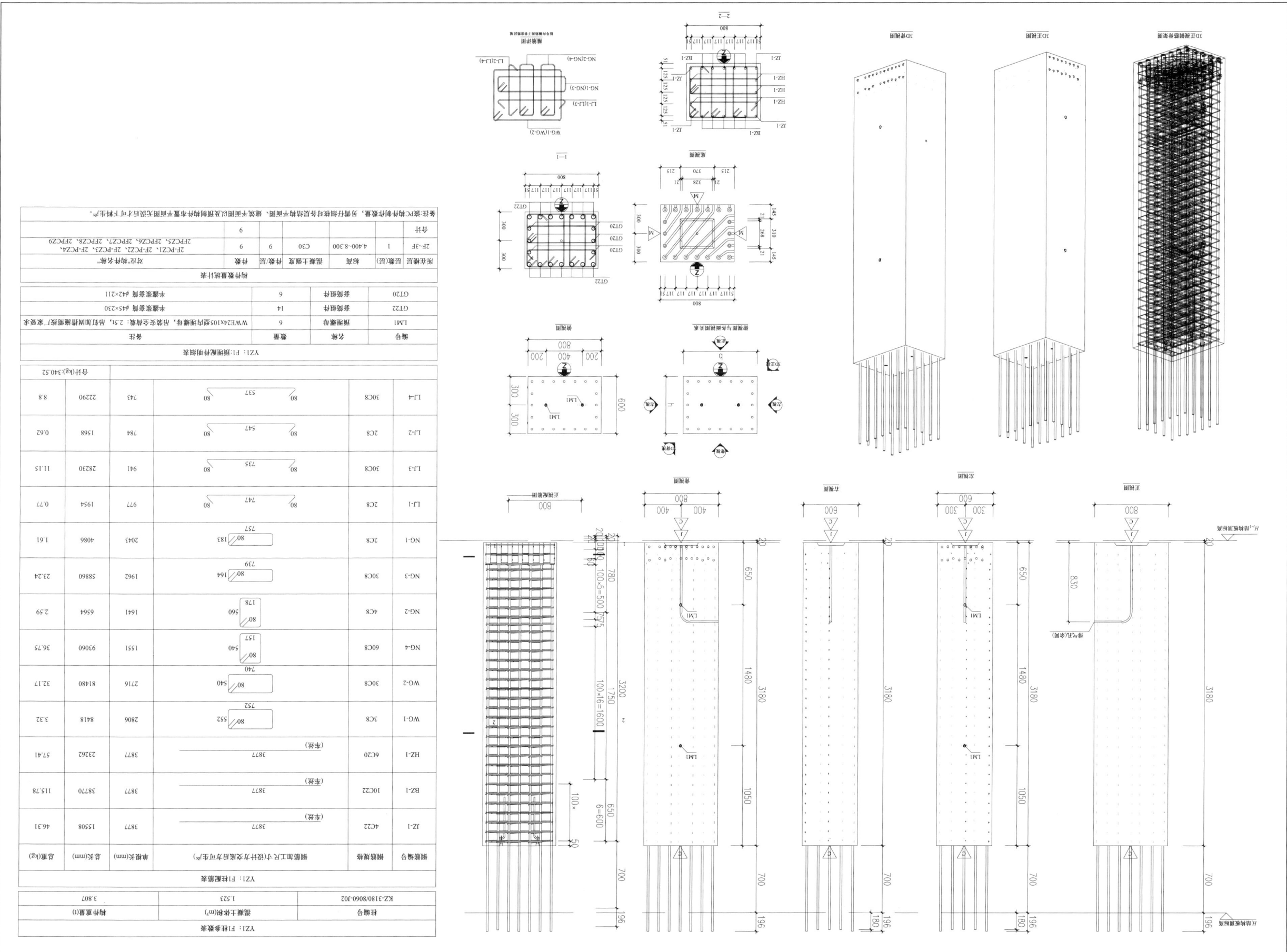

图 5-10 预制柱深化设计图

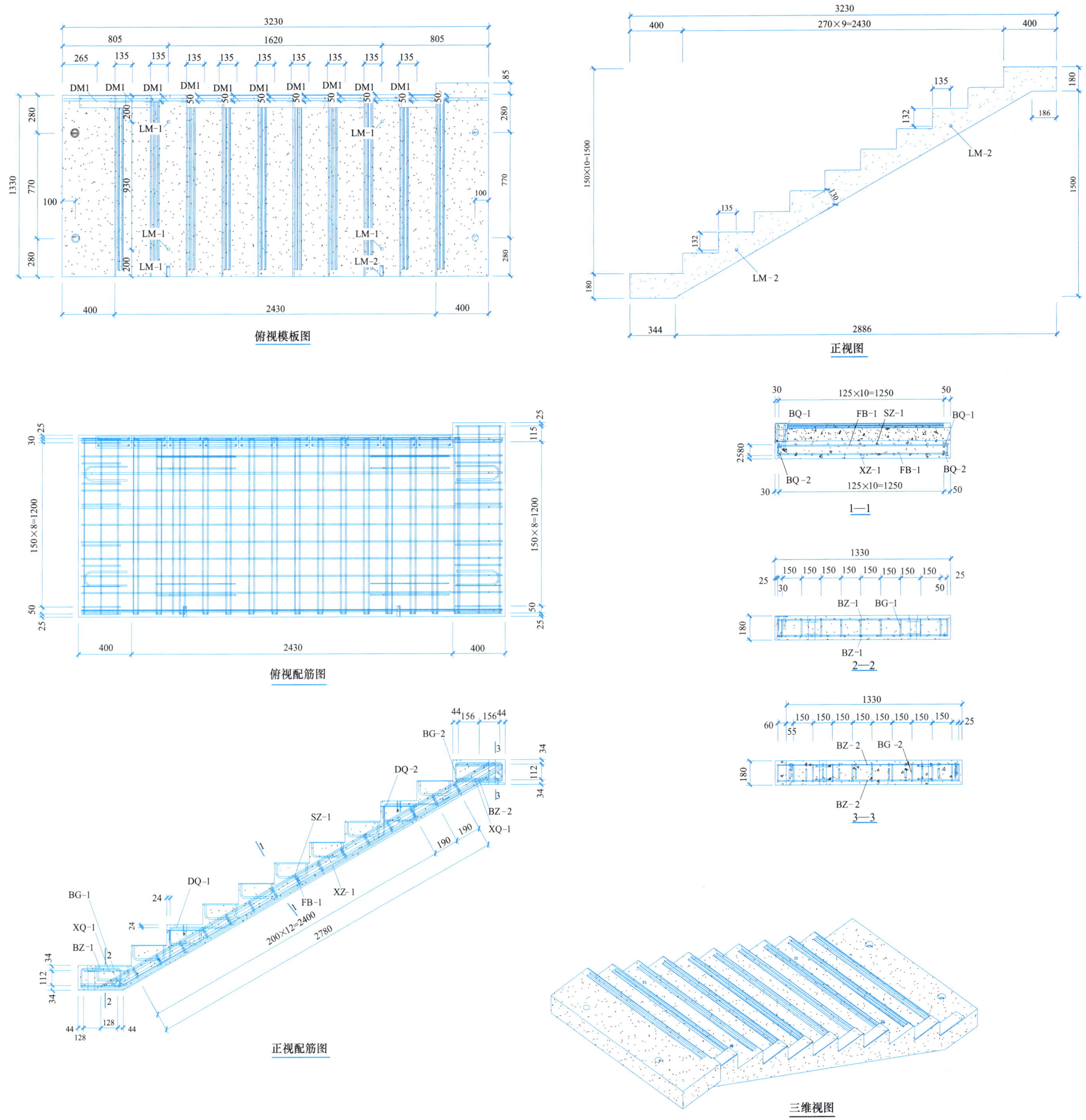

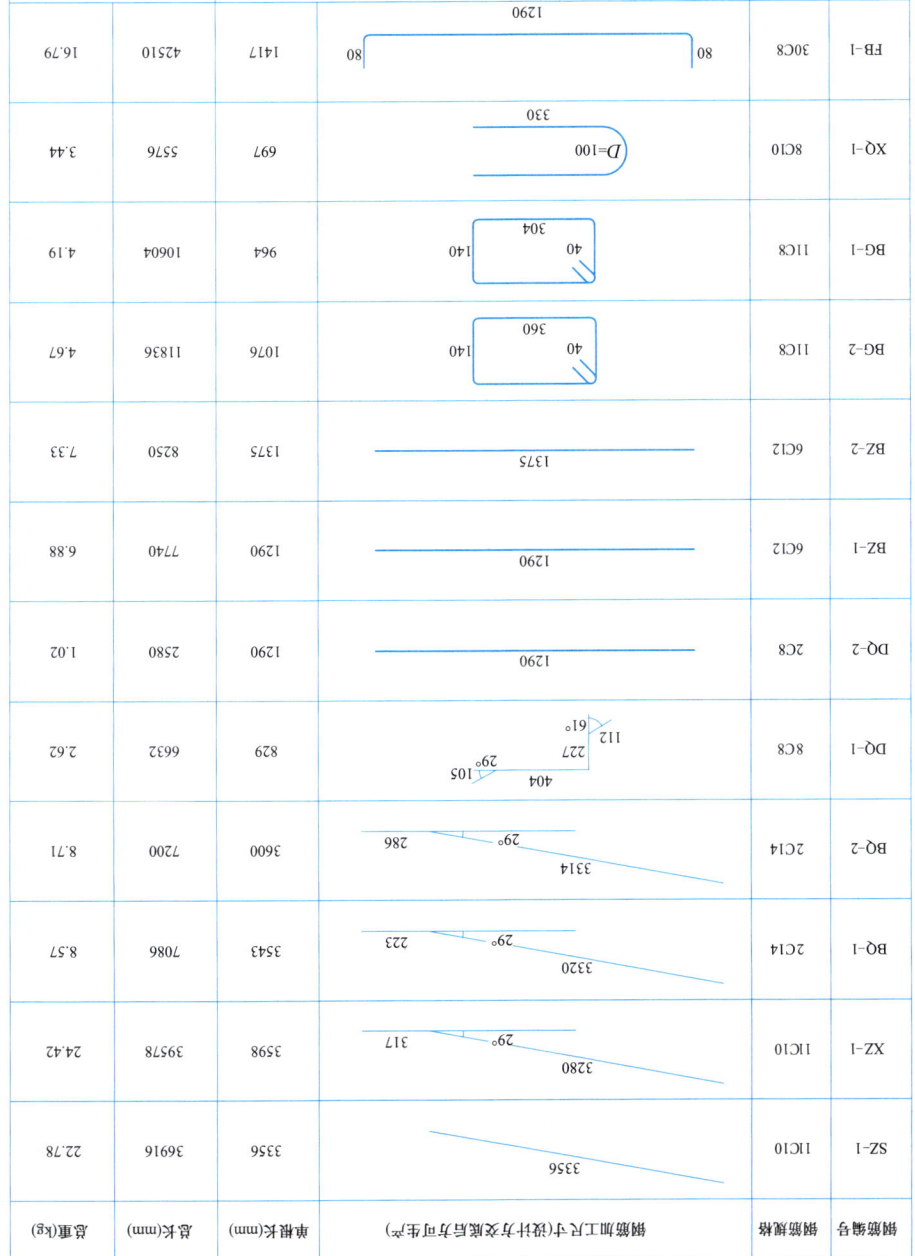

图 4-8　楼梯模板图、配筋图及节点详图

三维视图

正投配筋图

侧投配筋图

侧投模板图

正视图

钢筋编号	钢筋规格	钢筋加工尺寸（设计尺寸及下料尺寸可不一样）	单根长（mm）	总长（mm）	总重（kg）
SZ-1	11C10	3356	3356	36916	22.78
XZ-1	11C10	3280	3598	39578	24.42
BQ-1	2C14	3320	3543	7086	8.57
BQ-2	2C14	3314	3600	7200	8.71
DQ-1	8C8	404	829	6632	2.62
DQ-2	2C8	1290	1290	2580	1.02
BZ-1	6C12	1290	1290	7740	6.88
BZ-2	6C12	1375	1375	8250	7.33
BG-2	11C8	360	1076	11836	4.67
BG-1	11C8	140	964	10604	4.19
XQ-1	8C10	330 D=100	697	5576	3.44
FB-1	30C8	1290	1417	42510	16.79
				合计（kg）：111.42	

LT-1500/1330-J01：F1楼梯配筋表（明细表）

楼梯编号	混凝土体积（m³）	构件重量（t）
LT-1500/1330-J01	0.931	2.328

LT-1500/1330-J01：F1楼梯混凝土体积、构件重量表

编号	名称	数量	备注
LM-1		4	吊运时用，由构件厂家根据吊装设计确定几个才允许出厂。
LM-2		2	吊运时用，由构件厂家根据吊装设计确定几个才允许出厂。
DM1	预留孔件	10	楼梯预留孔件，长宽270mm×90mm，钢筋为6根。

LT-1500/1330-J01：F1楼梯预埋件明细表

所在楼层（层）	楼层标高	件数/层	件数/幢	混凝土强度等级	构件名称
3F~4F	8.300～11.300	1	1	C30	PCLT2
合计			1		

备注：混凝土构件的保护层，另请参看有关结构设计说明图，且满足本图区及相关钢筋体本装置说明图区及相关图说大于大图体本要求。

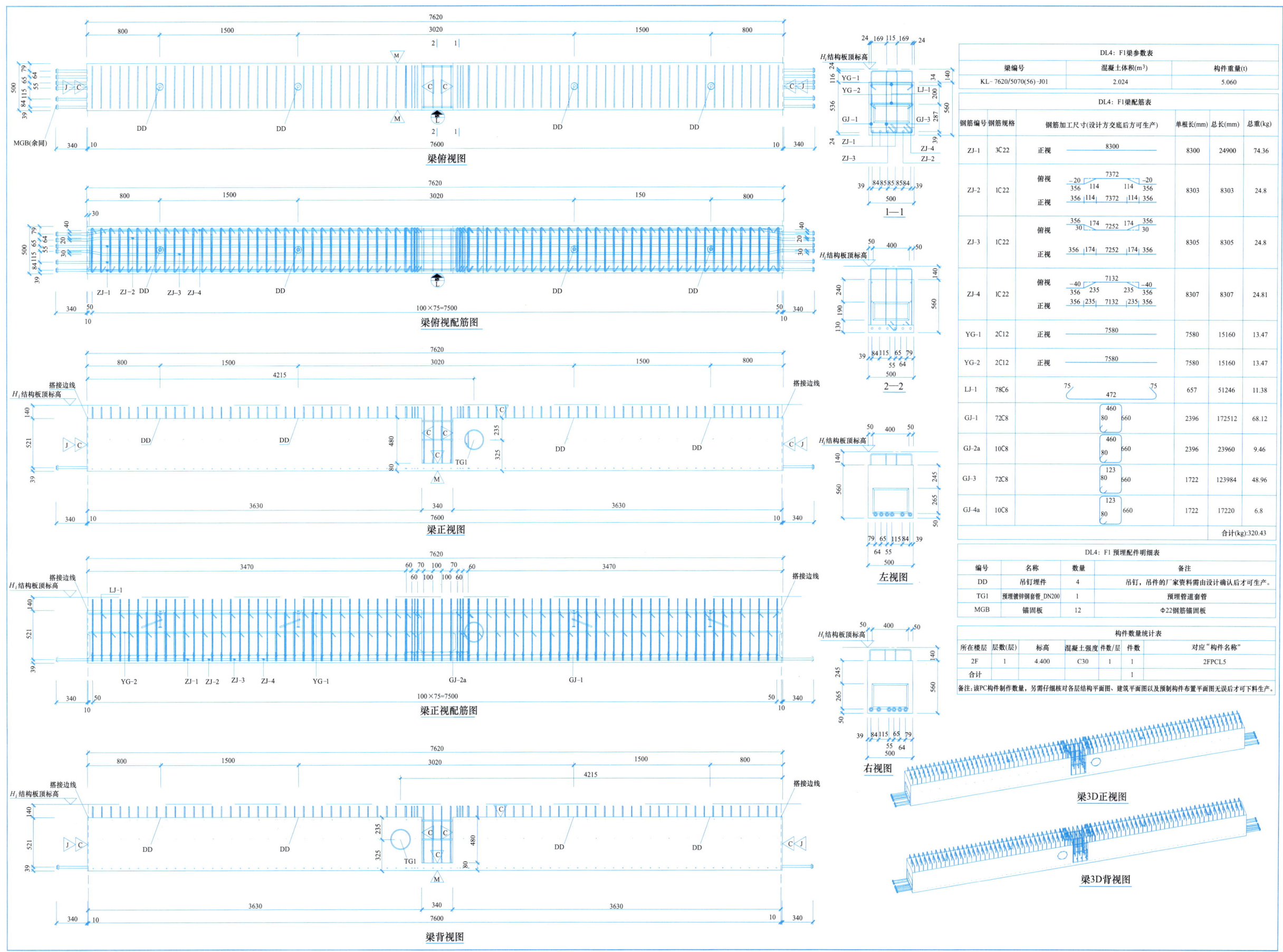

图 3-14　叠合梁示意图

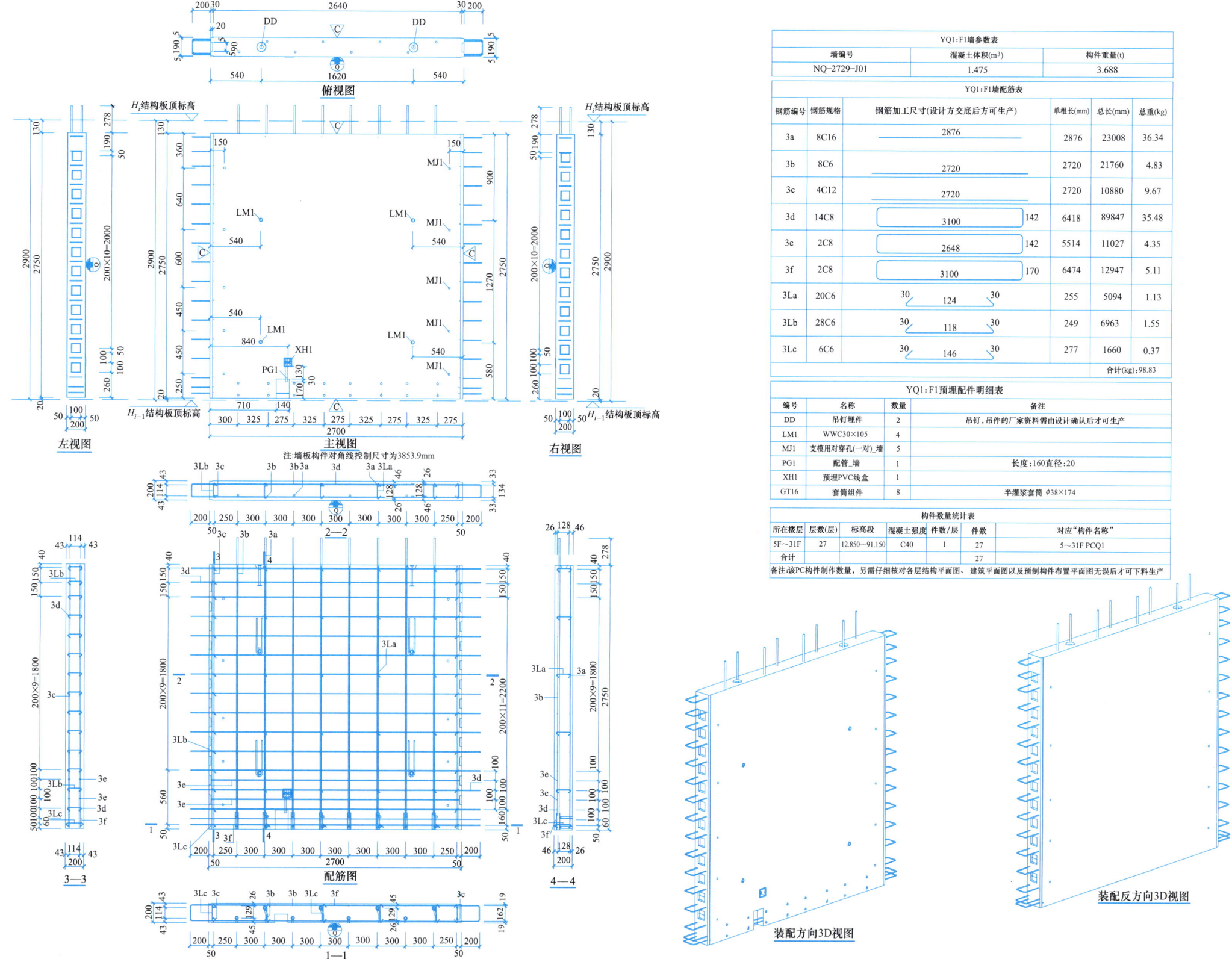

俯视图

左视图　　　主视图　　　右视图

注:墙板构件对角线控制尺寸为3853.9mm

2—2

配筋图

3—3　　　1—1　　　4—4

装配方向3D视图　　　装配反方向3D视图

图 6-15　预制剪力墙深化设计图

YQ1:F1墙参数表		
墙编号	混凝土体积(m³)	构件重量(t)
NQ-2729-J01	1.475	3.688

YQ1:F1墙配筋表						
钢筋编号	钢筋规格	钢筋加工尺寸(设计方交底后方可生产)		单根长(mm)	总长(mm)	总重(kg)
3a	8C16	2876		2876	23008	36.34
3b	8C6	2720		2720	21760	4.83
3c	4C12	2720		2720	10880	9.67
3d	14C8	3100	142	6418	89847	35.48
3e	2C8	2648	142	5514	11027	4.35
3f	2C8	3100	170	6474	12947	5.11
3La	20C6	30　124　30		255	5094	1.13
3Lb	28C6	30　118　30		249	6963	1.55
3Lc	6C6	30　146　30		277	1660	0.37
					合计(kg):98.83	

YQ1:F1预埋配件明细表			
编号	名称	数量	备注
DD	吊钉埋件	2	吊钉,吊件的厂家资料需由设计确认后才可生产
LM1	WWC30×105	4	
MJ1	支模用对穿孔(一对)_墙	5	
PG1	配管_墙	1	长度:160直径:20
XH1	预埋PVC线盒	1	
GT16	套筒组件	8	半灌浆套筒 φ38×174

构件数量统计表						
所在楼层	层数(层)	标高段	混凝土强度	件数/层	件数	对应"构件名称"
5F~31F	27	12.850~91.150	C40	1	27	5~31F PCQ1
合计					27	

备注:该PC构件制作数量,另需仔细核对各层结构平面图、建筑平面图以及预制构件布置平面图无误后才可下料生产